锌冶金技术问答

主　　编：孙成余　罗永光

副 主 编：贾著红　王　克

参编人员（按姓氏笔画排序）

丁雁波	王　克	王　帆	王洪亮
韦炳柏	孙成余	李启龙	李国伟
李国江	肖海云	吴仕燕	张候文
陈学清	罗永光	罗凌艳	贾著红
钱万德	徐春香	蒋绍康	蒋勇才
谢庭芳	谢富华		

云南驰宏锌锗股份有限公司
YUNNAN CHIHONG Zn&Ge Co.,LTD

中南大学出版社
www.csupress.com.cn

内容提要

本书从锌冶炼生产操作角度进行编写,对岗位操作应知应会的工艺原理、岗位操作要点(方法、步骤、常见问题)以问答的方式进行了叙述,共分10章。第1章和第2章介绍了锌的基础知识、冶炼方法和原理,第3章到第7章介绍了锌湿法冶金的基本原理、岗位操作要点、常见问题的简单处理方法和思路,第8章和第9章介绍了火法冶金基本原理、岗位操作要点、常见问题的简单处理方法和思路,第10章以安全标准化建设为基础简单地介绍了生产过程中的安全和职业卫生问题。

本书适合作为锌冶炼工厂职工教育和培训教材。

图书在版编目(CIP)数据

锌冶金技术问答/孙成余,罗永光主编.—长沙:中南大学出版社,2013.11
ISBN 978 - 7 - 5487 - 1003 - 5

Ⅰ.锌… Ⅱ.①孙…②罗… Ⅲ.炼锌 - 问题解答 Ⅳ.TF813 - 44

中国版本图书馆 CIP 数据核字(2013)第 266488 号

锌冶金技术问答

孙成余 罗永光 主编

□责任编辑	史海燕	
□责任印制	易建国	
□出版发行	中南大学出版社	
	社址:长沙市麓山南路	邮编:410083
	发行科电话:0731-88876770	传真:0731-88710482
□印　　装	湖南地图制印有限责任公司	

□开　　本	880×1230　1/32	□印张 9.75	□字数 297 千字	
□版　　次	2015 年 7 月第 1 版	□印次 2015 年 7 月第 1 次印刷		
□书　　号	ISBN 978 - 7 - 5487 - 1003 - 5			
□定　　价	36.00 元			

编者的话

目前国内锌冶炼技术发展较快,各种工艺"百花齐放",产能也随之迅速提升。其他有色金属冶炼行业也纷纷加入锌冶炼行业,在国内形成了剧烈的竞争格局,也迅速推动国内锌冶炼技术的快速发展。

但国内锌冶炼企业,从核心技术而言,技术除部分老企业外,新兴的冶炼企业都是对技术的引进和消化。在这个过程中,员工培训及实际操作水平对企业起着很重要的作用,而员工培训和实际操作水平各个企业差异很大,同时也是企业核心技术的重要组成部分。在激烈的竞争态势下,锌冶炼行业对员工培训和实际操作方面的资料不多,这对整体提升国内锌冶炼水平显然是不利的。为了适应目前国内锌冶金整体形势,中南大学出版社组织编写了这一员工培训教材。

本书总体分成两部分,一是湿法炼锌,二是火法炼锌,都是以国内在产的两家生产厂的生产实践,结合其他同行常见共性问题进行编写的。

在本书的编写过程中,得到了中南大学出版社、云南驰宏锌锗股份有限公司领导的大力支持和锌冶金同行的帮助,在此深表谢意。同时由于参编人员的水平有限,书中内容难免有一些缺点及错误,敬请读者批评指正,竭诚感激。

编 者
2015 年 5 月

目　录

第1章 锌的基础知识

1.1 锌及其主要化合物的性质

1. 锌的主要物理性质有哪些?

锌是一种白而略带蓝灰色的金属,比较软,仅比铅与锡硬,商品锌因含有杂质,性脆而硬,延展性甚小。锌原子系数30,原子量63.58,熔点419.505℃,沸点906.97℃,液态相对密度6.48。锌的熔点及沸点较一般金属低,其蒸气在空气中燃烧发出光亮的蓝色火焰。燃烧所得的氧化锌是一种软而白的羊毛绒似的物质,故以前称其为锌花。

锌的熔点为419.505℃,但在184℃时开始挥发,其蒸气压随温度而变化,如表1-1所示。

表1-1 温度对锌蒸气压的影响

温度 $t/℃$	419.6	500	700	907	950
蒸气压 p/Pa	19.5	169	7982	101325	156347

锌通常形成六面体结晶,其断裂面出现金属结晶的晶粒大小视铸造温度以及冷却情形而定。若铸造的温度超过熔点甚多,且使其慢慢冷却,则断裂面出现粗大结晶;若铸造温度仅在熔点以上且迅速冷却,则断裂面呈细粒状。

锌的性质随温度的升高而有所变化,为一种多晶型金属,可呈三种状态:α 锌在170℃以下存在;β 锌在170~330℃存在;γ 锌在330℃与其熔点419℃之间存在,也就是说,锌的同质异性变化是在170~330℃。

铸造锌的相对密度介于6.9~7.2之间,经过辊轧加工后,可达到

7.3。

锌的电导率为银电导率的27.8%，导热率是银导热率的24.2%。

2. 锌的主要化学性质有哪些？

锌在常温和干燥空气中稳定，在常温下不会被干燥的空气、不含二氧化碳的空气或者干燥的氧气所氧化，但与湿空气接触则表面渐被氧化，生成一层灰白色致密的碱式碳酸锌 $ZnCO_3 \cdot 3Zn(OH)_2$，可阻止内部进一步侵蚀。

纯锌不溶于纯硫酸或者盐酸中，但当有少量杂质存在时，则被溶解。因此，商品锌极易为硫酸或盐酸溶解，同时放出氢气；也可溶于碱中，但溶解速度不及酸中溶解速度快。

锌是负电性金属，标准电位为 −0.76 V，在电化次序中处于较活泼的位置，能将很多金属从其水溶液中置换出来，这就是湿法炼锌中用锌置换净液的原因。

3. 锌的主要化合物有哪些？

锌的主要化合物有硫化锌、氧化锌、硫酸锌、氯化锌、碳酸锌。

4. 硫化锌(ZnS)的主要物理化学性质是什么？

硫化锌(ZnS)在自然界中以闪锌矿矿物状态存在。纯硫化锌为白色粉末，在紫外线、阴极射线激发下，能放出可见光或紫外、红外光，俗称荧光粉。

硫化锌是难熔化合物，其熔点据测是1850℃，在1200℃时显著挥发，相对密度为4.0。

当有空气存在且加热时，ZnS 在 480℃就慢慢被氧化成 ZnO，600℃以上时氧化反应剧烈：

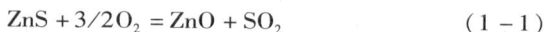

$$ZnS + 3/2O_2 = ZnO + SO_2 \qquad (1-1)$$

在1100℃且有 CaO 存在时，按以下反应进行：

$$ZnS + CaO = ZnO + CaS \qquad (1-2)$$

硫化锌不能直接被炭、一氧化碳以及氢气还原，也不能溶解于冷的稀硫酸及稀盐酸中，但能溶解于硝酸及热浓硫酸中。

5. 氧化锌(ZnO)的主要物理化学性质是什么？

氧化锌(ZnO)是一种微细的白色粉状物质，相对密度5.68。纯氧化锌的熔点尚未确定，当有一些杂质，特别是铁存在时，于1200 ~

1400℃开始熔解。1200℃ ZnO 开始微量升华，到 1300℃ 挥发慢慢加快，到 1400℃ 挥发就十分剧烈。

氧化锌能被炭、一氧化碳以及氢气还原。超过 800℃ 时，ZnO 和 CO 进行激烈反应。

当硫化锌的焙烧温度高于 550℃ 而有三氧化二铁存在时，ZnO 与 Fe_2O_3 形成 $ZnO \cdot Fe_2O_3$。

氧化锌极易溶于硫酸中，也易溶于碱和氨溶液中。

6. 硫酸锌($ZnSO_4$)的主要物理化学性质是什么？

硫酸锌($ZnSO_4$)在自然界中发现极少，焙烧硫化锌可形成硫酸锌，易溶于水。600℃ 时 $ZnSO_4$ 开始分解，800℃ 时分解剧烈进行，850℃ 左右时分解压力就达到大气压。

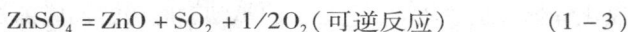

$$ZnSO_4 = ZnO + SO_2 + 1/2O_2 （可逆反应） \qquad (1-3)$$

当有 CaO 存在时，硫酸锌与其作用形成氧化锌与硫酸钙。在 850℃ 时反应进行得非常剧烈：

$$ZnSO_4 + CaO = ZnO + CaSO_4 \qquad (1-4)$$

7. 氯化锌($ZnCl_2$)的主要物理化学性质是什么？

氯化锌的熔点 318℃，沸点 730℃，在 500℃ 左右显著挥发。氯化锌极易溶解于水中。

在较低温度下，将氯与金属锌、氧化锌或硫化锌作用可形成氯化锌：

$$Zn + Cl_2 = ZnCl_2 \qquad (1-5)$$
$$ZnO + Cl_2 = ZnCl_2 + 1/2O_2 \qquad (1-6)$$
$$ZnS + Cl_2 = ZnCl_2 + S \qquad (1-7)$$

8. 碳酸锌($ZnCO_3$)的主要物理化学性质是什么？

碳酸锌在自然界中以菱锌矿的状态存在。碳酸锌在 $300 \sim 400℃$ 时分解成 ZnO 和 CO_2；极易溶解于稀硫酸，生成硫酸锌与二氧化碳；易溶解于氨液中。

1.2　锌及其化合物的用途

9. 锌的用途有哪些？

锌的用途很广，广泛用于航天、汽车、船舶、钢铁、机械、建筑、电子及日用工业等行业，在国民经济中占据重要地位。

锌主要（约40%）用于镀锌，作为表面覆盖物以保护钢材或钢铁制品；其次，用于制造黄铜的锌，占总耗锌量的20%以上；铸造合金用锌约占15%；其余的20%～25%主要用于制造各种锌基合金、干电池、氧化锌、建筑五金制品及化学制品等。

10. 锌的化合物的主要用途有哪些？

（1）含有部分结晶水的氟化锌是一种中等的荧光剂，也用作陶瓷的釉和涂料、催化剂和木材的防水剂。

（2）氯化锌用于纺织工业（包括作羊毛的阻燃剂），用来生产胶、陶瓷、水泥、冶炼熔剂和木材防腐剂，也可在医药上作消炎剂，还可作催化剂，用于烯烃的聚合、烷基化、异构化、醇和烷基的脂化等。氯化锌烟雾是致命的，它会引起鼻咽和呼吸道黏膜的严重损坏，并导致萎缩。固体氯化锌与皮肤长期接触易引起溃疡。

（3）硫氰酸锌在纺织工业中被用作中间媒介进行助染。

（4）氧化锌是工业上锌化合物最重要的原料之一。采用不同的制备条件或结合热处理，可制得四种不同晶型的氧化锌，即短针、长柱、星形和羽毛状，其粒径为 $0.1 \sim 5~\mu m$。

（5）过氧化锌有许多医学用途：它是无刺激性的防腐剂，类似于聚乙二醇可修补车胎那样，使创口愈合。在橡胶工业中它可作促进剂用，也可用作合成弹性橡胶的固化剂。

（6）硫化锌的最大用量是作颜料和填料，应用于油漆、橡胶、陶瓷和造纸工业。它适合于制造儿童玩具。它不受胃液侵蚀。硫化锌在电子学和电光学方面的应用正在迅速发展。例如硫化锌和 CdS、ZnSe，加入少量的活化剂（如 Cu、Mn、Ag）加热至 $800 \sim 1200\,^{\circ}\!C$ 就成为重要的荧光材料，用于电视屏、荧光或发光涂料。

（7）硫化锌和硫酸钡的混合物，在商业上称为立德粉或锌钡白，是一种广泛应用的白色颜料。

（8）其他锌化合物如硒化锌、碲化锌、氟硅酸锌（硅氟化锌）、氟硼酸锌、磷酸二氢锌、磷化锌、钼酸锌、醋酸锌、Zn_3As_2 和 ZnAs、硫酸锌、硼酸锌、连二亚硫酸锌、磷酸锌、碳酸锌等都有广泛的工业用途。

11. 锌的生物作用是什么？

在动物和植物中，锌是必不可少的。能参与催化生物化学反应的锌酶大约有 20 种。在植物中，作为能转化 CO_2 成为碳水化合物催化剂的碳酸酐酶，其中锌是必要组分。碳酸酐酶也存在于红细胞中，能催化酸式碳酸根离子脱水和 CO_2 的水合。在植物的一种重要的天然激素 3 - 吲哚基乙酸(heteroauxio)的母体色氨酸的合成过程中，锌是不可缺少的。

　　锌的毒性很低，允许在食品和食品容器中使用某些锌化合物，如在镀锌罐头盒、塑料食器中添加硬脂酸锌等。当然，在食品中过量的锌(1000 $\mu g/g$)会使人感到不适，引起呕吐、腹泻等。美国卫生部门曾规定饮用水中锌的上限为 15 $\mu g/g$。过多地吸入锌冶炼或化工生产排出的氧化锌烟气时，也会引起呕吐、咳嗽，伴随头痛或体温升高，但不会造成长久损害，容易恢复。

1.3　锌资源及分布

12. 地壳中锌的矿物有哪些?

　　自然界中没有发现过自然锌，锌的矿物分为硫化矿和氧化矿两大类。

　　硫化矿物中锌主要以闪锌矿(ZnS)及铁闪锌矿($nZnS \cdot mFeS$)形态存在；氧化矿物中锌主要以菱锌矿($ZnCO_3$)、$ZnCO_3 + Zn_2SiO_4$ 及异极矿[$Zn_4Si_2O_7(OH)_2 \cdot H_2O$]形态存在。

　　现在已经知道的锌矿物有 55 种，具有工业价值的含锌矿物有菱锌矿、锌铁尖晶石[(Fe^{2+},Mn^{2+},Zn)O($Fe^{3+}Mn^{3+}$)$_2O_3$]、锌矾矿($ZnSO_4 \cdot 7H_2O$)、异极矿、磷锌矿[$Zn_3(PO_4)_2 \cdot 4H_2O$]、水锌矿[$3Zn(OH)_2 \cdot 2ZnCO_3$]、铁闪锌矿、闪锌矿(ZnS)、硅锰锌矿[(Zn,Mn^{II})$_2SiO_4$]、硅酸锌矿(Zn_2SiO_4)，锌冶金主要原料为闪锌矿、铁闪锌矿、氧化锌矿和菱锌矿等。

　　13. 世界锌资源的分布及特点是什么?

　　世界已探明的锌资源量为 15 亿多吨，锌储量 8000 万 t。世界锌资源主要分布在澳大利亚、中国、俄罗斯、美国、秘鲁和墨西哥 6 个国家，6 国储量占世界储量的 85%，见图 1 - 1。

　　世界锌资源比较丰富的国家是澳大利亚、中国、美国、加拿大、

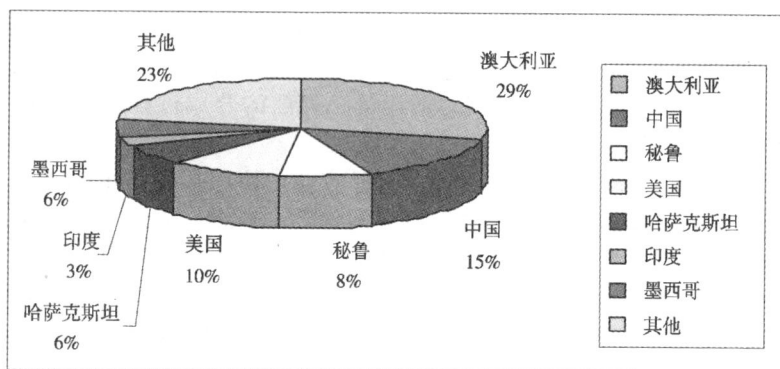

图 1-1 世界锌储量分布情况

墨西哥和秘鲁等。

与 2000 年相比，2010 年世界锌储量增加 1000 万 t，见表 1-2。

表 1-2 2000 年和 2010 年世界锌储量

项目	2000 年储量	2010 年储量	增长量	2010 年矿山产量
锌/万 t	19000	25000	6000	1211.49

资料来源：Mineral Commodity Summaries，2000—2011 年。

14. 我国锌资源的储量？

我国铅锌资源比较丰富，已探明的铅锌储量为 1.1 亿吨，约占目前世界已探明的铅锌储量的四分之一，居世界第一位，锌储量 8400 万 t，铅锌平均品位为 4%，锌铅比为 2.4 : 1。

15. 我国锌资源的分布？

我国锌资源分布广泛，遍及全国各省区，相对集中在南岭、川滇、滇西(兰坪)、秦岭以及狼牙-阿尔泰等五大地区，目前已探明的储量主要集中在云南、广东、内蒙古、江西、湖南和甘肃等六省区，如表 1-3 所示。

表1-3　中国锌资源各大地区分布比例/%

全国	中南	西南	西北	华北	华东	东北
100	27.8	22.7	15.3	16.1	14	4.1

16. 我国锌资源的特点是什么？

我国锌资源的特点是多金属硫化物共生矿床多，矿石类型复杂，较难分选，成分复杂，但是伴生矿综合利用价值高。我国的锌矿是镉、银、铟等金属的主要矿源，也是硫、铋、锗、铊、碲等元素和金属的重要来源。

17. 我国锌资源现状如何？

20世纪90年代初，我国锌资源基本能满足需求，具有一定的资源优势，而到现在锌资源已经失去优势，原料自给率较低。虽然我国锌资源丰富，但能经济利用的储量不多，并且资源消耗量逐年增加，锌精矿从1996年开始由净出口国变为净进口国，原料不足制约了我国锌工业的发展。至2002年，我国锌的资源储量保有年限为7.9年，基础储量保有年限为11.8年，开始明显短缺。目前锌资源的短缺已经开始制约我国锌冶金的可持续发展。

主要锌资源国家中只有中国需要大量进口锌精矿（见表1-4），2010年7个重要锌资源国出口锌精矿491.8万t。

表1-4　世界锌精矿主要出口国/t

国家	2006年	2007年	2008年	2009年	2010年
中国	-837532	-2153872	-2395440	-3847292	-3242414
澳大利亚	92726	11011	1169133	1052380	953726
印度	2587616	1064460	56738	56047	41565
哈萨克斯坦	165423	230804	228847	219803	304648
秘鲁	1075541	2592401	2760109	2707231	2440450
美国	441830	662085	710977	719482	700000
墨西哥	479400	452000	453600	458000	477100

1.4　锌冶金的原料

18. 什么是矿物?

矿物是地壳中具有固定化学组成和物理性质的天然化合物或自然元素。能够为人类利用的矿物叫做有用矿物。含有矿物的矿物集合体,在现代技术经济条件下能够回收金属或其他矿物产品者,叫做矿石。

19. 什么是矿石的品位?

矿石中有用成分的含量称为矿石的品位,常用百分数表示,如品位为3%的锌矿石,就是矿石中金属锌的含量为3%。

矿石的品位没有上限,越富越好,而下限则是由技术和经济因素决定。技术和经济条件的变化使矿石品位下限也不断变化,从前抛弃的尾矿,由于技术进步和经济的发展,今天又被重新利用。

20. 锌矿为什么要进行浮选?

在金属提取过程中,矿石的品位越低,获得每吨金属的冶炼费用越高,所以为了降低冶炼费用,总是希望矿石的品位越高越好。各种选矿方法是提高矿石品位的有效手段。同时通过选矿还可能进行两种以上有用矿物的分离,以便于在冶炼过程中分别对这些矿物进行处理,这对于简化冶炼工艺流程和降低冶炼生产成本都是有利的。

在自然界中,锌金属和铅金属的硫化矿物共生在一起,铅加锌的品位都不超过30%,并含有大量的脉石和其他杂质金属,这样的矿石不能直接进行冶炼生产,需要通过选矿提高锌品位和铅进行分离,经过浮选法与脉石分离后优先选出锌精矿、副产铅精矿和硫精矿。

对于低品位硫化锌矿,采用选矿的方法进行富集,成为高品位的硫化锌精矿后再采用现有的冶金工艺流程进行处理,或采用细菌浸出—萃取—电积的方法。

21. 锌精矿的主要成分是什么?

硫化锌精矿是生产锌的主要原料,成分一般为:锌45%～55%,铁5%～15%,硫的含量变化不大,为28%～33%。锌精矿的主要成分为 Zn、Fe 和 S,三者占总质量的90%左右。国内大型铅锌矿山产出锌精矿成分见表1-5。

表1-5 我国某些大型铅锌矿产出的锌精矿成分/%

精矿来源	Zn	Pb	S	Fe	Cu	Cd	As	Sb	SiO$_2$	Ag/g·t^{-1}
湖南某矿山	44.83	0.98	32.43	15.60	0.64	0.20	<0.2	0.001	1.32	80
黑龙江某矿山	51.34	0.88	32.53	11.48	0.12	0.02	0.04	0.02	0.50	85
广东某矿山	51.92	1.40	32.69	7.03	0.20	0.14	<0.20	0.01	3.88	180
甘肃某矿山	55.00	1.09	30.35	4.40	0.04	0.12	0.01	0.011	3.05	33

22. 什么是低品位锌矿?

低品位锌矿是指目前技术不能经济处理的锌矿石。

不能经济处理的主要原因就是其含锌品位低,在现有的锌冶金方法中消耗高、成本高。一般而言,品位低于10%的,不能经济地提取,因此含锌在10%以下的氧化锌矿石均称为低品位氧化锌矿。

23. 低品位氧化锌精矿的冶炼方法是什么?

对于低品位氧化锌矿,可采用金属还原挥发工艺、回转窑还原挥发工艺(Waelz)、鼓风炉或烟化炉还原挥发工艺、旋涡炉还原挥发工艺、电炉还原挥发工艺、富氧空气顶吹浸没熔炼工艺(Ausmelt Process)等火法工艺和氨浸及碱浸工艺、酸浸工艺、选矿-浸出工艺、加压浸出工艺、草酸浸出工艺、碱性焙烧浸出工艺、微波辐射浸出工艺等湿法冶金技术。

第 2 章　锌的冶炼方法和原理

2.1　锌的冶炼方法及分类

1. 锌冶炼方法可分为哪几类?

现代锌冶金工艺分为两大类:火法炼锌和湿法炼锌。目前,世界上主要炼锌方法是湿法炼锌,80% 以上的原生锌锭是通过湿法炼锌的方法生产的。

2. 火法炼锌的基本原理是什么?

火法炼锌的基本原理是基于 ZnO 能被碳质还原剂还原,其主要反应是:

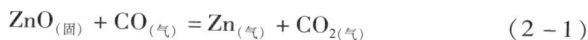

$$ZnO_{(固)} + CO_{(气)} = Zn_{(气)} + CO_{2(气)} \qquad (2-1)$$
$$C_{(固)} + CO_{2(气)} = 2CO_{(气)} \qquad (2-2)$$

由于锌的沸点低(906℃),在火法炼锌的高温(> 1000℃)条件下,还原反应得到的金属锌将以蒸气的状态挥发出来,从而与脉石和其他杂质分开,然后再冷凝得到液体锌。

硫化锌精矿通常经过焙烧和烧结氧化为氧化物,然后进行还原、冷凝得到粗锌,粗锌经精馏得精锌。

3. 湿法炼锌的基本原理是什么?

湿法炼锌的原理主要是将硫化锌通过焙烧转化成可溶于溶剂(酸或碱)的氧化锌,然后用溶剂使锌从矿石中溶解进入溶液中(直浸工艺是在加压状态下加入氧气对锌化锌矿直接浸出),再对含锌的水溶液进行净化除杂,之后在直流电的作用下,使锌离子从水溶液中以金属状态析出。其主要反应为:

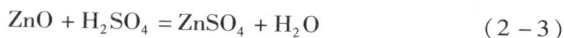

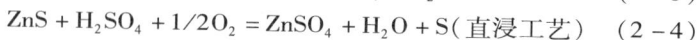

$$ZnO + H_2SO_4 = ZnSO_4 + H_2O \qquad (2-3)$$
$$ZnS + H_2SO_4 + 1/2O_2 = ZnSO_4 + H_2O + S(直浸工艺) \qquad (2-4)$$

$$Zn + Me^{n+} \longrightarrow Zn^{2+} + Me(净化) \qquad (2-5)$$

$$ZnSO_4 + H_2O = Zn + H_2SO_4 + \frac{1}{2}O_2 \qquad (2-6)$$

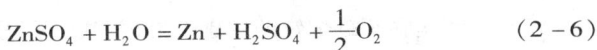

2.2　锌的火法冶炼方法

4. 锌的火法冶炼方法有哪些?

火法炼锌因还原设备的不同有如下几种方法,即平罐炼锌、竖罐炼锌、电炉炼锌(电热法)、ISP 炼锌(密闭鼓风炉)法。

其共同的特点是利用锌沸点较低(906℃)这一性质,在冶炼过程中用还原剂将其从氧化物中还原并挥发进入冷凝系统中冷凝成为金属锌,其工艺原则流程如图 2-1 所示。

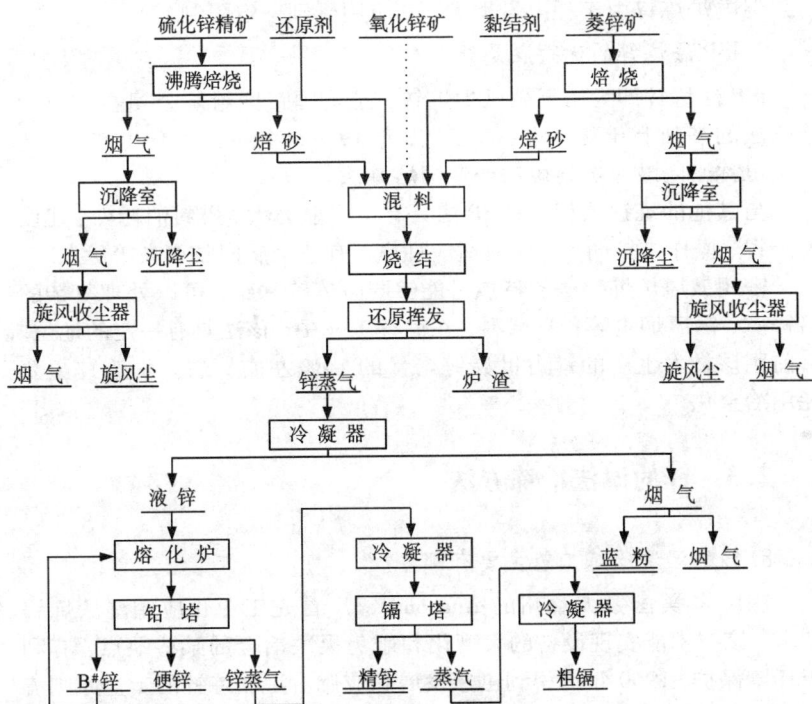

图 2-1　火法炼锌工艺原则流程

5. 竖罐炼锌的优缺点是什么？

竖罐炼锌是在平罐炼锌的基础上发展起来的，实现了设备大型化和机械化操作，劳动条件得到一定改善，提高了劳动生产率，在缺少电力和焦炭的地区，这种方法具有独特的适应性。

但竖罐炼锌间接加热，热效率低，同时采用价格高昂的碳化硅制品作为换热设备，炉料准备工序较长，作业费用高，单罐产锌能力低，目前世界上大多数竖罐炼锌厂被迫减产、停产或转产。

6. 电炉炼锌的优缺点是什么？

电炉炼锌工艺是在早期的火法炼锌工艺上发展起来的。

电炉炼粗锌和锌粉，对原料成分的适应性很强。不论是高铁锌矿还是高硅锌矿以及各类含锌中间物料，电炉熔炼工艺都能很好地进行处理。

但电炉炼锌由于耗电量太大，其应用受到一定限制。

7. ISP 法炼锌的优缺点是什么？

ISP 法炼锌即为密闭鼓风炉炼锌，是英国帝国熔炼公司在鼓风炉熔炼法的基础上开发出的处理工艺，于 1959 年投入工业化生产，因此该法也称密闭鼓风炉熔炼法或帝国熔炼法。

与其他的炼锌法相比，ISP 法具有生产能力大、燃料消耗少、建设投资省、操作维护简单、原料适应性广、有色金属回收率高等优点。

密闭鼓风炉炼锌法的特点是能够同时炼锌和铅，可以处理复杂的铅锌矿、钢厂烟尘等各种杂料，在炼锌工业中，该法具有一定的地位。目前用该技术生产的锌占世界锌产量的 14% 左右。鼓风炉炼锌主要耗用冶金焦。

2.3　锌的湿法冶炼方法

8. 锌的湿法冶炼工艺主要有哪些？

1916 年美国蒙大拿州的 Anacond 锌厂首先工业化应用湿法炼锌技术，该技术能实现设备的大型化和避免火法冶金的某些缺点，有利于环境保护，1960 年后得到迅速发展和应用。湿法炼锌的工艺原则流程如图 2-2 所示。

湿法锌冶炼根据浸出渣处理方式不同，分成常规工艺和全湿法工

硫化锌精矿

焙烧

含尘SO₂烟气　　　　　　　　焙砂

收尘净化　　　　　　　　　　浸出

SO₂烟气　烟尘　　　浸出液　　　　　浸出渣

制酸　　　　　　　净化　　　高温高酸浸出　烟化处理

硫酸　　　　　　　电积

阴极锌片　高铁硫酸锌浸出液·高浸渣
　　　　　　　　出渣

熔铸

锌锭

铁矾渣
(堆存或回收处理)　　黄钾铁矾法

铁　渣
(堆存或回收处理)　　针铁矿法

除铁液　　　　　　赤铁矿法

铁　渣　　　　　　　　　　　ZnO粉
(堆存或回收处理)

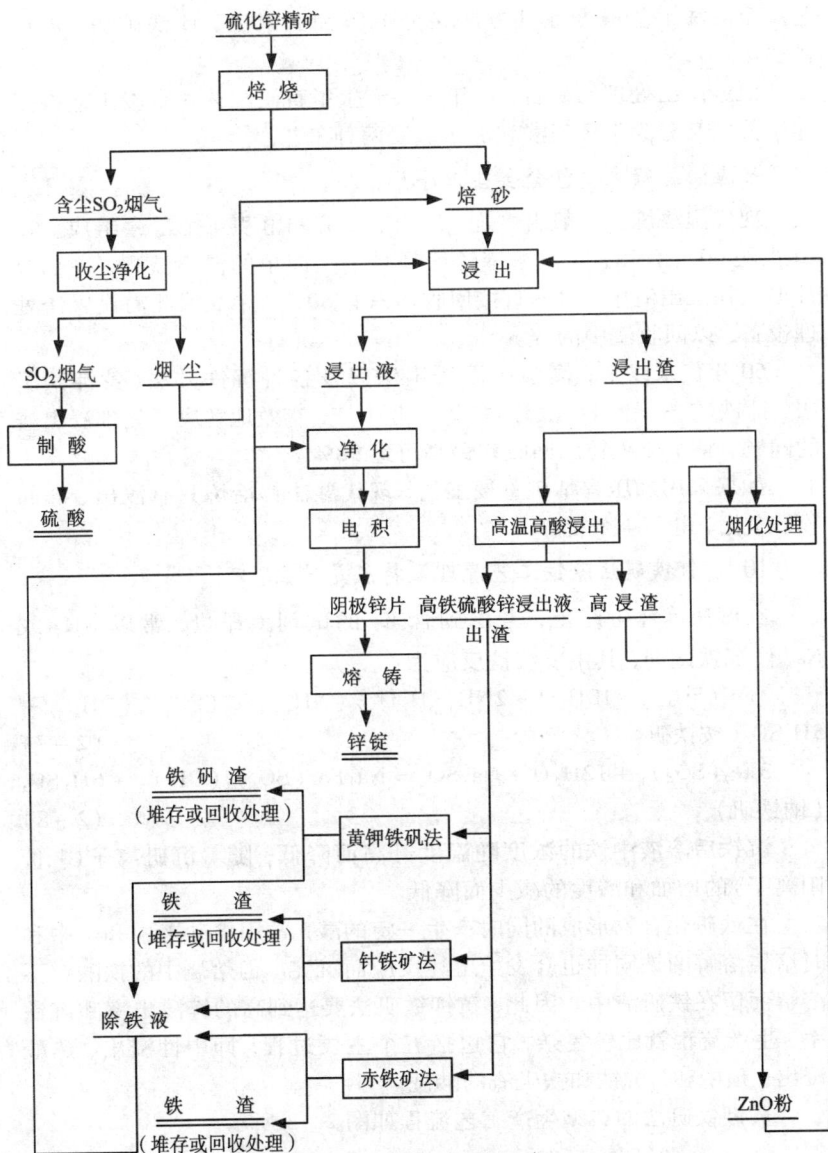

图 2－2　湿法炼锌工艺原则流程图

艺。全湿法工艺根据除铁方法又分成黄钾铁矾法、针铁矿法、赤铁矿法。

根据浸出处理的矿石，近年来又产生了直浸工艺。直浸工艺根据加压方式又分为常压氧浸和加压氧浸两种工艺。

9. 湿法炼锌主要包含哪些工序？

现代湿法炼锌一般由焙烧、浸出、净液和电积4个工序组成。在20世纪60年代以前，湿法炼锌厂都是采用简单的浸出流程，一部分锌损失在浸出渣中，锌的直接回收率只有80%左右，因此需设置渣处理设备，以回收渣中的锌。

60年代末以来，高酸高温浸出法以及各种沉铁方法（黄钾铁矾法、针铁矿法、赤铁矿法等）投入工业生产，有效地解决了处理浸出渣的问题，整个流程锌的回收率最高可达98%。

如果采用加压锌精矿直浸工艺，现代湿法锌冶炼只有浸出、硫回收、净化、电积4个工序。

10. 黄钾铁矾法除铁工艺原理及特点是什么？

在湿法炼锌生产上，考虑到含K^+的试剂太昂贵，常以NH_4^+或Na^+作沉铁试剂，其主要沉铁反应为：

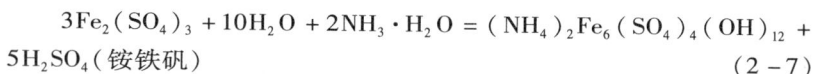

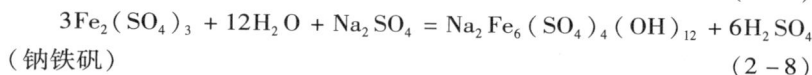

$$3Fe_2(SO_4)_3 + 10H_2O + 2NH_3 \cdot H_2O = (NH_4)_2Fe_6(SO_4)_4(OH)_{12} + 5H_2SO_4（铵铁矾）\qquad(2-7)$$

$$3Fe_2(SO_4)_3 + 12H_2O + Na_2SO_4 = Na_2Fe_6(SO_4)_4(OH)_{12} + 6H_2SO_4（钠铁矾）\qquad(2-8)$$

沉铁后溶液中铁的浓度随温度升高而降低，随着沉矾离子（1价阳离子）的增加和酸度的减少而降低。

在铁矾化合物形成的同时产生一定的酸，常用焙砂来中和。中和时焙烧溶解的铁同样也会发生上述反应而沉淀。但焙烧中的铁酸锌不溶解而留在铁矾渣中。因此，黄钾铁矾法要达到高的锌浸出率和沉铁率，生产流程就比较复杂，它包括五个主要过程，即中性浸出、热酸浸出、预中和、沉铁和铁矾渣的酸洗。

黄钾铁矾法的典型生产工艺流程如图2-3所示。

11. 转化除铁法工艺原理及特点是什么？

转化法（混合型黄钾铁矾法）是一种改良的黄钾铁矾法。其基本

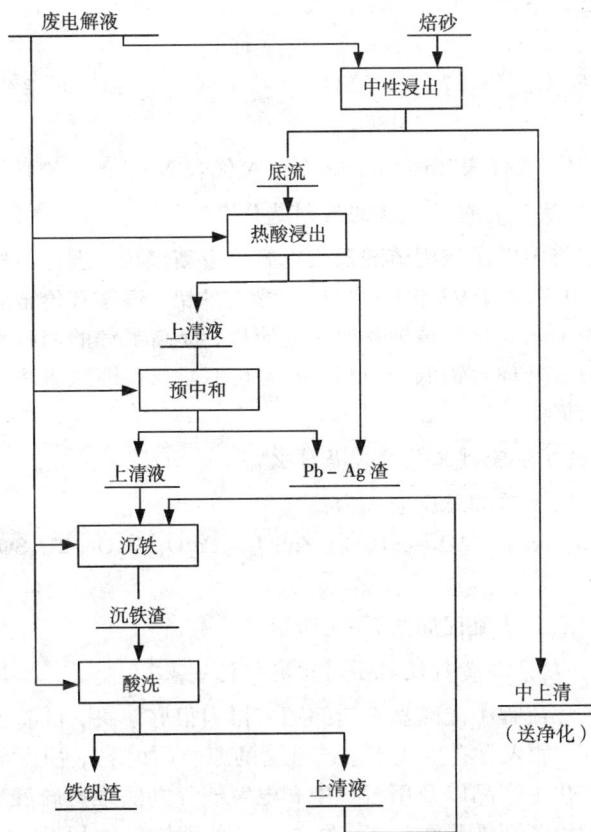

图 2 - 3　黄钾铁矾法生产工艺流程

反应包括铁酸锌的浸出及沉铁两种，沉淀速率取决于三价铁浓度在相应平衡值上有多大的浓度，当溶液中三价铁浓度高于平衡曲线时，就有可能在大气压下浸出铁酸锌并同时沉淀铁。这就是转化法的特点。

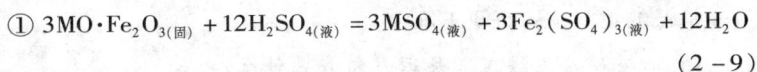

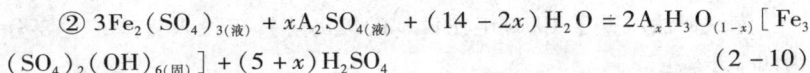

① $3MO \cdot Fe_2O_{3(固)} + 12H_2SO_{4(液)} = 3MSO_{4(液)} + 3Fe_2(SO_4)_{3(液)} + 12H_2O$

$$(2-9)$$

② $3Fe_2(SO_4)_{3(液)} + xA_2SO_{4(液)} + (14-2x)H_2O \rightleftharpoons 2A_xH_3O_{(1-x)}[Fe_3(SO_4)_2(OH)_{6(固)}] + (5+x)H_2SO_4$

$$(2-10)$$

①＋②＝③

即

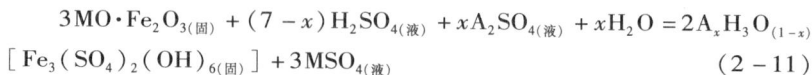

$$3MO \cdot Fe_2O_{3(\text{固})} + (7-x)H_2SO_{4(\text{液})} + xA_2SO_{4(\text{液})} + xH_2O = 2A_xH_3O_{(1-x)}$$
$$[Fe_3(SO_4)_2(OH)_{6(\text{固})}] + 3MSO_{4(\text{液})} \qquad (2-11)$$

反应式中 M 代表 Zn、Cu、Cd 等；A 代表 Na^+、K^+、NH_{4+} 等。

12. 转化法与黄钾铁矾法的区别是什么？

转化法将中性浸渣用硫酸及废电解液重新浸出，进行单段高温浸出，锌的浸出率大于 97.5%。焙砂中含有的铅、银等有价金属仍留在残渣中。该工艺简化了黄钾铁矾工艺流程，提高了锌的回收率。然而转化法只适宜处理含铅低的原料，因为它不能像黄钾铁矾法那样分离出 Pb – Ag 渣来。

13. 针铁矿法除铁工艺原理是什么？

针铁矿法沉铁的总反应式为：

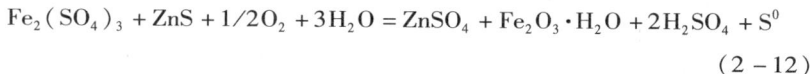

$$Fe_2(SO_4)_3 + ZnS + 1/2O_2 + 3H_2O = ZnSO_4 + Fe_2O_3 \cdot H_2O + 2H_2SO_4 + S^0$$
$$(2-12)$$

针铁矿法工艺流程如图 2 – 4 所示。

14. 针铁矿法与黄钾铁矾法对比有何优缺点？

针铁矿法流程中硫酸盐平衡问题未得到很好解决，目前主要靠控制焙烧条件、加入含有生成不溶硫酸盐的原料（如铅），抽出部分硫酸锌溶液生产化工产品以及用石灰中和电解液等办法维持硫酸平衡。针铁矿法渣量较黄钾铁矾法少，锌回收率与黄钾铁矾法相近，但铜的回收率不如黄钾铁矾法高。

黄钾铁矾渣虽然含铁低，但含锌量很高，不过与普通浸出渣相比，含锌量是大大降低了，但要作为弃渣或作为炼铁原料还存在许多问题，所以目前这种渣暂时堆存待处理。为了减少对环境的污染，可将含 40% 水分的黄钾铁矾渣与生石灰混合，以便生成一种水溶金属含量非常低的物料，从而便于堆存。

15. 赤铁矿法除铁工艺原理及特点是什么？

赤铁矿法沉铁于 1972 年在日本的饭岛炼锌厂投入生产。主要分为四个步骤：

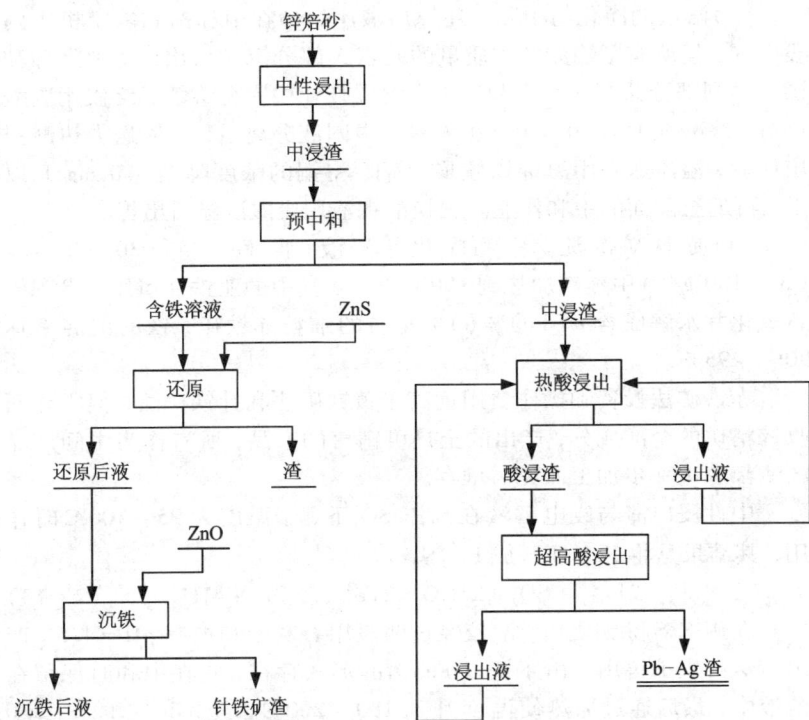

图 2 - 4　针铁矿法沉铁工艺流程图

（1）中性浸出渣两段热酸浸出。第一段为热酸浸出，中性浸出渣用第二段超热酸浸出的滤液在 95℃ 下浸出，浸出的终酸浓度为 50 g/L。渣中的大部分有价金属如锌、铜和镉随铁一起溶解。浸出矿浆经浓密后溢流泵送至还原段，底流在过热酸浸段中沸点以上浸出，终酸浓度 140 g/L。过热酸浸中铁酸盐都溶解，残留的低铁富铅的 Pb - Ag 渣经浓密和过滤，滤液返回热酸浸出。滤渣送火法回收银铅。

（2）高铁还原。为了在沉淀赤铁矿前净化溶液，并能在尽可能低的温度下沉淀铁，需要将离解的高铁先还原成亚铁。硫化锌精矿可用作还原剂，它的成本低，但需求量很大，反应温度在 90℃ 左右。未反应的含元素硫的渣过滤后返回焙烧。

（3）溶液的净化与中和。还原后液用焙砂在中和槽和浓密机中两段中和，使所有影响赤铁矿质量的元素大部分沉淀析出，特别是砷和锑。铜则部分共沉淀。中和渣再在终浸作业中完全溶解。终浸用废酸进行，终酸浓度为40 g/L。在浓密机中固液分离后，底流送去热酸浸出作业，溢流送去用海绵铁置换沉铜，将铜的浓度降至500 mg/L以下，再返至前面的中和作业。置换的铜渣用废酸洗涤后出售。

（4）赤铁矿沉淀。中和净化的浸液（含 Fe^{2+} 25～30 g/L，Zn 120～130 g/L）用蒸汽加热到180℃以上，其中的亚铁在氧压1.8 MPa 下氧化并水解成含 $w(Fe)=60\%$ 左右的细粒赤铁矿，铁的沉淀率达90%～95%。

赤铁矿法投资和操作费用远高于黄铁矾法和针铁矿法，但它能回收锌精矿的全部成分，产出的全是可销售的产品，所有作为中间产品的渣都可进一步加工而无需堆存。

中性浸出渣与废电解液在高压 SO_2 下，于温度为95～100℃时作用，其结果是将 Fe^{3+} 还原成 Fe^{2+}：

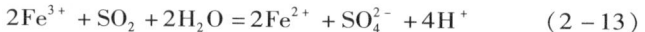

$$2Fe^{3+} + SO_2 + 2H_2O = 2Fe^{2+} + SO_4^{2-} + 4H^+ \qquad (2-13)$$

在用 H_2S 除铜之后，溶液经过两段用石灰中和控制 pH=4.5，产出石膏可供销售用。由于铁以 $FeSO_4$ 的形式存在，它在中和时保留在溶液中，最后通过加热使温度升到180～200℃，经 3 h 在 1.3～2.0 MPa 作用下，铁以 $\alpha-Fe_2O_3$ 沉出，其反应式如下：

$$2Fe^{2+} + 1/2O_2 + 2H_2O = Fe_2O_3 + 4H^+ \qquad (2-14)$$

沉铁后溶液含铁量只有 1～2 g/L，加上洗涤过程返溶的铁，脱铁后溶液只有 4 g/L 左右，沉铁率达到90%。沉铁过程是在衬钛的高压釜中进行的。

16. 赤铁矿法与针铁矿法沉铁有何共同点？

当采用针铁矿（$\alpha-FeOOH$）和赤铁矿（Fe_2O_3）法从高含量 Fe^{3+} 溶液中沉铁时，有一个共同特点，那就是必须降低高铁溶液中 Fe^{3+} 的含量，要预先将 Fe^{3+} 还原成 Fe^{2+}，随后 Fe^{2+} 用空气氧化析出针铁矿或赤铁矿。

17. 生产中为何采用硫化物 ZnS 和 SO_2 作沉铁还原剂？

在生产实践中可采用硫化物（如 ZnS 和 SO_2）将 Fe^{3+} 进行还原。因为此类还原剂本身被氧化后，不会给生产过程带入新的杂质，其中硫化锌被浸出而进入溶液，其反应为：

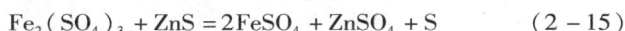

$$Fe_2(SO_4)_3 + ZnS = 2FeSO_4 + ZnSO_4 + S \qquad (2-15)$$

18. 常规湿法炼锌的流程是怎样的？

常规湿法炼锌浸出渣处理，它采用传统的火法烟化挥发处理，与高温高酸浸出全湿法处理浸出渣工艺、硫化锌精矿直浸工艺有区别，通常包括焙烧、两段浸出、净化、电积4个工序，其流程见图2-5。

19. 现代锌冶金还有哪些新的冶炼方法？

虽然锌的冶金工艺发展比较迅速，但每个工艺不论是火法冶金还是湿法冶金都有一定的缺陷，这也就促使人们不断进行新的锌冶金工艺研究和开发。目前，现代锌冶金还有 Sherritt 法、细菌冶金、悬浮电解法、固硫还原法等。

20. Sherritt 法的工艺原理是什么？应用情况如何？

该技术是硫化锌精矿直接加压氧化浸出，是加拿大 Sherritt Gordon Mines Limited 在 1951 年开发的加压浸出技术基础发展起来的，起初叫 Sherritt Gordon 法，1993 年 Sherritt Gordon Limited 更名为 Sherritt Inc. ，Sherritt Gordon 法也称为 Sherritt 法。该技术取代了传统的火法焙烧氧化工艺，减少了 SO_2 对环境的污染。

其主要原理是：

$$ZnS + H_2SO_4 + 1/2O_2 = ZnSO_4 + H_2O + S \qquad (2-16)$$

加压氧浸有两种工艺路线：一是利用液位压差的常压富氧硫酸直接浸出工艺方案；二是利用外加压力的直接富氧硫酸直接浸出工艺方案。

加压浸出技术于 1981 年在加拿大科明科的 Trial 锌冶炼厂投入使用，其中加拿大的 Flin. Flon 电锌厂完全用该技术取代了焙烧炉焙烧。我国云南冶金集团于 2004 年自主研发运用该技术在云南永昌铅锌矿进行锌冶金生产，株冶集团于 2008 年引进常压直浸工艺，中金岭南丹霞冶炼厂 2008 年引进了加压直浸工艺。

21. 细菌冶金的工艺原理是什么？

对于硫化锌矿，特别是低品位硫化锌矿，采用细菌冶金的方法进行氧化浸出，代替现有的湿法炼锌的焙烧和浸出过程。该法主要是利

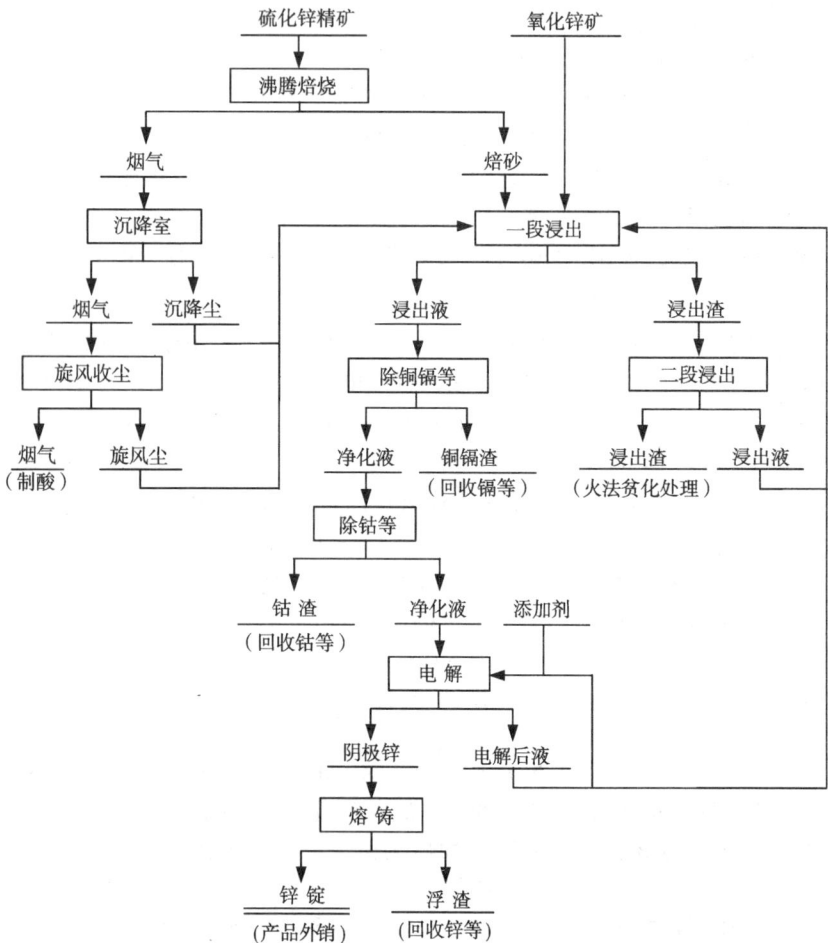

图 2－5　湿法炼锌工艺流程

（此处为湿法炼锌工艺流程图，各环节及流向如下：）

硫化锌精矿 → 沸腾焙烧

氧化锌矿 →（进入一段浸出）

沸腾焙烧 → 烟气、焙砂

烟气 → 沉降室 → 烟气、沉降尘

沉降室（烟气）→ 旋风收尘 → 烟气（制酸）、旋风尘

焙砂 → 一段浸出（氧化锌矿也进入此处）

一段浸出 → 浸出液、浸出渣

浸出液 → 除铜镉等 → 净化液、铜镉渣（回收镉等）

浸出渣 → 二段浸出 → 浸出渣（火法贫化处理）、浸出液

净化液 → 除钴等 → 钴渣（回收钴等）、净化液

净化液 + 添加剂 → 电解 → 阴极锌、电解后液

阴极锌 → 熔铸 → 锌锭（产品外销）、浮渣（回收锌等）

用细菌分解矿石中的硫元素，从而达到实现矿物中的硫与金属分离的目的。

细菌氧化应用于低品位硫化锌矿是近年来的事，该技术还停留在实验室和扩大试验的研究中。

22. 悬浮电解法的工艺原理是什么?

1967 年美国 C. G. Fleming 提出一种铜电解新装置,在电解槽的阴极和阳极之间用一个搅拌装置将加入到阴、阳极间的铜矿搅拌成悬浮状,在阴极析出铜。1969 年美国的 E. C. Brace 也提出一种铜电解沉积的新装置,电解槽被一个多孔的隔膜分为阴极区和阳极区,矿石在阳极区被浸出,Cu 在阴极区被还原沉积,这就是悬浮电解的雏形。

美国 Cyprus Metallurgical Process Corporation 的 P. R. Kruesi 等进行了硫化矿物的直接悬浮电解的研究,他们用氯化物水溶液作为浸出剂,在外加电流的情况下浸出硫化物,结果发现对 Pb - Zn 矿和 Pb - Ag 矿很适合,在 1972—1975 年还对铜、镍、钴等的硫化物在氯化物体系中的悬浮电解进行了许多研究工作,为悬浮电解的研究打下坚实的基础。Bureau of Mines 的 B. J. Scheiner 等人也研究提出从 Pb - Zn 复杂矿物中提取 Pb、Zn、Cu、Ag 的悬浮电解方法,精矿加入悬浮电解槽的阳极区,阳极区氧化产生的次氯酸将矿物分解为可溶性的金属离子和硫酸根离子及元素硫,阴极上获得金属。

我国北京矿冶研究院在 1978 年开始了对悬浮电解(矿浆电解)的研究。

23. 固硫还原法的工艺原理是什么?

日本研究人员提出了固硫还原的方法,其反应方程式如下:

$$ZnS + CaO + CO = Zn \uparrow + CaS + CO_2 \uparrow \qquad (2-17)$$

挥发的锌蒸气采用冷凝的方法回收,类似于火法炼锌。该技术还停留在实验室的研究中,未能进行工业化生产试验。

24. 硫化锌精矿的处理工艺还有哪些?

硫化锌矿的处理工艺方法还有 $FeCl_3$ - HCl - C_2Cl_4 浸出法、软锰矿的直接浸出法、盐酸浸出法、二氯化铜浸出法、铵浸法、碱熔浸出法、碱性浸出法、氧化浸出法等,新方法的开发目的是降低消耗,保护环境。

采用选矿的方法富集低品位硫化锌矿,成为高品位的硫化锌精矿后采用现有的冶金工艺流程进行处理,或采用细菌浸出 - 萃取 - 电积工艺。对于低品位的氧化锌矿,可采用金属还原挥发工艺、回转窑还原挥发工艺(Waelz)、鼓风炉或烟化炉还原挥发工艺、旋涡炉还原挥发工艺、电炉还原挥发工艺、富氧空气顶吹浸没熔炼工艺（Ausmelt Process）等火法工艺和氨浸工艺、碱浸工艺、酸浸工艺、选矿－浸出工艺、加压浸出工艺、草酸浸出工艺、碱性焙烧浸出工艺、微波辐射浸出工艺等湿法冶金技术。

第 3 章 锌精矿的焙烧

3.1 精矿的备料

1. 备料对锌精矿的一般要求是什么?

入炉锌精矿成分:Pb ≤5%;Zn ≥45%;S:27% ~35%;H_2O ≤12%;无铁钉、砖头、料袋、破布等杂物。

2. 沸腾焙烧炉加料方式有哪几种?

沸腾焙烧炉可采用湿法与干法两种加料方式。

(1)湿法加料:将锌精矿与电解废液混合,制成含固体物料质量浓度为 65% ~75% 的矿浆,再用气体隔膜泵用 3 ~4 个大气压经喷枪将矿浆喷入炉内。其最大的优点是精矿无需预先干燥,加料比较均匀,可以处理部分电解废液,还可以利用矿浆的汽化热直接冷却沸腾层。它的缺点是由于水分大量蒸发,造成烟尘率高,炉气水分高,不宜制硫酸,这种烟气只能用于制亚硫酸。

(2)干法加料:将锌精矿预先干燥、破碎、筛分,然后用可调节速度的圆盘加料器或螺旋加料机将物料加入炉内。其优点为所使用的设备结构简单、焙烧条件易于控制,烟气水分低,利于制硫酸。它的缺点是锌精矿需要预先干燥,无法处理电解废液。

3. 焙烧前炉料准备主要分为哪几步?

焙烧前炉料准备主要分为:配料、干燥、破碎与筛分。我国锌冶炼所需要的锌精矿是由多个矿山供给的,其主要元素及杂质的含量波动范围较大。而在沸腾焙烧炉内则要求炉料的主要成分及杂质的含量均匀、稳定。如果混合锌精矿元素成分波动太大,则对沸腾焙烧以及下一步湿法处理带来操作困难,并影响中间产品的质量。

例如,锌品位降低以后,不仅产量下降而且直接回收率也低;含硫不稳定，沸腾焙烧炉内的温度难以控制；水分太高，加料困难，水分太低，沸腾焙烧炉炉顶温度升高，烟尘率亦相对增高；含铅过高，易在炉内及冷却烟道形成结块，恶化操作过程；含铁太高，在焙烧时生成的铁酸锌就多，由于它不溶于稀硫酸中，因而会降低锌的浸出率；含硅高时，在焙烧时生成硅酸盐，产生胶体二氧化硅，严重地影响浸出矿浆的澄清及过滤；含砷、锑过高，将导致电解沉积过程"烧板"现象。所以，锌精矿在焙烧之前需要进行严格的配料。

4. 原料制备工艺流程是怎样的？

主要利用抓斗吊根据锌精矿分析数据进行配料，使原料成分符合焙烧炉的锌精矿成分要求，合格原料通过皮带输送，在输送的过程中再次进行混料，使物料成分均匀，输送过程中粒度不符合要求的进入破碎机进行破碎后一起进入炉前仓，供焙烧炉使用。其工艺流程如图 3-1 所示。

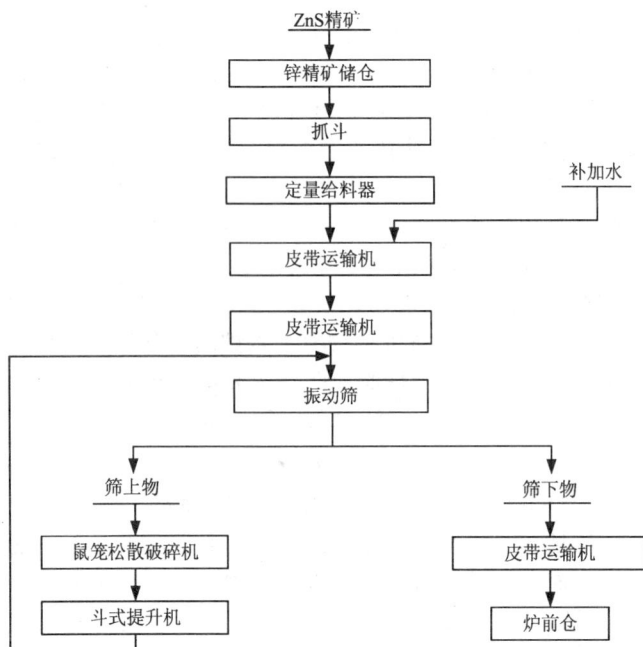

图 3-1 备料生产工艺流程图

5. 配料操作应注意的事项有哪些?

(1) 锌精矿水分的控制

当锌精矿水分高时,通知吊车工少抓水分高的料,多配入水分较低的料,从而控制锌精矿的水分在合理范围内;锌精矿水分较低时,适当开喷水装置。生产要求控制入炉精矿含水 8% ~ 10%。

(2) 锌精矿粒度的控制

发现锌精矿粒度增大时,要及时更换振动筛筛网。

6. 干燥方法主要有哪些?

干燥方法主要有:①自然干燥法;②铁板干燥法;③气流干燥法;④回转窑干燥法。

7. 干燥的目的是什么?

(1) 浮选所得的锌精矿一般含水量 3% ~ 15%,这种精矿不能直接进入沸腾炉焙烧。水分过高使精矿成球而失去疏散性,焙烧不完全。

(2) 锌精矿含水太高,会对皮带运输、破碎、筛分以及对沸腾炉均匀进料产生影响。

(3) 锌精矿含水太高,焙烧所产出的炉气含水蒸气高,当炉气温度降低时,易与 SO_2 及 SO_3 气体结合生成酸雾,腐蚀管道及收尘设备。

3.2 沸腾焙烧的基本理论

8. 什么是固体流态化?

沸腾焙烧的基本理论基础是固体流态化。所谓的"固体流态化",是指固体物料粒子被自下而上的空气吹起,而又不至于将固体粒子吹跑,使固体粒子在容器内相互分离,在上下、左右、前后不停地往复运动,如同沸腾的水一样。

9. 固体流态化可分为哪几个过程?

固体流态化的过程可以分为:固定床、膨胀床、流态化床和稀相流态化床 4 个过程。

(1) 固定床

当自下而上的空气直线速度较小时，固体料粒之间的接触点不发生改变，物料（粒子）的总体积不发生改变，空气气流仅从物料粒子的间隙通过，这个过程（状态）称之为固定床。

在这种情况下，气体鼓风的压力随着气流量的增加而增加（由于固体物料的接触点不变，气流通过固体物料间隙面积不变，故随着气流量的增加，鼓风压力随之上升）。此时固体物料粒子不发生运动，固定床物料的孔隙率为 0.26~0.57，一般在 0.4 左右。

（2）膨胀床

继续增加鼓风量，当气体的速度增加到使固体物料粒子开始移动时，粒子间接触状态发生改变，但又马上恢复接触，此时固体物料的总体积开始变大，发生膨胀（由于固体物料的接触点减小，相互间的间隙增加，故总体积膨大）。此时固体物料粒子的运动非常小，称之为膨胀床。

（3）沸腾床

再进一步增加鼓入空气的速度，则固体物料粒子相互分离，粒子间的间隙度增加，鼓风压力会下降（气流通过固体物料间隙面积增大，阻力减小，故鼓风压力随之下降），鼓风的压力将恢复到与固体物料粒子开始膨胀时的压力一致（等于固体物料的有效压力），此时全部固体物料粒子完全相互分离，在上下、左右、前后不停地运动，形状如同沸腾的水一样，就称之为流态化床，也称之为沸腾床。硫化锌精矿沸腾焙烧的孔隙度为 0.6~0.75。

（4）稀相流态化床

若再进一步增大鼓入空气的气体流量，可以使固体物料粒子的运动更加激烈，粒子相互分离的距离更大，而此时鼓风压力是不会增加的，但固体物料的体积增大，密度减小，粒子间的孔隙度增加，ZnS 精矿沸腾焙烧的沸腾层孔隙度为 0.6~0.75。进一步增加气体的气流速度，使得细粒物料的重力与浮力相等，则固体物料粒子做飘浮运动，物料布满整个容器空间，称为稀相层。当物料粒子被吹出容器外时，由于物料的总质量下降，则鼓风的压力也下降，此时称为输送床。

10. 沸腾层内的热传递是怎样进行的？

在沸腾层内固体粒子处于激烈的搅动状态并进行强烈的化学反应。在沸腾层内固体颗粒起着热传递作用，使炉内各部的温度趋向均匀。

沸腾层内的热传递分为三种形式，即固体与气流之间的热传递，沸腾层内各处的热传递，沸腾层对器壁或换热器的热传递。

热从一相传到另一相的过程称为热传递。沸腾层内的热传递就是流化剂（空气）与固体颗粒之间的热传递。在沸腾层内的化学反应系在气体与固体表面之间进行，产生大量的热，反应界面温度较高，需要在流化剂和物料颗粒内部进行传递，在沸腾过程中，热量传递速度很快。

炉内用空气作流化剂时，床层内的固体颗粒除了激烈的翻腾以外，还可以产生一种循环运动，因为流化床中中部气流速度比靠近器壁处要大一些，所以颗粒就从中部上升再从器壁处下降而形成循环运动。

11. 什么是物质的着火温度？

在某一温度下，物质所放出的热足够自发地扩散到全部物料并能使燃烧反应加速进行，此温度就称为着火温度。

几种常见硫化矿物的着火温度见表 3 - 1。

表 3 - 1　几种硫化矿物的着火温度

序号	粒度范围 /mm	平均粒度 /mm	着火温度/℃				
			黄铜矿	黄铁矿	硫磁铁矿	闪锌矿	方铅矿
1	+ 0.0 ~ 0.05	0.025	280	290	330	554	505
2	+ 0.05 ~ 0.075	0.0625	335	345	419	605	697
3	+ 0.075 ~ 0.10	0.0875	357	405	444	623	710
4	+ 0.10 ~ 0.15	0.125	364	422	460	637	720
5	+ 0.15 ~ 0.20	0.175	375	423	465	644	730
6	+ 0.20 ~ 0.30	0.250	380	424	471	646	730
7	+ 0.30 ~ 0.50	0.40	385	426	475	646	735
8	+ 0.50 ~ 1.00	0.75	395	426	480	646	740
9	+ 1.00 ~ 2.00	1.50	410	428	482	646	750

着火温度取决于硫化物的物理性质(硫化物及氧化物的热容量、热传导、粒度及致密度等)、化学性质以及外界因素。

在一定外界条件下,物料的粒度越细,其真实表面积就越大,着火点就越低。

表 3 - 2   不同粒度对闪锌矿的着火温度的影响

平均粒度/mm	0.025	0.062	0.087	0.125	0.175	0.250
着火温度/℃	554	605	623	637	644	648

12. 硫化矿物氧化过程的影响因素有哪些?

硫化矿物的氧化过程是极复杂的多相反应,决定于许多因素,主要有:

(1)温度

随着温度的升高,氧化过程的总速度加快,因此,焙烧过程在最大允许的温度下进行。但过高的温度会发生烧结现象。烧结的物料仅能在表面进行焙烧,焙烧物料内部的焙烧作用实际上逐渐停止。因此,在实践中开始焙烧时温度较低,随着硫的脱去,炉内焙烧温度逐渐升高,从而加速硫化物的氧化。

(2)物料的物理化学性质,包括物料的粒度及其孔隙度

硫化物焙烧时粒子表面积愈大愈利于焙烧过程。但粒子也不宜过细,否则生产时会产生过多的烟尘。

(3)料层中气流运动的特性及气流紊流度

由前所述,焙烧粒子的外表周围在焙烧过程中形成气体膜(如 SO_2、SO_3),会阻碍氧扩散至粒子表面,但当气流紊流度变大时,能使气体膜变薄,因而氧易于扩散到粒子表面,加速焙烧过程。

(4)气流中氧的浓度

焙烧的速度及氧化的完全程度与供给空气量有关。在实际生产中焙烧都是在过剩空气下进行的。随着氧浓度的加大,焙烧过程也会加速,故已有将富氧空气用于这一过程的实践。

(5)气流中 SO_2 与 SO_3 的浓度及其所排除的速度

气流中 SO_2 与 SO_3 就是硫化物颗粒外表的气膜。其浓度愈大,愈

妨碍氧向固体粒子的扩散。因此，加速 SO_2 与 SO_3 的排除，也就加快了焙烧过程。

（6）硫化物颗粒外表面形成固体产物的薄膜厚度及物料搅拌的程度

固体粒子表面形成的薄膜愈厚，氧化也愈困难。搅拌或沸腾可以破坏已形成的固体薄膜与气体薄膜，加速焙烧过程。

（7）焙烧的程度

焙烧开始时氧化过程是以最大速度进行的，但随着表面的固体薄膜与气体薄膜的形成以及硫的烧失，氧化过程随之减慢。

焙烧得愈完全，需要的时间就愈久，炉子的生产率也就愈低。所以炉子的生产率在一定条件下与焙烧程度有关系。

13. 锌精矿焙烧的目的是什么？

锌精矿焙烧的目的主要是使硫化锌及其他硫化物转化成氧化锌和其他物质的氧化物，同时除去部分对冶炼有害的杂质元素。火法炼锌厂的焙烧纯粹是氧化焙烧，在焙烧时力求尽可能地除去全部硫，同时也尽可能完全地以挥发物状态除去砷和锑。

湿法炼锌厂内的焙烧也是氧化焙烧，是含有部分硫酸盐化焙烧。这样做是为了使焙烧矿中形成少量硫酸盐，以补偿电解与浸出循环系统中硫酸的损失。经验证明，焙烧矿中含 3% ~4% 的 SO_4^{2-} 完全足以补偿体系的硫酸根损失。

14. 锌精矿的焙烧可以分为哪几类？

根据焙烧过程本质的不同，焙烧可以分为煅烧、还原焙烧、氧化焙烧、硫酸化焙烧、氯化焙烧和烧结焙烧 6 类。

15. 什么是煅烧？

煅烧用于对碳酸盐、硫酸盐等氧化矿预处理的过程，其目的是在高温条件下使碳酸盐或硫酸盐分解为氧化物并除去其中的水分。

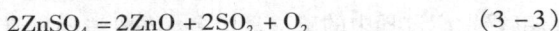

$$CaCO_3 = CaO + CO_2 \tag{3-1}$$

$$MgCO_3 = MgO + CO_2 \tag{3-2}$$

$$2ZnSO_4 = 2ZnO + 2SO_2 + O_2 \tag{3-3}$$

$$MgSO_4 = MgO + SO_3 \tag{3-4}$$

16. 什么是还原焙烧?

还原焙烧用于对氧化矿石的处理,在还原气氛中使矿石中自由状态或结合状态的氧化物还原成低价态的氧化物或金属。在锌冶金过程中,主要用于处理锌的氧化矿或含锌废料(浸出渣或鼓风炉富锌渣)。

当含锌废料与碳混合,在还原气氛中加热到 1100~1200℃,氧化锌被还原成锌蒸气,然后又被炉气中的 O_2 和 CO_2 氧化成 ZnO,从而与脉石分离(即烟化炉处理)。

$$ZnO \cdot Fe_2O_3 + CO = ZnO + 2FeO + CO_2 \qquad (3-5)$$
$$ZnO + CO = Zn_{(g)} + CO_2 \qquad (3-6)$$

17. 什么是氧化焙烧?

氧化焙烧用于对硫化矿的处理。在氧化气氛中将硫化矿物中的硫全部或者大部分除去,使硫化物全部或大部分转变为氧化物。

氧化焙烧又可分成两类:一种是把矿石中的硫全部除去,所得产物(焙烧矿)由氧化物组成,称为"死烧";另一种是把矿石中硫部分除去,称之为部分氧化焙烧。

死烧一般多用于火法冶炼,如钢铁冶金中将 FeS 转变为 FeO,铅冶金中将 PbS 烧成 PbO。

18. 什么是硫酸化焙烧?

硫酸化焙烧用于处理硫化矿物,将矿物中欲提取的金属硫化物在氧化气氛中转化为水溶性的硫酸盐。

硫酸化焙烧也可分成两类:将矿石中的硫化物全部转化为硫酸盐的全硫酸化焙烧;将矿石中的硫化物部分转化成硫酸盐,其余硫化物转变为氧化物,即部分硫酸化焙烧。

19. 锌湿法冶金过程进行部分硫酸化焙烧的目的是什么?

在湿法冶炼过程中,一般采用部分硫酸化焙烧。因为在锌电解生产过程中,由于过程溶液存在滴、漏、跑、冒和各种渣(一般均含水,水中均有硫酸盐)中带走一部分的硫酸根,为保证电解生产中硫酸根的平衡,故要求焙烧矿中有一定的硫酸盐,若用新硫酸补充,将使主产成本升高。但焙烧矿中硫酸根含量也不能过多,如果过多,又将使得电锌生产过程中的硫酸量增多,需要消耗过量的中和剂,使新液含锌升高,也不利于生产。

20. 锌精矿焙烧的工艺组成是什么？

硫化锌精矿沸腾焙烧的生产工艺流程根据具体条件和要求而定。

焙烧由备料和焙烧两部分组成。

备料包括锌精矿贮存、筛分、破碎（松散）等作业，为沸腾炉提供合格精矿。在精矿加入到炉膛之前均属于备料。

焙烧包括焙烧、烟气余热回收、焙砂冷却和焙砂磨细。

21. 焙烧工艺的原则流程是什么？

焙烧工艺的原则流程见图 3-2。

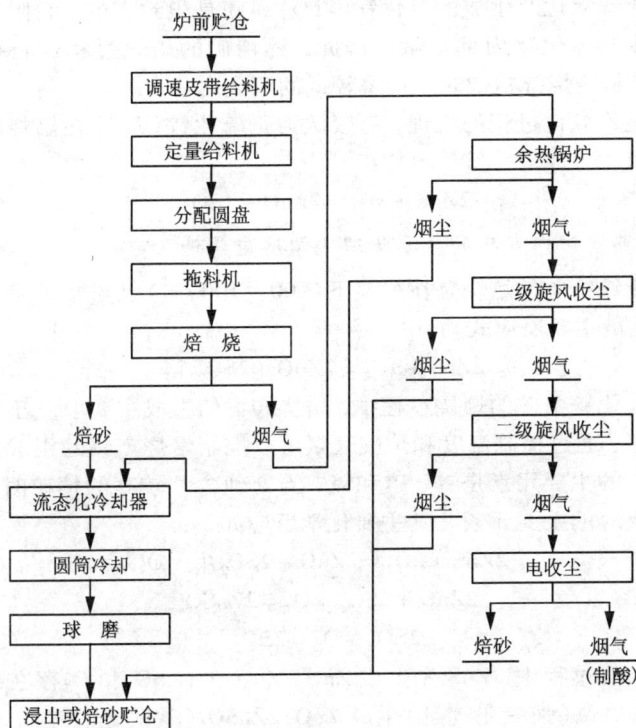

图 3-2　锌精矿焙烧工艺流程

22. 硫化锌精矿焙烧的反应机理是什么？反应速率由哪些因素决定？

硫化锌精矿的焙烧过程和其他硫化物的焙烧一样，属于固体物质（锌精矿）与气体氧化剂（空气）所发生的化学反应。

锌精矿的焙烧是一个很复杂的多相反应，根据动力学分析，焙烧过程的反应速率取决于以下因素：

（1）温度、反应物（氧）的浓度及其运动性质。

（2）硫化物颗粒表面积和硫化物的结构。

（3）气流中 SO_2 及 SO_3 的浓度。

硫化锌氧化时生成的氧化锌（ZnO）薄膜是很致密的，它阻碍氧原子进一步向硫化物内部扩散。因此，锌精矿的焙烧过程进行得比较慢，这也是焙烧锌精矿时生产率较低的原因之一。

硫化物氧化过程的机理，一般认为是硫化锌（ZnS）在焙烧时直接按下式氧化生成氧化锌（ZnO）：

$$2ZnS + 3O_2 = 2ZnO + 2SO_2 \qquad (3-7)$$

23. 沸腾炉内发生的主要物理化学反应是什么？

硫化锌精矿的焙烧是在高温下（900~1000℃）氧与精矿发生化学反应，其最主要反应式为：

$$2ZnS + 3O_2 = 2ZnO + 2SO_2 \uparrow \qquad (3-8)$$

在硫化锌精矿的焙烧过程中，焙烧产物的组成主要取决于温度和炉气气氛，通过控制温度和炉气气氛可以控制焙烧产物的组成。参与焙烧反应的主要元素是锌、硫和氧，当处理含铁较高的精矿时，铁也是参与反应的主要元素。其主要化学反应如下：

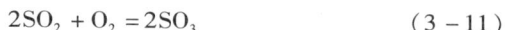

$$2ZnS + 2O_2 = 2ZnO + 2SO_2 \uparrow - Q \qquad (3-9)$$
$$2ZnO + 2SO_2 + O_2 = 2ZnSO_4 \qquad (3-10)$$
$$2SO_2 + O_2 = 2SO_3 \qquad (3-11)$$

在焙烧过程中，ZnS 先生成 ZnO，ZnO 在有 SO_2 和 O_2 存在的条件下，在高氧位（强氧化气氛）生成 $ZnO \cdot 2ZnSO_4$（碱式硫酸锌），再进一步生成 $ZnSO_4$。焙烧过程中，ZnO、$ZnO \cdot 2ZnSO_4$ 和 $ZnSO_4$ 的存在是由温度、SO_2 和 O_2 的浓度来决定的。在实际的焙烧条件下（p_{SO_2} = 10132.5 Pa，p_{O_2} = 10132.5~20265 Pa 接近实际焙烧条件），温度高于 1203 K

（930℃）时，ZnO 是稳定存在的产物，即焙烧矿中主要以 ZnO 为主。在同样的 SO_2 和 O_2 的浓度条件下，当温度低于 1203K（930℃）时，$ZnO \cdot 2ZnSO_4$ 为稳定化合物，即在此条件下，焙烧矿中的产物以 $ZnO \cdot 2ZnSO_4$ 为主。当温度低于 1143K（870℃）以下时，$ZnSO_4$ 是稳定的化合物，即在此条件下，焙烧矿中的产物以 $ZnSO_4$ 为主。

要使 ZnS 完全转变为 ZnO，氧化焙烧的温度要在 1000℃ 以上，故火法炼锌的焙烧温度在控制在 1070～1100℃，而湿法冶炼（部分硫酸化焙烧）的焙烧温度控制在 870～930℃，使大部分的 ZnS 转化成 ZnO 的同时，在焙烧矿中还保留有部分的 $ZnO \cdot 2ZnSO_4$。

24. 焙烧时硫化铅的行为是什么？

铅在锌精矿中主要以硫化铅（PbS）形态存在，硫化铅又叫方铅矿。它在焙烧过程中按下列反应式进行：

$$PbS + 2O_2 = PbSO_4 \qquad (3-12)$$
$$3PbSO_4 + PbS = 4PbO + 4SO_2 \qquad (3-13)$$
$$2SO_2 + O_2 = 2SO_3 \qquad (3-14)$$
$$PbO + SO_3 = PbSO_4 \qquad (3-15)$$

在焙烧过程形成的硫酸铅在 800℃ 以上时大量分解为氧化铅。

硫化铅的熔点很低（约 1120℃），熔后具有很好的流动性，进入炉子的砖缝中。硫化铅在 600℃ 时开始挥发，850℃ 时大量挥发，当 PbS 挥发到炉子上部及炉气管道中时又被氧化成氧化铅。

而氧化铅要在 900℃ 时才大量挥发，所以硫酸化焙烧脱铅率低。

氧化铅是一种很好的助熔剂，它能与许多金属氧化物形成低熔点共晶，如硅酸铅（$PbO \cdot SiO_2$）、铁酸铅（$PbO \cdot Fe_2O_3$）、铅酸钙（$CaO \cdot PbO_6$）、铅酸镁（$MgO \cdot PbO_6$），这些低熔点共晶是极为有害的，它在 800℃ 时就开始熔化，严重时会引起炉料在沸腾炉结块和在烟道结块的现象。这种结块使操作恶化，焙烧脱硫不完全。因此，在混合锌精矿中要求含铅不超过 2%。

因此，硫化铅在焙烧过程中大多数生成氧化铅（PbO），只生成极少量的硫酸铅及低熔点共晶化合物。

25. 焙烧时硫化铜的行为是什么？

铜在锌精矿中以辉铜矿（CuS）、黄铜矿（$CuFeS_2$）等形态存在。硫化铜的熔点很高（1805～1900℃），在低温下（550℃）按下式进行反应：

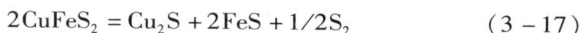

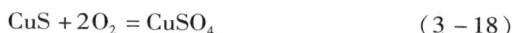

$$2Cu_2S + 5O_2 = 2CuO + 2CuSO_4 \qquad (3-16)$$
$$2CuFeS_2 = Cu_2S + 2FeS + 1/2S_2 \qquad (3-17)$$
$$CuS + 2O_2 = CuSO_4 \qquad (3-18)$$

所形成的硫酸铜，当温度高于700℃时按下式发生分解：

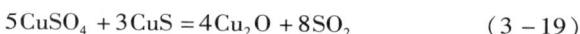

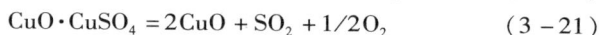

$$5CuSO_4 + 3CuS = 4Cu_2O + 8SO_2 \qquad (3-19)$$
$$2CuSO_4 = CuO \cdot CuSO_4 + SO_2 + 1/2O_2 \qquad (3-20)$$
$$CuO \cdot CuSO_4 = 2CuO + SO_2 + 1/2O_2 \qquad (3-21)$$

硫化铜在焙烧温度下按下式进行氧化反应：

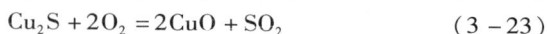

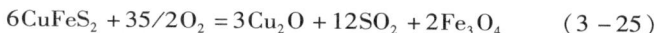

$$Cu_2S + 3/2O_2 = Cu_2O + SO_2 \qquad (3-22)$$
$$Cu_2S + 2O_2 = 2CuO + SO_2 \qquad (3-23)$$
$$2CuS + 5/2O_2 = Cu_2O + 2SO_2 \qquad (3-24)$$
$$6CuFeS_2 + 35/2O_2 = 3Cu_2O + 12SO_2 + 2Fe_3O_4 \qquad (3-25)$$

综上所述，铜的化合物在焙烧过程中的产物，主要是氧化铜（CuO）和氧化亚铜（Cu_2O），还有少量的硫酸铜（$CuSO_4$）、铁酸铜（$CuO \cdot Fe_2O_3$）及硅酸铜（$CuO \cdot SiO_2$）。

26. 焙烧时硫化镉的行为是什么？

镉在锌精矿中以硫化镉（CdS）形态存在，并往往与铅锌共生。在焙烧时硫化镉按下式进行氧化：

$$CdS + 3/2O_2 = CdO + SO_2 \text{ 或 } CdS + 2O_2 = CdSO_4 \qquad (3-26)$$

当温度较低时，即在850～900℃下进行硫酸化焙烧时，硫化镉氧化生成氧化镉（CdO）和硫酸镉（$CdSO_4$），$CdSO_4$是一种十分稳定的化合物，只有高于1000℃时才分解为CdO和SO_2，而CdO也要高于1000℃以上才能挥发。

所以在硫酸化焙烧过程中，CdO及$CdSO_4$几乎得不到挥发而留在焙砂中，它们在浸出过程与ZnO一起进入硫酸溶液，通过溶液净化得到富集的铜镉渣，作为提镉的原料。

27. 焙烧时砷锑化合物的行为是什么？

砷在锌精矿中以毒砂（FeAsS）或硫化砷（As_2S_3）形态存在，锑以辉锑矿（Sb_2S_3）形态存在。砷、锑的化合物在600℃时就显著离解，在氧

化气氛中极易氧化,其反应为:

$$2As_2S_3 + 9O_2 = 2As_2O_3 + 6SO_2 \qquad (3-27)$$

$$2Sb_2S_3 + 9O_2 = 2Sb_2O_3 + 6SO_2 \qquad (3-28)$$

$$2FeAsS + 5O_2 = Fe_2O_3 + As_2O_3 + 2SO_2 \qquad (3-29)$$

由于生成的三氧化二砷和三氧化二锑的挥发性较强,它们进入烟气,从而从焙烧矿中除去,但应注意:三氧化二砷和三氧化二锑能被氧化成高价的氧化物而失去挥发性,残留于焙烧矿中。

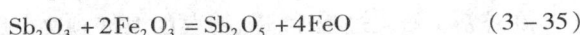

$$As_2O_3 + O_2 = As_2O_5 \qquad (3-30)$$

$$As_2O_3 + 2SO_3 = As_2O_5 + 2SO_2 \qquad (3-31)$$

$$As_2O_3 + 2Fe_2O_3 = As_2O_5 + 4FeO \qquad (3-32)$$

$$Sb_2O_3 + O_2 = Sb_2O_5 \qquad (3-33)$$

$$Sb_2O_3 + 2SO_3 = Sb_2O_5 + 2SO_2 \qquad (3-34)$$

$$Sb_2O_3 + 2Fe_2O_3 = Sb_2O_5 + 4FeO \qquad (3-35)$$

砷、锑的五氧化物是极难挥发的物质,在有氧化铅、氧化铁的情况下易生成砷、锑酸盐:

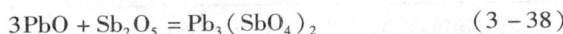

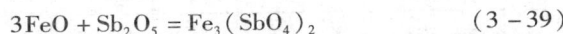

$$3PbO + As_2O_5 = Pb_3(AsO_4)_2 \qquad (3-36)$$

$$3FeO + As_2O_5 = Fe_3(AsO_4)_2 \qquad (3-37)$$

$$3PbO + Sb_2O_5 = Pb_3(SbO_4)_2 \qquad (3-38)$$

$$3FeO + Sb_2O_5 = Fe_3(SbO_4)_2 \qquad (3-39)$$

形成砷、锑酸盐后,砷、锑在焙烧过程中就很难除去了。因此,湿法炼锌过程中当原料含砷、锑过高时,砷、锑进入电解液中使电解过程产生"烧板",需要在焙烧时控制较低的温度及较少的过剩空气量,尽可能使杂质砷、锑以挥发性氧化物的形式被除去而进入烟气。

但在烟气收尘中,这些砷、锑氧化物大部分被收集在烟尘中。所以有的工厂将含砷、锑高的烟尘进行单独处理。

28. 焙烧时硫化银的行为是什么?

银在锌精矿中以辉银矿(Ag_2S)的形态存在。它在605℃时着火,按下列反应氧化:

$$Ag_2S + 2O_2 = Ag_2SO_4 \qquad (3-40)$$

$$Ag_2S + O_2 = 2Ag + SO_2 \qquad (3-41)$$

硫化银被氧化时与其他金属硫化物不一样,不是生成氧化物而是

生成金属银，因为氧化银是一种极不稳定的化合物，在低温时就进行分解：

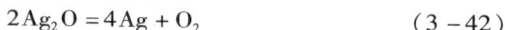

$$2Ag_2O = 4Ag + O_2 \qquad (3-42)$$

硫化银在焙烧时，有大量 SO_3 存在的条件下生成硫酸银（Ag_2SO_4），其反应如下：

$$2Ag + 2SO_3 = Ag_2SO_4 + SO_2 \qquad (3-43)$$
$$Ag_2S + 4SO_3 = Ag_2SO_4 + 4SO_2 \qquad (3-44)$$

硫酸银又可按下式进行分解：

$$Ag_2SO_4 = 2Ag + SO_2 + O_2 \qquad (3-45)$$

综上所述，硫化银在焙烧过程中，大部分生成金属银和硫酸银，同时由于氧化不完全，也还有极少部分的硫化银存在。

29. 锌精矿焙烧时沸腾层温度对硫、铅、镉脱除有何影响？

在锌精矿焙烧过程中，沸腾层的温度越高，焙烧矿中的硫、铅、镉含量就越低，焙烧矿中硫、铅、镉含量与焙烧层温度的变化关系见表3－3。

表3－3　沸腾层温度对硫、铅、镉脱除的影响

沸腾层温度/℃	950	1000	1050	1100	1070	1150
焙烧矿硫/%	1.5	1.3	0.95	0.45	0.21	0.16
焙烧矿铅/%	0.85	0.71	0.61	0.47	0.36	0.16
焙烧矿镉/%	0.25	0.22	0.08	0.04	0.02	0.006

30. 焙烧过程硅酸锌的生成和危害是什么？

硅酸锌 $2ZnO \cdot SiO_2$ 生成的反应方程式为：

$$2ZnO + SiO_2 = 2ZnO \cdot SiO_2 \qquad (3-46)$$

若精矿中的硅含量高则容易形成，同时，Pb 的存在能够促使硅酸盐的形成，因为铅的硅酸盐熔点低，熔融的硅酸铅可以溶解其他的金属氧化物和硅酸盐，进一步形成复杂的硅酸盐。在实际生产中，焙烧温度的升高，焙烧作业时间的延长，焙烧物料接触良好和物料中的 SiO_2 含量升高，均容易生成硅酸锌。特别是生成硅酸锌后，由于其熔

点低，会在焙烧炉内形成大块的黏结物，严重影响焙烧炉的正常生产。

形成的硅酸锌可溶于稀酸，不会降低锌的浸出率，但是浸出时将会生成硅酸胶体，不利于矿浆的澄清和过滤。

3.3　沸腾炉主要结构

31. 沸腾炉的主要结构包括哪些？

沸腾炉分矩形断面和圆形断面两种，目前国内外多采用圆形炉子。矩形炉子设备简单，但是炉子受热时膨胀不均匀，直角的地方易形成沸腾的死角，使炉料沸腾不好。而圆形炉虽然砖形和砖砌复杂，但炉内沸腾情况好，同时炉子的密封性能也比矩形炉好，因而得到广泛的应用。

沸腾炉一般由炉床、炉身和进风箱等部分构成。

（1）炉床

炉子的底部称为炉床。在一整块的钢板上装有许多的风帽，在风帽之间浇灌 250 ~ 300 mm 厚的耐热混凝土构成炉床。

沸腾炉的炉床必须符合下列要求：使空气沿整个炉床均匀地进入到沸腾层中；不使炉内的焙砂漏入到炉底的风箱中；炉床应耐高温，在高温下不变形和损坏。

（2）炉身

炉身的外壳由 8 ~ 12 mm 厚的钢板焊接而成，钢壳内依次衬110 ~ 130 mm 厚的轻质保温砖和 200 ~ 250 mm 厚的黏土耐火砖，同时在钢壳和保温砖之间留有 10 ~ 20 mm 的膨胀缝，膨胀缝内灌硅藻土。

炉身由沸腾层、炉膛空间及拱底三部分构成。炉身需要足够的高度，保证细小物料在炉膛上部有充分的氧化时间（8 ~ 12 s），使全部物料完成物理化学反应，有利于提高焙烧矿质量，同时也可以减少烟尘率。锌精矿沸腾焙烧炉的炉身高度一般采用炉膛空间与炉底面积之比来确定，硫酸化焙烧的比值为 7 ~ 10，高温氧化焙烧的比值为10 ~ 15。

在炉身的沸腾层处设有加料口、排料口、工作门和换热器。加料口和排料口一般为同一水平面，或是排料口比加料口稍高，并且这两个口总是处于炉子的对称面上。在设有水冷或汽化冷却的炉壁水套时，被水套占据的炉壁部分不砌耐火砖。由前面的沸腾层传热特性可知，沸腾层的换热器设在沸腾层内的任一位置均可以有效调节沸腾层的温度，但在实际生产中，换热器还是均匀地分布在沸腾层的同一圆周面上。

炉身上部设有排烟口，其面积和大小必须保证炉内能够均匀稳定地进行沸腾而且有利于排出炉内的烟气，以维持炉顶微负压或零压为原则。一般保证出口烟气速度以 5 ~ 8 m/s 为宜，大炉子可取 8 ~ 12 m/s。

例：在某厂的设计中，炉顶压力为 -10 ~ 20 Pa，烟气出口速度为 14.8 m/s，53252 m^3/h(工标条件)。

注：正压操作，劳动条件差(烟气会从加料口溢出)；而负压过小，增加收尘系统的风量(使收尘风机的抽力加大)，降低烟气中的 SO_2 浓度，不利于制酸。

在一般的生产条件下，炉底压力控制在 9 ~ 15 kPa 或更高一些，株洲冶炼厂为 12.5 ~ 15.5 kPa，神岗(鲁奇式)为 19 kPa。

（3）进风箱

进风箱又称进风斗，其作用是使气流进入到分布板之前各处的风压压力相等，使风压均匀分布，起到预先分配气流的作用。设计时应尽可能使进入空气的动压转变为静压，避免空气直接冲击分布板(造成风帽气流分布不均)，为此，在风箱内一般均加设各种预分配器。小型炉采用带弯头的风管伸到风箱内，大型炉采用中心圆柱式分配器。在结构合理时，增大风箱容积有助于风箱内气体压力的均匀化。

在风箱上部的炉床下部，现在一般还设有空气筛板，即在一块钢板上均匀地打一些小孔，它的作用也是使进入到风帽中的气体压力均匀，有的炉子设一层空气筛板，有的设两层或更多层。

（4）加料与排料装置

当沸腾炉的鼓风量和温度控制一定后，主要是依靠调节加料量来维持炉内温度稳定在一定的范围之内。因此，不仅要求料量适当，同时要求料量均匀。为了保证加料均匀和加料适当，必须注意选择恰当的加料方法和加料设备。

32. 沸腾炉的风帽主要有哪几种结构？

空气能否均匀地送入到沸腾层中主要取决于风帽的排列和风帽的

结构，同时风帽本身的结构又直接决定着炉内的焙烧物料是否会漏到炉底的风箱中。风帽一般有四种形式：菌形风帽、伞形风帽、锥形风帽和直通风帽，见图3－3。

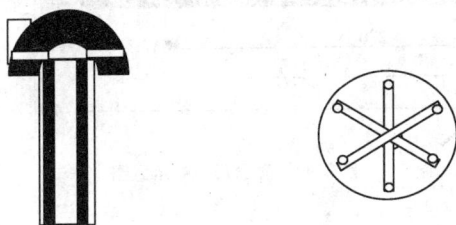

图3－3　伞形风帽示意图

33. 沸腾炉的风帽排列方式主要有哪几种？

炉床风帽的排列方法有：同心圆、正方形和三角形等。对于圆形炉子而言，一般均采用同心圆法。例：某厂设计的同心圆距为100 mm，共有116圈同心圆排列，同心圆的距离一般为175 mm，同一圈同心圆内风帽的中心距为150～200 mm，由于炉壁对气流有阻力，故在排列时应该是中心的风帽稍疏，而周边的风帽稍密，以保证周边的风量比炉床中心区大20%～30%。同时各风帽风眼的标高要求一致，相邻两个对应的侧孔风眼要错开，保证送风均匀，沸腾状态良好。

当风帽的结构决定之后，炉床风帽的个数由风眼率来决定（风帽孔眼的面积与炉床的面积之比）。孔眼率的确定原则是保证空气喷出量具有恰当的速度，对于锌精矿沸腾焙烧而言，空气从风帽孔眼中喷出的速度为10～12 m/s，孔眼率在1%即可以满足。

直通形风帽主要的优点是：阻力小，风眼不易堵，风眼易于清理。

34. 锌精矿沸腾焙烧的收尘系统由哪几部分组成？各部分收尘原理是什么？

收尘系统由余热锅炉、旋风收尘、电收尘三个部分组成。

余热锅炉的收尘原理是从炉子烟道口出来的高速含尘气体通过余热锅炉时，气流通道变大，气体的流速下降，一部分烟尘在重力作用下沉降，同时部分烟尘与余热锅炉内部的管束碰撞、与锅炉内壁碰撞

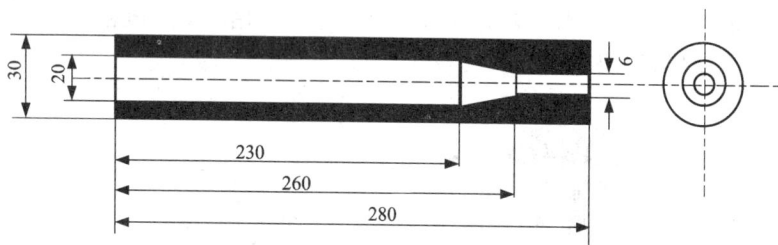

图 3-4 直通形风帽示意图

(或摩擦)失去动能而黏附在管束上或从气流中沉降下来。

旋风收尘的原理是气流中的烟尘在气流旋转过程中,通过离心力的作用转移到气流的外部边沿,与旋风收尘器的内壁碰撞、摩擦,从而从气体中沉降下来。

电收尘的原理是在直流高压电场作用下,空气被电离后使烟气中的细粒固体带电,细粒固体在电场作用下向与自己带相反电荷的电极移动并在电极上吸附沉降。

3.4 主要故障及处理

35. 系统停电时的应对措施是什么?

系统停电时应立即通知硫酸系统以及相关岗位,力争不死炉,不烧坏炉内埋管及锅炉。加料岗位应立即关闭抛料口处的闸板,锅炉司炉应确保汽包水位,并确保热力循环泵运行。

鼓风机岗位应及时检查高位油箱是否回油,来电后先确认锅炉水位正常,按先启动排风机,后启动鼓风机的顺序启动两台风机(注:不能带负荷启动),视炉内情况对炉内适量鼓风,视炉内沸腾情况及温度情况决定是否抛料。如炉内沸腾状况良好,其中部温度高于750℃,则应及时加料,同时控制好风量、料量及炉顶负压,确保开炉成功,再逐步将风量增至正常值。若发现沸腾状况良好,但温度低于750℃,则应按操作规程同时点起四支油枪,按开炉升温的程序处理。如发现炉膛有烧结现象时,应及时果断地做以下处理:应快速组织力量,对抛料口处、排料口处的炉膛部分用钎子戳，压缩风吹，并适量调整风量，尽最大努力抢救炉子。若实在无法改善沸腾状态，则做停炉处理；若余热锅炉系统也出现停电，超过15 s，则沸腾炉及余热锅炉做停炉处理。停电时，一定要及时向调度室及相关部门汇报，以便信息及时反馈与传递。

36. 鼓风机停电时的应对措施是什么？

鼓风机停电时，应立即停止加料，通知硫酸系统停止接收烟气，调节好炉顶负压，关注炉膛情况。组织力量摇鼓风机的手动油泵。及时跟调度室联系，以便尽快恢复送电。

37. 排烟机停电时的应对措施是什么？

排烟机停电时，立即缩风至微沸腾状况，同时对加料系统进行同步控制。来电后先空负荷启动排风机，然后带负荷运行。最后将鼓风量恢复正常。排烟机停电时，可以考虑做停风保炉处理。排烟机岗位则按有关设备维护规程进行操作，同时及时与相关岗位和部门联系。

38. 事故停压缩风时的操作是什么？

当流态化冷却器压缩风故障停止时，沸腾炉应立即停料、缩风，将风量缩至炉料处于微沸腾状态。压缩风恢复后，及时处理流态化冷却器使之保持畅通，并逐步恢复沸腾的风量、料量。

39. 仪表风停风时的操作是什么？

当仪表风出现故障需要停止或压力持续下降时，在仪表风停止之前，将鼓风机放空阀气动改为手动。余热锅炉气动放空阀、给水气动调节阀、蒸汽气动调节阀由"气动"改为"现场"操作，并按余热锅炉操作规程进行操作。

40. 上料皮带跑偏生产如何组织？

出现上料跑偏，及时落实炉前料位情况，如果炉前料仓料位低，皮带跑偏不严，应加大上料量，将炉前仓加满后进行处理，并估计需要处理的时间，及时调整焙烧炉的投料量，保证处理期间焙烧炉的平稳生产；如果是跑偏严重，应及时通知焙烧炉根据估计处理时间合理组织生产。在处理过程中，原则是尽量避免焙烧炉断炉焖炉。

41. 炉前仓底给料皮带压死如何处理？

炉前仓皮带压死，通常情况是精矿水分高或炉前仓内精矿多，出现此情况，应立即将焙烧鼓风量降到最小，保持焙烧炉内微沸腾，避免炉内快速降温，同时组织力量尽快人工拉动压死皮带。

42. 流态化冷却器压死如何处理？

出现流态化冷却器压死，通常情况是低压风波动或是焙烧过程鼓动风量太大将炉内的大颗粒物料吹出，出现流态化冷却器压死，立即进行减风减料，将炉温平衡后打开流态化冷却入孔门进行处理。在炉温平衡过程中，会出现加入锌精矿在炉内堆积的情况，可以进行人工撬或加入风管进行搅拌及压死炉子。

43. 刮板运输机断裂和压死如何处理？

出现刮板断裂的主要原因是焙烧炉投料量过大。处理方法：如果在断裂前有焙烧炉出口，将出口打开让焙烧矿流出，焙烧炉可以不进行调整；如果断裂之前没有焙烧矿出口，就需要对焙烧炉生产进行减风减料处理，保持炉内微沸腾并不出料，如果炉内出现加入的锌精矿堆积，可以人工撬料或加入低压风管处理，并及时结束维修断裂的刮板运输机，处理好后恢复生产应根据刮板输送量来确定投料量。

3.5　主要工艺控制和技术经济指标

44. 开炉前的准备工作有哪些？

（1）开炉前，应做好以下工作：

①确保炉内无杂质，将炉床打扫干净，保证炉内无异物。

②检查炉内风帽，要求风帽孔无堵塞。

③新建炉子或检修后的炉膛、炉床，必须进行烤炉并测定风帽阻力。

④检查所有阀门、仪器、仪表，确保完好、可靠、灵敏。

⑤开炉前详细检查轻柴油燃烧系统、压缩空气系统、鼓风系统、烟气系统、排料系统、收尘系统等设备，保证设备处于良好状态，具备开炉条件。

（2）启动斗式提升机及开料溜管进行铺炉，并视炉内焙砂的多少，进入炉内将焙砂扒平，确保炉床面上有一定量的焙砂。然后改用抛料机抛料，待两边抛料口处的焙砂达一定量时，对炉内进行鼓风，将焙砂鼓平。抛料机铺炉可以边升温，边铺炉。

(3)联系调度部门要油、风，并向调度部门请求点火开炉，启动二次风机，调节总油管压力 0.15~0.45 MPa，炉内应保证一定的负压，用火把点燃烧油枪，先开风，后开油，缓慢调整压力，使油雾化均匀燃烧稳定，按预先制定的升温曲线图进行。

(4)炉内鼓风量调整到 20000~25000 m³(标)/h，烟气出口压力调整到 0~-50 Pa。当油枪点燃后，要认真细致地检查各油枪燃油的燃烧情况，确保燃烧良好。

(5)当发现油枪熄灭时，可按以下程序来处理：发现只有一根油枪熄灭时，马上关闭该油枪的进油阀，待炉内油蒸气达安全极限后再按正常步骤点燃油枪。发现两根以上的油枪熄灭时，应立即打开回油阀，再立即关上所有油枪的进油阀，待炉内油蒸气达到安全极限后，再按正常的步骤点燃各熄灭的油枪。炉温升到 350℃ 时，视炉内焙砂沸腾情况，进行一次大鼓风 40000~45000 m³(标)/h，持续 2 min 后，风量缩减到 20000~25000 m³(标)/h。

(6)温度升至 850℃ 以上时联系制酸系统准备接收烟气，启动加料系统以 20~25 t/h 向炉内加料，鼓风量 30000 m³(标)/h，同时向制酸系统输送烟气，当沸腾炉温度出现上升趋势时，马上撤油枪，根据风箱压力变化打开溢流口闸板。

(7)封闭烧嘴孔，逐步增加加料量、鼓风量至设定值。

(8)在点火至投料前，烟气走旁通烟道放空。

(9)在开炉过程中，锅炉刮板、冷却圆筒、进球磨机刮板、球磨、进单仓泵料仓刮板及单仓泵做间断运行。当流态化冷却器的温度达 50℃ 时，开启其压缩风及冷却水。

(10)在沸腾炉开炉过程中，锅炉岗位按有关规程升温升压，与沸腾炉同步操作。

(11)认真做好原始记录。

45.正常作业时应如何进行操作？

(1)为了保证沸腾炉正常生产，司炉岗位必须加强与加料、锅炉、硫酸、球磨、单仓泵等岗位的联系，确保风量、料量、温度的稳定，按规定控制好技术条件。

(2)沸腾炉烟气出口压力保持≤0 Pa，烟气系统密封好，减少空气漏入，稳定 SO_2 浓度。

（3）根据炉况及系统设备运转情况调整加料量，控制范围是 20～40 t/h（湿），加料量在下限生产时，即采用低风量生产，应注意 4 点：温度间的温差是否大于 30℃、流态化温度是否降低，在长时间低风量生产时一定要进行大鼓风，调整鼓风量幅度较大时可分段进行操作。

（4）焙烧标温控制在 850～1020℃，当焙烧温度低于下限时：

①检查风量、料量比例是否正常。

②检查加料口是否出现堵塞或抛料机漏料量增大。

③检查喷水枪是否漏水。

④余热炉岗位检查冷却盘管水量是否增加，判断有无漏水现象。

（5）当焙烧温度高于上限时：

①控制加料量（特殊情况下进行喷水降温）。

②检查鼓风量是否正常。

③检查冷却盘管流量是否减少。

④检查温度测量系统是否失灵。

（6）沸腾炉风箱压力应控制在 16000～22000 Pa，当风箱压力小于 16000 Pa 时：

①检查溢流口挡板高度是否太低，排矿量是否太大。

①检查锌精矿粒度是否太细，含水量是否小于 12%。

②检查炉内是否跑空风。

（7）当风箱压力高于上限 22000 Pa 时：

①检查溢流口是否堵塞，挡板是否太高。

②从排料口观察炉内沸腾情况是否良好，适当增加鼓风量。

③取样分析入炉锌精矿和焙砂的物理规格及化学成分变化。

④检查温度测量装置，查明原因根据具体情况及时处理。

（8）每天对余热锅炉及烟道口进行一次清灰工作，清理时负压控制在 -50～-100 Pa；每班至少对流态化冷却器贮气罐进行一次排水，并做好记录。

（9）每班对沸腾炉炉膛的沸腾情况及流态化冷却器的工作状态进行检查，发现问题及时处理，必要时向有关人员汇报。

（10）认真做好原始记录。

46. 如何进行停炉操作?

(1)接到停炉指令后,和上料岗位、余热炉岗位及硫酸岗位密切联系做好停炉准备,提前通知备料系统停止进料,计划停炉时务必将炉前仓的料用完。

(2)待炉前仓中的料加完后,放下事故闸门,停抛料机、圆盘给料机、皮带运输机、电子除铁器,联系制酸系统,当二氧化硫浓度低于 0.03% 后,打开放空阀进行放空,关闭制酸阀,根据温度及风箱压力的下降情况停止鼓风。

(3)短期停炉时,炉温降至 750℃ 停止鼓风,停排烟机进行保温。汽化冷却系统及水冷系统正常供水,圆筒冷却机正常运行。

(4)长期停炉时保持 40000 ~ 45000 m^3(标)/h 鼓风量,待炉温降至 200℃ 以下时停止鼓风。停流态化冷却器冷却水系统(在冬天,为防止冷却水发生冻结,冷却水系统保持运行状态)。待圆筒冷却机的温度低于 50℃ 时,停圆筒冷却机。

47. 电收尘出口温度偏低对生产有什么影响?如何控制?

电收尘出口温度低,说明烟气温度低,会使烟气中的 SO_2 和 SO_3 与空气中的水分反应生成稀酸,对设备造成严重的腐蚀。

如果出现电收尘烟气温度低,一方面是提高焙烧炉温度,另一方面需要从焙烧炉烟道出口到电收尘收口进行漏点检查,对漏点进行密封处理。

48. 焙烧过程中的风料比是什么?一般控制在什么范围?

风料比是指焙烧过程每小时入炉风量与入炉锌精矿的比值,一般控制在(1600 ~ 2000):1。

例如,某焙烧炉入炉风量是 70000 m^3,投料量为 35 t/h,则风料比是 2000。

49. 湿法炼锌对焙烧的要求是什么?

湿法炼锌对焙烧的要求是:

(1)尽可能完全地氧化金属硫化物,并在焙烧矿中得到氧化物及少量硫酸盐。

(2)使砷与锑氧化,并以挥发物状态从精矿中除去。

（3）在焙烧时尽可能少地得到铁酸锌，因为铁酸锌不溶于稀硫酸溶液。

（4）得到 SO_2 浓度大的焙烧炉气以生产硫酸。

（5）得到细小粒状的焙烧矿以利于浸出。

50. 焙烧矿粒度对湿法生产有什么影响？影响焙烧矿粒度的因素有哪些？如何控制？

在焙烧生产过程，需要对最终产出的焙烧矿粒度进行控制以确保湿法生产锌回收率及浓缩澄清的效果。一般而言，焙烧矿粒度大，影响锌的浸出率，从而降低中性浸出过程中锌的浸出率；焙烧矿粒度细，中性浸出后影响浓缩澄清过程，使浓缩澄清后的中上清液含有细小悬浮物，对净化不利，增加净化生产成本。一般要求 -200 目的比例在 80% ~85%。

在焙烧生产过程中，影响焙烧矿粒度的主要因素有：

（1）焙烧炉的投料量。焙烧炉的投料量越大，进入球磨机的焙砂量越大，相应的焙烧矿粒度越大，反之越小。

（2）入炉锌精矿的粒度。入炉锌精矿的粒度越细，相应的焙尘量越大，则产出的焙烧矿粒度就越小，反之则产出的焙烧矿粒度越大。

（3）球磨机钢球的填充量及不同直径钢球比例的影响。球磨机的钢球填充量少，各种直径钢球的比例不合理，都会影响焙烧矿的粒度。

（4）球磨机出口筛损坏或堵塞。球磨机出口筛损坏，会使焙烧矿粒度增大，而出口筛堵塞，会使焙烧矿粒度变细。

（5）钢球质量。钢球质量不好，易碎，会使焙烧矿粒度变大。

（6）焙烧过程的风料比。若风料比过大，造成焙烧矿的粒度变小；风料比小，会造成焙烧矿粒度变大。

控制焙烧矿粒度的方法：（1）控制合理的投料量。（2）加强配料工作，控制合理的入炉锌精矿粒度。（3）控制合理的钢球填充量及不同直径的钢球比例。（4）及时更换球磨机出口筛，清理球磨机出口。（5）严格控制钢球质量。（6）控制合理的风料比。

51. 锌精矿含铁高对生产有什么影响？如何控制？

由于铁的相对原子质量（56）比锌的相对原子质量（65）小，锌精矿含铁高，相应含锌降低，从而使精矿含硫升高，在焙烧生产过程造成入炉的硫含量增加，使投料量下降，严重影响炉床能力，降低了焙烧工艺的经济指标。同时，由于入炉硫增加，焙烧温度升高，再加上铁量的增加，在焙烧过程产生铁酸锌量增加，严重影响湿法炼锌的经济指标，增加生产成本。

控制方法主要是严格进行配料工作，一般要求入炉锌精矿的铁控制在10%以内。

52. 焙烧过程铁酸锌的形成和危害是什么？如何控制？

在焙烧过程中，低温（873～910℃）时，焙烧矿中的物相为 $ZnO_2 \cdot ZnSO_4$ 和 Fe_2O_3，当温度为910℃以上时，焙烧矿中的物相则转变为 $ZnO \cdot Fe_2O_3$ 和 ZnO。在实际生产中，无法确保整个焙烧过程温度低于910℃，故在焙烧矿中将不可避免的有 $ZnO \cdot Fe_2O_3$。

由于焙烧温度升高，焙烧作业时间过长，焙烧矿中的 ZnO 和 Fe_2O_3 接触良好，均会使生成的 $ZnO \cdot Fe_2O_3$ 量增加。铁酸锌其实是 ZnO 和 Fe_2O_3 的结合物，包括：$2ZnO \cdot 3Fe_2O_3$、$2ZnO \cdot Fe_2O_3$、$4ZnO \cdot Fe_2O_3$、$5ZnO \cdot Fe_2O_3$、$ZnO \cdot Fe_2O_3$，在常规条件下（中性浸出和低酸浸出 $\rho_{H^+} < 50$ g/L，温度低于90℃），这些化合物只能溶解到 $ZnO \cdot Fe_2O_3$ 为止，故每一份铁酸锌形态的铁，将使0.58份的锌不能被浸出而进入到渣中，从而降低了锌的浸出率。

控制铁酸锌的生产主要是控制焙烧温度不超过910℃，同时加强配料工作，使入炉锌精矿的铁不超过10%、硫不超过31%。

53. 焙烧炉处理高铅、高硅锌精矿的主要控制措施有哪些？

在实际生产过程中，不可避免地面临处理高铅、高硅锌精矿的问题，操作控制措施主要有：

（1）高风料比焙烧生产。在实际生产过程中，鼓风量一般按1600～2000 m³/t 料进行生产，在处理高铅、高硅锌精矿时，通常取偏上限，可采用大风量进行生产。随着风量增加，炉内沸腾状况增加，使生产的 PbO 与 SiO_2 的接触时间缩短，减少了低熔点 $PbO \cdot SiO_2$ 的生成率，从而减缓结炉。相关文献资料表明，结炉的主要物质不是 $PbO \cdot SiO_2$，而是铅的硫酸盐及其他盐类，故提高温度可以分解硫酸盐，增加鼓风量可以降低气相中 SO_2 和 SO_3 浓度，减少了焙烧过程硫酸盐的形成。同时由于风量增加，从风帽中进入炉内气流速度增加，炉内物料沸腾状态增加，使沸腾层上移，炉底压力增加，减少了焙烧过程形成的大颗粒（密度大）物料下沉恶化炉况。处理高含铅锌精矿要求风帽气速达 60 m/s 以上。

（2）严格制粒焙烧。控制锌精矿粒度，使炉料不易黏结。

（3）加强配套余热锅炉振打工艺。由于高铅锌精矿焙烧使进入烟尘中的 PbS 和 PbO 量增大，在余热锅炉中易产生黏结，故必须强化余热锅炉清灰。在实际生产过程中，沸腾炉余热锅炉锤式振打器由于故障多，清灰效率低而被逐渐取消，目前常用乙炔脉冲清灰。

54. 锌精矿焙烧过程中焙尘率与哪些因素有关？在收尘过程中，焙尘分配比例如何？

焙尘率的多少与精矿粒度、入炉空气直线速度、锌精矿水分有关，一般来说，精矿粒度越细、入炉空气直线速度越大、锌精矿水分越低，则焙尘率越高。在正常生产过程中，焙尘率一般为 40% ~ 50%，其中余热锅炉尘占总尘量的 30% ~ 40%、旋风收尘占总尘量的 50% ~ 65%，电收尘占总尘量的 5% ~ 10%。

55. 沸腾炉的主要技术控制参数有哪些？

某厂焙烧选用 109 m² 的沸腾炉，年产电锌 10 万 t，主要的技术经济指标控制如下：

沸腾焙烧床能力：5.8 t/(m²·d)；

锌可溶率：94.30%；

脱硫率：92.80%；

焙砂产量：86526 t/a；

焙砂锌含量：61.15%；

焙砂含硫：1.37%，其中：硫化物：0.39%；

焙尘产量：90576 t/a，焙尘含锌：58.41%；

焙尘含硫：3.45%，其中：硫化物：1.23%；

焙烧温度：890℃ ± 30℃；烧成率：85.97%；

鼓风量：51561 m³/h；

焙烧炉出口烟气：53252 m³/h；其中 SO₂ 浓度：9.397%；

锌焙烧回收率：99.5%。

56. 什么是焙烧炉的床能力?

焙烧炉的床能力是指单位炉床面积每天处理的干锌精矿量,单位为 $t/(m^2 \cdot d)$。

例如,某厂 109 m^2 的沸腾焙烧炉日处理锌精矿量为 800 t,水分为 10%,则床能力为:

$$800 \times 90\% \div 109 = 6.606 \ t/(m^2 \cdot d)$$

焙烧矿的床能力与锌精矿含硫关系较大,一般来说,锌精含硫越高,床能力相对就越低。

57. 什么是焙烧矿的烧成率?

焙烧矿的烧成率是指产出的焙烧矿与入炉精矿干重的比值(%)。

例如某厂每天入炉的锌精矿为 800 t,含水 8%,得到的焙烧矿为 634 t,则烧成率为:

$$634 \div (800 \times 92\%) = 86\%$$

焙烧矿的烧成率与锌矿含水、含硫及系统收尘效果有关。一般来说,锌精矿含水越高、含硫越高、系统收尘效果越差,则烧成率就越低,反之越高。

第4章　浸出及固液分离

4.1　焙烧矿浸出的基本原理

1. 什么是锌精矿的浸出？

用稀硫酸溶液（来自电解过程的电解废液）作为溶剂，将含锌焙砂中的锌溶解出来的过程叫做锌焙砂的浸出。

浸出过程是一种固相（锌焙砂）与液相（溶剂）所形成的多相反应过程。锌焙砂浸出过程的基本反应为：

$$MeO_{(固)} + H_2SO_{4(液)} = MeSO_{4(液)} + H_2O_{(液)} \qquad (4-1)$$

2. 浸出的任务和目的是什么？

在湿法炼锌中，其主要任务是最大限度地浸出锌，以得到含锌最少、容易过滤的浸出渣和符合下一道工序的硫酸锌溶液。

在浸出过程中，部分杂质（如铁、砷、锑等）能很好地水解净化除去，不进入溶液内，从而可得到含铁、砷、锑等杂质和固体悬浮物较少的硫酸锌溶液（上清液），并将其送往下一工序。

3. 浸出的分类有哪些？

最常用的是按浸出剂的类型分：①酸浸；②碱浸；③氧浸；④氯化浸出（或氯盐浸出）；⑤细菌浸出；⑥电化浸出。

按浸出方式分：①堆浸；②槽浸；③管道式浸出。

按浸出条件分：①常压浸出；②加压浸出。

根据浸出过程结束时溶液的酸度，又分为中性浸出（即浸出结束时溶液的 pH 为 5.2~5.6）和酸性浸出（即浸出结束时，溶液呈酸性，通常含硫酸 1~5 g/L，pH 为 3.0~3.5）。

无论是连续浸出，还是间断浸出，按完成浸出过程的阶段又可分为：

（1）一段浸出法。

（2）二段浸出法（一个中性浸出阶段和一个酸性浸出阶段或者两阶段均为中性浸出）。

（3）三段浸出法（一个中性和两个酸性浸出阶段或者两个中性和一个酸性浸出阶段）。

4. 锌精矿的浸出如何分类？

湿法炼锌工厂各自采用不同的工艺流程，依据浸出连续性的不同，浸出过程分为两类：一为间歇浸出（间断浸出），一为连续浸出。

间歇浸出是分批间断进行，而连续浸出是溶液与矿浆连续在浸出设备内循环，浸出过程连续在几个槽内进行。

5. 锌精矿浸出的反应机理是什么？

锌精矿的反应机理如下：

（1）稀硫酸与锌焙砂表面接触。

（2）在接触表面上，稀硫酸与锌焙砂中可溶物迅速发生化学反应，生成硫酸盐层，称为扩散层，即硫酸锌饱和溶液的扩散层。

（3）扩散层的存在大大地阻碍了焙砂与硫酸之间的直接接触，此后的浸出过程决定于硫酸（H_2SO_4）通过扩散层与焙砂作用以及生成物硫酸盐（$ZnSO_4$）向外扩散的速度，因而扩散速度愈高，浸出速度愈快。

总之，当锌焙砂以稀硫酸作溶剂浸出时，金属化合物与稀硫酸起化学作用，最后使金属呈硫酸盐形式进入溶液。

6. 中性浸出净化除杂的原理（中和水解净化法）是什么？

利用不同的金属硫酸盐在水溶液中水解生成氢氧化物沉淀的 pH 的不同，在保证水溶液中主体金属离子不发生水解的条件下，提高溶液 pH，使溶液中某些金属杂质水解生成氢氧化物沉淀而除去杂质的方法，叫做中和水解法。

中浸液中各组成成分水解的 pH 见表 4 − 1。

在实际生产中，中和水解法必须控制溶液的 pH 在 5.6 以下（浸出过程中主体金属为锌）。

表 4-1   锌矿浸出过程中各成分水解 pH

溶液成分	Fe^{3+}	Fe^{2+}	As(砷酸)	Sb(锑酸)	Ge(锗酸)	Zn^{2+}
标况水解 pH	1.6	6.7	1.5~3.5	1~3	1~2	5.9
生产水解 pH	>2.0	8.37	4.8~5.2	4.8~5.2	5	5.6

溶液成分	Cu^{2+}	Cd^{2+}	Co^{2+}	Ni^{2+}	Si^{4+}
标况水解 pH	4.5	7.0	6.4	7.1	2~2.5
生产水解 pH	>5.2	8.54	8.15	8.125	4.8~5.0

注：标准水解条件为 298K 及 $a_{M_e^{n+}}=1$。

浸出液中的 Fe^{2+} 氧化成 Fe^{3+} 中和水解沉淀过程中，溶液中的 As、Sb 和 Ge 也随着氢氧化铁沉淀一起析出，其主要原理是：砷、锑和锗在氢氧化铁胶体的凝结沉淀过程中，由于物理吸附和化学作用[形成难溶的 $Fe_4O_5(OH)_5As$ 和 $mFe(OH)_3 \cdot nFeSbO_4$]而从溶液沉淀中析出。

主要反应化学方程式为：

$$Fe_2(SO_4)_3 + 3H_2O = Fe(OH)_3\downarrow + 3H_2SO_4 \qquad (4-2)$$
$$Fe(OH)_3 + H_3AsO_4 \longrightarrow Fe_4O_5(OH)_5As\downarrow + H_2O \qquad (4-3)$$
$$Fe(OH)_3 + H_5SbO_4 \longrightarrow Fe(OH)_3 \cdot FeSbO_4\downarrow + H_2O \qquad (4-4)$$

7. 中性浸出过程终点 pH 为什么控制在 5.2~5.4?

在中和水解过程中，生成的 $Fe(OH)_3$ 沉淀(氢氧化铁)为胶体形态，pH = 5.2 为其"等电点"，此时 $Fe(OH)_3$ 胶体所带的电荷几乎全部被中和，胶体几乎为电中性，胶粒吸水程度最小，凝结性最好，有利于胶体离子的凝结。当溶液的 pH ≤ 5.2 时，$Fe(OH)_3$ 胶体粒子荷正电，吸水性强，呈膨润状态，沉淀不好，砷(As^{3+})、锑(Sb^{3+})和锗除去不彻底。当溶液的 pH ≥ 5.2 时，$Fe(OH)_3$ 胶体粒子荷负电，吸水性也强，呈膨大的氢氧化铁，虽然砷(As^{3+})、锑(Sb^{3+})和锗被彻底除去，但其沉淀性能不好，严重影响浸出液的澄清和过滤性能，因此中性浸出时要严格控制好浸出终点的 pH。

在实际生产中，由于浸出液中 $ZnSO_4$ 的浓度很高，从而使生成的 $Fe(OH)_3$ 沉淀的"等电点"稍大于 5.2，因此，中性浸出的终点 pH 一般控制在 5.2 ~ 5.4。

8. 浸出过程为什么要加入氧化剂？

溶液 pH = 5.2 ~ 5.4 时不能从中除去 Fe^{2+}，也不能除去 As、Sb 和 Ge。铁在电解过程会发生以下反应造成电能消耗：

阴极：

$$Fe^{3+} + e \rightarrow Fe^{2+} \tag{4-5}$$

阳极：

$$Fe^{2+} - e \rightarrow Fe^{3+} \tag{4-6}$$

故在浸出过程中，必须将溶液中的 Fe^{2+} 氧化成 Fe^{3+}，既利于铁的脱除，也利于溶液中 As、Sb 和 Ge 的除去。

9. 浸出过程中如何选择氧化剂？常用的氧化剂有哪几种？

由于 $\dfrac{E^{\ominus}_{Fe^{3+}}}{E^{\ominus}_{Fe^{2+}}} = 0.77$ V，相对于各种金属电极电位来说，其正值是相当大的，故高铁离子（Fe^{3+}）容易被还原，而低铁离子（Fe^{2+}）难于氧化。粗略来看，凡是标准电极电位高于 0.77 V 的物质都可用作低铁离子的氧化剂，但在实际生产中，选择和使用氧化剂时应考虑以下几个因素：

(1) 使用氧化剂的电极电位和 $\dfrac{E^{\ominus}_{Fe^{3+}}}{E^{\ominus}_{Fe^{2+}}}$ 电位比较，必须有较大的差值，一般均采用电极电位在 1 V 以上的物质作为低铁离子的氧化剂。

(2) 使用的氧化剂被还原后的成分不会给电解生产过程带来有害的影响。

(3) 氧化反应要有较大的化学反应速度。

(4) 使用的氧化剂价格低廉，操作、添加简便，安全无害。

在实际生产中，由于需要将溶液中的 Fe 降至 10 mg/L 以下，此时所需氧化剂的电极电位为 1.006 V，因此选用氧化剂的氧化电位必须在 1 V 以上。鉴于以上原因，目前工业生产中使用的氧化剂有锰粉（MnO_2）、高锰酸钾（$KMnO_4$）和空气。MnO_2 的电极电位为 1.23 V、$KMnO_4$ 的电极电位为 1.52 V、空气的电极电位为 1.229 V。

10.浸出过程锰粉用作氧化剂的原理、应用条件、对湿法炼锌生产的作用是什么？

锰粉为天然的软锰矿，其主要成分为 MnO_2，优质软锰矿中 MnO_2 的含量可达 80%~90%，所含的杂质主要为 Fe_2O_3 和 SiO_2，工业生产中使用的锰粉要求 MnO_2 含量在 55% 以上。

MnO_2 在稀硫酸(无还原性)和无还原性的溶液中是不溶解的，但若溶液中有还原性物质存在，就会溶解，其反应为：

$$MnO_2 + 2FeSO_4 + 2H_2SO_4 = MnSO_4 + 2H_2O + Fe_2(SO_4)_3 \quad (4-7)$$

MnO_2 的氧化作用只有在酸性环境的($pH \leqslant 2.4$)生产条件下使用才有效果。

MnO_2 在还原后产生的 Mn^{2+} 存在于溶液中，$MnSO_4$ 的溶解度很大，在 25℃ 时为 393 g/L，同时 Mn^{2+} 的存在对电解液的物理化学成分影响不大。Mn^{2+} 水解的 pH 也比锌高，在中和除铁时也不会被除去，其电极电位为 -1.19 V，在净化时也不会影响锌粉的置换作用。

在电解过程中，Mn^{2+} 可在阳极被氧化生成 MnO_2 或 MnO_4^-，这是阳极泥的主要成分，可回收再利用，即在浸出过程中加入的软锰矿和高锰酸钾，在电解过程中可以部分再生，循环使用。

11.高锰酸钾($KMnO_4$)作氧化剂的原理、使用控制条件是什么？

高锰酸钾($KMnO_4$)的电极电位为 1.52 V，在同等条件下，可以使低铁 Fe^{2+} 氧化深度更大。同时，其发生氧化还原反应不受溶液 pH 的限制，在酸性、中性甚至是碱性溶液中都有很强的氧化作用。其反应方程式为：

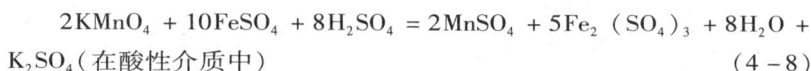

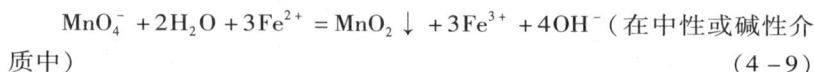

$$2KMnO_4 + 10FeSO_4 + 8H_2SO_4 = 2MnSO_4 + 5Fe_2(SO_4)_3 + 8H_2O + K_2SO_4 (在酸性介质中) \quad (4-8)$$

$$MnO_4^- + 2H_2O + 3Fe^{2+} = MnO_2\downarrow + 3Fe^{3+} + 4OH^- (在中性或碱性介质中) \quad (4-9)$$

$$MnO_4^- + e = MnO_4^{2-} (在强碱性介质中) \quad (4-10)$$

高锰酸钾氧化低铁的优点为：

(1)还原电位高(1.52 V)，在同等条件下可以使低铁氧化程度较深。

(2)不受溶液 pH 限制，在酸性、中性、碱性溶液中都具有氧化作用。

（3）工业高锰酸钾纯度一般都很高，因而不会使电解液受到污染。

（4）在酸性溶液中，每摩尔 $KMnO_4$ 所起的作用相当于 2.5 mol MnO_2，使用量比锰粉少。

（5）高锰酸钾在溶液中的溶解度比 MnO_2 大，溶解后，氧化反应在液相中均匀进行，因而具有较大的反应速度，氧化过程可在较短的时间内完成。

但是高锰酸钾用电化方法制得，价格高，每吨在 10000 元以上，因而在工业生产中只是少量使用，而且一般是在中性浸出的后期（pH>2），当加入 MnO_2 不起作用时或在生产异常作特殊处理才使用。

12. 空气作氧化剂的原理及控制条件是什么？

氧的标准电极电位为 1.229 V，使用不会污染电解液。但是在水中和溶液中的溶解度较小，因而反应速度慢，生产能力低。其反应方程式为：

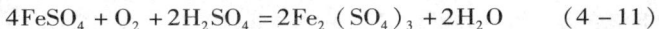

$$4FeSO_4 + O_2 + 2H_2SO_4 = 2Fe_2(SO_4)_3 + 2H_2O \qquad (4-11)$$

在中性浸出生产中通常并不单独使用，采用空气搅拌可以加强反应。

13. 连续浸出的优缺点有哪些？

连续浸出有如下优点：①设备利用率高；②能利用焙砂的物理热；③浸出过程的酸度低；④劳动条件好；⑤易于实现机械化和自动化操作。

但连续浸出一般适用于处理质量高、化学成分稳定的锌精矿；而间断浸出的优点是能处理不同成分或含锌量较低的精矿（对锌焙砂适应性好），能准确地计算锌焙砂装入量及硫酸的装入量，有利于浸出终点的控制和保证硫酸锌溶液的质量。

14. 间断浸出的优缺点有哪些？

由于一次间歇浸出可以减少二氧化硅和铁在湿法炼锌系统中的循环与积累，同时矿浆的过滤只要一次，故有的工厂处理高硅锌精矿或杂质多的锌精矿时仍采用一次间歇浸出法，即先把焙砂与水或中性溶液混合成矿浆，然后逐渐加酸以避免杂质或硅酸的溶解。这叫反浸法。例：意大利诺萨锌电解厂处理锌的异极矿即用这种方法，并得到满意的结果。

间断浸出的缺点：（1）设备利用率低；（2）有时需要消耗蒸汽加热溶液及用合金钢或铅制蛇形加热管；（3）运输焙烧矿的劳动条件不良；（4）焙烧矿与含 50～100 g/L 硫酸的溶液直接接触，增加杂质的溶解量。

最后这一缺点使间歇法处理高硅精矿变得困难，因为浸出初期很多硅酸就溶入溶液，使得进一步过滤困难。

15. 锌焙烧矿用稀硫酸溶剂进行浸出时发生哪几类反应？

（1）硫酸盐的溶解

它们直接溶解于水形成硫酸锌水溶液。部分硫酸盐很易溶于水，溶解时放出溶解热，溶解度随温度升高而增大。最常见的是硫酸锌的溶解。

（2）氧化锌及其他金属氧化物与硫酸的反应

锌焙烧矿的主要成分是自由状态的 ZnO，浸出时与硫酸作用进入溶液：

$$ZnO + H_2SO_4 = ZnSO_4 + H_2O \qquad (4-12)$$

ZnO 及其他金属氧化物在稀硫酸的作用下，溶解反应的通式可用式（4-13）表示：

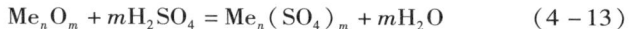

$$Me_nO_m + mH_2SO_4 = Me_n(SO_4)_m + mH_2O \qquad (4-13)$$

16. 金属氧化物、铁酸盐、砷酸盐、硅酸盐在酸浸过程中的稳定性如何？

锌焙烧矿中存在的金属氧化物、铁酸盐、砷酸盐和硅酸等锌的多种化合物，它们在酸浸出过程中溶解的难易程度或在酸性溶液中的稳定性，可用 pH 衡量。

（1）金属氧化物在酸性溶液中的稳定性次序是：

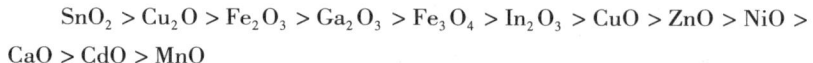

$SnO_2 > Cu_2O > Fe_2O_3 > Ga_2O_3 > Fe_3O_4 > In_2O_3 > CuO > ZnO > NiO > CaO > CdO > MnO$

铁的氧化物较难溶解，故在常压、温度为 25～100℃、pH 为 1～1.5 的浸出条件下可以实现 Mn、Cd、Co、Ni、Zn、Cu 与铁的分离。

（2）金属的铁酸盐在酸性溶液中的稳定性次序为：

$ZnO \cdot Fe_2O_3 > NiO \cdot Fe_2O_3 > CoO \cdot Fe_2O_3 > CuO \cdot Fe_2O_3$

（3）金属的砷酸盐，在酸性溶液中的稳定性次序为：

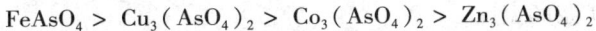

$$FeAsO_4 > Cu_3(AsO_4)_2 > Co_3(AsO_4)_2 > Zn_3(AsO_4)_2$$

（4）金属硅酸盐，在酸性溶液中的稳定性次序为：

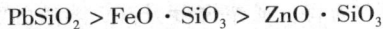

$$PbSiO_2 > FeO \cdot SiO_3 > ZnO \cdot SiO_3$$

（5）锌、铜、钴等金属化合物的稳定性次序是：

铁酸盐 > 硅酸盐 > 砷酸盐 > 氧化物

（6）所有氧化物、铁酸盐、砷酸盐的 pH 均随温度升高而下降，即要求在更高的酸度下进行浸出。

17. 什么是矿浆的浓缩？

在自然作用（重力）下，矿浆中的固体颗粒从溶液中沉降，达到液固分离的目的，即为浓缩。矿浆的浓缩是在浓缩槽（或称浓密机）内进行的。

浸出矿浆的浓缩效率取决于固体颗粒的沉降速度，沉降速度的公式为：

$$V_{降} = \frac{2d^2(Y_{固} - Y_{液})}{9\mu} \qquad (4-14)$$

式中：$V_{降}$——固体粒子的沉降速度，m/s；

　　　d——固体粒子的半径，m；

　　　$Y_{固}$、$Y_{液}$——固体粒子与液体的密度，kg/m^3；

　　　μ——介质黏度，$kg/(s \cdot m^2)$。

由该式可看出，矿浆中固体粒子的沉降速度与粒子的大小、密度、液体的黏度和密度有关。

18. 影响浓缩澄清的因素主要有哪些？

（1）矿浆的 pH

中性浸出矿浆的 pH 一般控制在 5.2～5.4，此条件最有利于细微胶质氢氧化铁和硅胶粒子的凝结成长。

（2）焙烧矿的粒度

固体粒子的沉降速度与其粒度成正比，粒度越大，沉降越快。但粒度过大，易堵塞浓缩槽和损坏耙动设备。

（3）固体与液体的密度差

固体与液体的密度差越大，固体的沉降速度越快，浓缩效果越好。

（4）矿浆的温度

一般中性浸出矿浆的浓缩温度以 55~65℃ 为宜，酸性浸出矿浆的浓缩温度以 60~70℃ 为宜。矿浆温度升高，溶液的黏度减小，固体粒子的沉降速度越快。

（5）矿浆液固比

矿浆液固比越大，则矿浆的黏度越小，固体粒子的沉降速度加快。

（6）溶液中氢氧化铁的二氧化硅胶体含量

当溶液中胶体氢氧化铁的二氧化硅含量增加时，矿浆的黏度就增大，从而使固体粒子的沉降速度减慢，恶化浓缩过程。遇此情况可用提高矿浆温度和增大液固比的办法来降低溶液黏度，改善浓缩状况。

（7）浸出时间

浸出时间越短，固体粒子越大，其沉降速度越快；反之则固体粒子越细，甚至将已凝聚的大颗粒搅碎，使浓缩发生困难。

（8）3#凝结剂的加入量

3#凝结剂的用量一般为 10~30 mg/L，凝结剂的加入可使微小的悬浮颗粒凝聚成较大的粒子，使浓缩能力提高 1.5~2.0 倍。

19. 浸出过程中铁量如何确定？

在中性浸出过程中，溶液中的杂质元素砷（As）、锑（Sb）、锗（Ge）的脱除依赖于溶液中的氢氧化铁胶体[$Fe(OH)_3$]，故在浸出过程中需要足量的铁。浸出过程中需要的铁量与杂质的比例关系见表 4-2。

表 4-2　溶液中杂质元素与铁的比例关系

杂质元素	As	Sb	Ge
需要铁量/倍	20~30	15~25	200~300

所以当浸出液中砷（As^{3+}）、锑（Sb^{3+}）和锗很高而 Fe^{2+} 不足时，往往需要加入一定量的 $FeSO_4$。

在实际生产过程中，主要是根据中浸 1#槽的砷、锑含量来补入铁量。因中浸 1#槽的砷、锑含量在 35~45 mg/L，故需要将中浸 1#槽的铁含量(pH 1.5~2.0)控制在 800~1500 mg/L。

在计算过程中，当溶液中的锗偏下限时，可取铁锗比的上限计算为宜，而偏上限时，可取铁锗比的下限计算，常规计算取 25 倍，见表 4-3。

表 4-3 中浸 1[#] 槽的锗与铁浓度的关系/(mg·L⁻¹)

Ge	35	40	45	50	55
Fe	800~1000	1000~1200	1200~1300	1300~1400	1400~1500

由于焙砂中的铁也有部分能浸出，故只需要将外部补入的铁控制在 700 mg/L 以上，中浸 1[#] 的铁达到 800 mg/L 以上，就能满足生产需要。

计算公式如下：

(1)需要的总铁量=(电解废液流量+混合液流量)×中浸 1[#] 槽的砷、锑总量×(20~30)÷1000(kg)

(2)将中浸 1[#] 槽的铁取平均值控制在 1000~1200 mg/L，则需要补入的铁量为 700~800 mg/L，可按下式计算：

加入的铁量=(电解废液流量+混合液流量)×(700~800)÷1000(kg)=(电解废液流量+混合液流量)×(0.7~0.8)(kg)

20. 浸出过程锰粉加入量如何计算？

浸出过程中锰的加入按以下反应方程式进行计算：

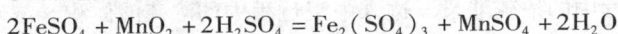

$2FeSO_4 + MnO_2 + 2H_2SO_4 = Fe_2(SO_4)_3 + MnSO_4 + 2H_2O$

$2×56 \quad 55+(2×16)$

加入的亚铁量已知，则锰量为 Y：

Y=加入的亚铁铁量×[55+(2×16)]÷(2×56)

=加入的亚铁铁量×87÷112

≈加入的亚铁铁量×0.777

由于工业硫酸锰含 MnO_2 只有 50%，故实际加入量应为：

Y=加入的亚铁铁量×0.777÷50%

Y≈加入的亚铁铁量×1.55

焙烧矿需要的纯 MnO_2=加入的焙烧矿×0.0055(经验值)÷50%

$$= 加入的焙烧矿 \times 0.011(t)$$

21. 中性浸出过程加入焙砂如何计算?

在中性浸出过程中,所有进入流程中(中性浸出过程)中的酸都必须全部被消耗,才能保证终点 pH = 5.2 ~ 5.4。

在实际生产过程中,焙砂耗酸 0.72 ~ 0.82,一般按 0.75 进行,即进入中浸过程中 1 g 焙砂可消耗 0.75 g 的硫酸。

过程需要加入的焙砂量 = 加入中浸的总酸量 ÷ 0.75

总酸量由两部分构成:

(1)电解废液含酸

进入中浸过程中电解液含酸 = 进入中浸过程中电解液的体积 × 电解废液含酸

其中单位换算:

$$1 \ g/L = 1 \ kg/m^3$$

表 4 - 4　常见电解废酸单位换算对照表

电解液 $H^+/(g \cdot L^{-1})$	160	170	180	190
电解液 $H^+/(kg \cdot m^{-3})$	160	170	180	190
电解液 $H^+/(t \cdot m^{-3})$	0.16	0.17	0.18	0.19

(2)进入中浸过程中的浓硫酸量

中浸过程中的浓硫酸量 = 进入中浸过程中的浓硫酸体积 × 浓硫酸的密度

在实际生产过程中,进入流程中的浓硫酸一般以每小时的体积计量,浓硫酸的密度为 1.84 g/L = 1840 kg/m³ = 1.84 t/m³。即:

过程中的浓硫酸量 = 进入中浸过程中的浓硫酸体积(m³) × 1.84(t)

22. 中性浸出过程的含锌量如何计算?

浓缩槽含锌 = 中浸过程中进入溶液中的锌 ÷ 进入中浸流程中的总体积

进入中浸流程中的锌包括:

(1)电解废液带入锌 = 电解液体积 × 电解液含锌

（2）酸上清带入锌 ＝ 酸上清体积 × 酸上清含锌

（3）贫镉液带入锌 ＝ 贫镉液体积 × 贫镉液含锌

（4）焙砂进入流程锌 ＝ 电解废液含酸 ÷ 1.5

注：因为

$$ZnO + H_2SO_4 = ZnSO_4 + H_2O$$

$$98 \qquad 65$$

$$X \qquad 1$$

$$X = 98 \div 65 \approx 1.5$$

即：浸出过程中 1.5 g 酸可使溶液的锌增加 1 g。

例：电解液 100 m^3（$H^+ = 175$ g/L，$Zn = 55$ g/L），酸上清 30 m^3（$Zn = 140$ g/L），贫镉液 20 m^3（$Zn = 140$ g/L），

进入流程锌 ＝（$100 \times 55 + 30 \times 140 + 20 \times 140 + 100 \times 175 \div 1.5$）÷（$100 + 30 + 20$）≈ 161 g/L。

在实际生产过程中若电解液全部从氧化槽进入，混合液也从氧化槽进入，则根据氧化槽出口溶液的酸锌，即可推算出中浸 4# 的含锌：

中浸 4# 的含锌 ＝ 氧化槽含锌 ＋ 氧化槽溶液的酸 ÷ 1.5

在实际生产过程中，若需要提高中浸 4# 的含锌，需要补入的浓硫酸为：

需要补入的浓硫酸（m^3）＝ 中浸总流量（m^3）× 需要提高的含锌（t/m^3）× 1.5 ÷ 1.84

例：总流量为 150（m^3），需要再将流程中的锌提高 10 g/L，则需要补入浓硫酸：

浓硫酸 ＝ $150 \times 0.01 \times 1.5 \div 1.84 \approx 1.22$（$m^3$）

23. 什么是过滤？

过滤是从流体中分离固体颗粒的过程。其基本原理是：在压强差（或离心力）的作用下，液固两相悬浮液通过多孔性介质（过滤介质）使液、固两相分离。其中液体透过介质，而固体颗粒则截留在介质上，从而达到液固分离的目的。工业上常采用的过滤介质种类很多，如金属组成的布、棉布、丝织品、毛织品、橡胶布等。

24. 过滤的目的是什么？

过滤是浸出、净液或浓缩后所得矿浆或矿泥固液分离的一种方

法。矿浆悬浮物中固体微粒不能在适当时间内以沉降法得到分离时多采用过滤法。目的是分离矿浆悬浮液中所含固体微粒，得到比较清的溶液。

25. 哪些情况会影响过滤效率？

被过滤的矿浆或浓泥中含有较多的氢氧化铁和硅酸等胶状物质或硫酸钙、硫酸铅、氧化锌等微粒时，矿浆黏度增大，且胶体和微粒物质堵塞过滤介质毛细孔道，从而使过滤困难，降低过滤速度。又如滤渣中含铜较多时，铜以硫酸铜的形态存留在过滤介质上，使过滤介质发绿、变硬、变脆，使过滤困难，严重时需更换滤布。

当滤液中锌浓度很高或溶液中含硫酸钙、硫酸镁较多时，一方面矿浆黏度增大，另一方面硫酸锌、硫酸钙、硫酸镁又生成细微结晶堵塞毛细孔道，从而降低了过滤速度。

此外，在过滤过程进行时，滤饼逐渐加厚，滤液通过介质的阻力增大，使过滤速度降低。而且还可能因滤饼过厚使滤布损坏。所以，滤饼达到一定厚度时，应将其除去后再行过滤。

26. 提高过滤效率的方法有哪些？

在生产实践中提高过滤效率的方法主要有：提高矿浆温度以降低溶液黏度、提高一些硫酸盐的溶解度、促进胶状物质聚结，从而改善过滤过程和加快过滤速度。为此，生产中矿浆温度一般控制在 70～80℃，有时甚至达 90℃。过滤过程是湿法炼锌的一环。它的顺利与否影响整个生产系统平衡。为此，必须严格控制二次浸出的技术条件（如浸出终点 pH、浓泥密度、溶液含锌量等）。

27. 影响浸出速率的主要因素有哪些？

浸出速度的主要影响因素有：浸出时矿浆的温度，溶剂的浓度，矿浆的搅拌强度，被浸出物质的粒度和性质，以及矿浆的黏度等。

（1）矿浆温度的影响

固体物料的浸出溶解过程为扩散－化学过程，其溶解速度决定于溶剂经扩散层的扩散速度，亦即溶解速度服从于扩散规律。饱和溶液向溶剂中扩散的速度是浸出过程中最重要的物理因素之一。在每一个具体条件下，扩散速度决定于扩散系数，而扩散系数则随溶液的温度与黏度以及其他物质的存在而变。随着矿浆温度的升高，固体颗粒

(锌焙砂)中的可溶物质在溶液中的溶解度增大,扩散层厚度相应地减薄,有利于扩散,加快了溶剂分子或固体颗粒(锌焙砂)的运动速度,从而使浸出速度加快。

(2)搅拌强度的影响

提高搅拌强度可以使扩散层的厚度减薄,使溶剂(硫酸)容易通过扩散层到达焙砂表面,与焙砂中的金属化合物发生化学反应,同时也有利于反应生成物(硫酸盐)通过扩散层离开焙砂表面,从而大大提高浸出速度。

但是当搅拌强度超过一定值后,浸出速度就不会显著提高,因为此后的反应速度已不受扩散速度的决定性影响,即搅拌强度很高时,扩散层几乎已不存在。

(3)溶剂浓度的影响

浸出时,溶剂浓度愈高,与焙砂中的金属化合物的化学反应进行得愈激烈,浸出速度愈快。所以必须保证溶液中有一定量的硫酸。

(4)被浸出物质的粒度和性质的影响

粒度愈小,则焙砂与溶剂的有效接触面积愈大,化学反应速度愈快,金属化合物的浸出也愈彻底。

焙砂中锌呈易溶性(氧化锌和硫酸盐)形态的比例愈高,则浸出速度愈快;反之,锌呈难溶性(铁酸盐、硅酸盐和铝酸盐)形态的比例愈高,浸出速度进行得愈慢。一般疏松多孔的颗粒易于浸出,而致密的颗粒难于浸出。焙砂的颗粒愈小,则总表面积愈大,与硫酸接触愈好,浸出速度愈快。但是粒度不宜过细,否则将使溶液黏度增大,给矿浆的液固分离带来困难。近于胶体粒度的颗粒危害更大。

(5)矿浆黏度的影响

当矿浆黏度增大时,由于液体内部阻力增大,阻碍了反应物与生成物的离子或分子扩散,使浸出速度减慢。

28.影响矿浆黏度的因素有哪些?

影响矿浆黏度的因素有:温度、液固比(矿浆稠度)以及焙砂粒度及成分,即随着矿浆温度的升高,矿浆黏度减小;液固比愈大,黏度愈小;焙砂粒度较细和含有大量的硅酸盐时,也会使矿浆黏度增大。

29.锌浸出过程中为什么pH会变化?

锌焙砂在稀硫酸溶液中浸出时,由于氧化锌及其他金属氧化物的溶解,硫酸逐渐减少,最后溶液的 pH 逐渐升高。

30. 锌浸出过程中如何提高铁酸锌的浸出率?

试验表明,温度和酸度升高对强化铁酸锌的分解是必要的。铁酸锌的溶解度与温度、酸度关系见表 4－5。

表 4－5   铁酸锌中锌的溶解度(原始量的 100％)

H$_2$SO$_4$酸度/(g·L^{-1})	温度/℃			
	20	40	60	80
300	1.03	5.04	25.64	65.66
200	0.96	4.70	22.54	63.92
100	0.80	3.87	16.74	53.22
50	0.53	2.60	11.08	42.40

锌焙烧中铁酸锌呈球状,其表面积在热浸出过程中是变化的,过程会呈现"缩核模型"动力学特征,即 ZnO·Fe$_2$O$_3$ 的酸溶速率与表面积成正比。从以上对 ZnO·Fe$_2$O$_3$ 酸溶的理论分析可以得出结论:对于难溶球状 ZnO·Fe$_2$O$_3$ 的溶出,要求有近沸腾温度(95～100℃)和高酸(终酸 40～60 g/L)的浸出条件以及较长时间(3～4 h),锌浸出率才能达到 99％。

31. 什么是浸出过程的体积平衡?

溶液体积保持一定,即所谓体积平衡。

在整个湿法炼锌的闭路循环系统中,由于蒸发、滤渣带走和漏失等造成的溶液损失而从洗涤滤渣、洗滤布和洗地面等带进系统中的水进行溶液补充。为保证连续性生产,必须使带进系统中的溶液和损失的溶液相抵消,即保持溶液体积平衡。

如不注意,则有可能因带进水过多,使溶液无法循环或从设备中满溢出来;若带进溶液不足,使浸出矿浆液固比减小,也有碍生产。在实践中夏天因蒸发最大,易使溶液体积减少,冬天则因蒸发量小,易使溶液体积增大。

　　因此，为保持溶液体积平衡，除要严格管理各处加水量外，还应有一定的备用贮槽。

　　32.什么是浸出过程的金属平衡？

　　溶液含锌量保持一定，即所谓金属平衡。

　　溶液含锌量太高，使浸出矿浆的密度和黏度增大而澄清困难，同时也使电解含酸量增加而影响电解作业。溶液含锌量低，使溶液周转量大，设备负荷增重，动力消耗大。为了保持溶液中金属平衡，必须使进入浸出液内的锌量与电解析出的锌量保持平衡。

　　33.什么是浸出过程的渣平衡？

　　浓泥的体积保持一定，即所谓渣子平衡。

　　浓缩槽底流浓泥体积增大，会使矿浆澄清困难，既得不到含悬浮物少的上清液，又无法实现稳定浸出的正常操作。如某厂因酸性浸出后浓缩的浓泥未及时排出，浓泥密度达 2.0～2.1，使矿浆澄清恶化，含大量悬浮物的上清液返回一次浸出，从而造成恶性循环。为此，必须使进入浸出的含锌物料量与排出的渣量维持平衡。实践证明，1 t焙烧矿产出 1 t 湿渣，就能够保证浸出过程正常进行。

　　要正确地控制浸出的技术操作条件，必须保证体积、金属和渣子平衡。

4.2　焙砂中各成分在浸出时的行为

　　34.锌浸出搅拌桶内发生的主要物理化学反应有哪些？

　　(1)常规湿法流程

　　锌焙砂中的金属绝大部分以金属氧化物的形式存在，其溶解主要是简单化学溶解：$MO + 2H^+ = M^{2+} + H_2O$，M：Zn、Cu、Cd、Ge 等。因三价铁的水解 pH 较二价铁的低，浸出中需将 Fe^{2+} 氧化为 Fe^{3+}，氧化剂在中浸时加入，氧化剂为软锰矿（或锌电积阳极泥）或空气中的氧气。

　　在中性浸出末期，$Fe(OH)_3$ 为胶体，pH = 5.2 为 $Fe(OH)_3$ 胶体等电点，此时胶团不带电，吸水性低，易凝聚沉降，生产中加 3# 絮凝剂——聚丙烯酰胺，使铁在水解沉淀过程中，吸附 As、Sb 使其共沉淀。

（2）热酸浸出流程

除上述物理化学反应外，铁酸盐将被浸出：

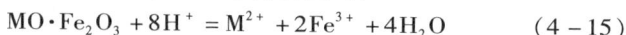

$$MO \cdot Fe_2O_3 + 8H^+ = M^{2+} + 2Fe^{3+} + 4H_2O \qquad (4-15)$$

35. 锌在焙砂中的物相分布是怎样的？

锌在焙砂中呈氧化锌（ZnO）、硫酸锌（$ZnSO_4$）、硫化锌（ZnS）、硅酸锌（$2ZnO \cdot SiO_2$）、铁酸锌（$ZnO \cdot Fe_2O_3$）、铝酸锌（$ZnO \cdot Al_2O_3$）等形态存在，其中以氧化锌形态存在的锌约占焙砂中总锌量的90%左右。

36. 氧化锌（ZnO）在浸出过程中的行为是什么？

氧化锌易溶于稀硫酸溶液中，按下式反应进入溶液：

$$ZnO + H_2SO_4 = ZnSO_4 + H_2O + 热量（Q）$$

由于该反应是放热反应，能够提高浸出矿浆温度，有利于溶解反应的进行。氧化锌溶解的完全程度取决于溶液中是否有足够量的硫酸以及其他浸出条件。

37. 硫酸锌（$ZnSO_4$）在浸出过程中的行为是什么？

硫酸锌易溶于水中，在浸出过程中能全部进入溶液。其溶解度：

在 $0 \sim 39.9℃$ 为：

$$29.5 + 0.27t \div 0.00068t^3 \ (g/L)$$

在 $39.9℃$ 以上为：

$$41.35 \div 0.21t + 0.00078t^2 \ (g/L)$$

其中：t 为温度，℃。

这说明硫酸锌在冷水中溶解较慢，在热水中溶解很快。

38. 硫化锌在浸出过程中的行为是什么？

ZnS 仅能溶解于热浓硫酸中，反应如下：

$$ZnS + H_2SO_4 = ZnSO_4 + H_2S$$

在生产实践中，由于浸出时缺乏上述条件，所以硫化锌几乎全部留在浸出渣中。

39. 硅酸锌（$2ZnO \cdot SiO_2$）在浸出过程中的行为如何？

硅酸锌（$2ZnO \cdot SiO_2$）能很好地溶解在硫酸溶液中，但溶解后使溶液含有胶状的硅酸，为下一步的矿浆液固分离操作带来困难，国外某厂实践指出：在含 0.05 g/L 硫酸(pH = 3.0)的溶液中硅酸锌不会溶解，而氧化锌能很好地溶解到溶液中。

40. 铁酸锌(ZnO·Fe$_2$O$_3$)和铝酸锌(ZnO·Al$_2$O$_3$) 在浸出过程中的行为是什么？

铁酸锌(ZnO·Fe$_2$O$_3$)和铝酸锌(ZnO·Al$_2$O$_3$)形态存在的锌，在稀硫酸溶液中溶解很少，仅在酸性浸出过程中有少量溶解，大部分留在浸出残渣中。

为此，在焙烧时，应尽量使锌少生成铁酸锌和铝酸锌，否则将降低锌的浸出率。

41. 铁在焙砂中的物相分布是怎样的？

铁在锌焙烧矿中主要呈高价氧化铁 Fe$_2$O$_3$状态、自由状态或结合成铁酸盐状态。部分铁以 Fe$_3$O$_4$状态存在，并可能有极少量的 FeO 形态与硫酸亚铁 FeSO$_4$及硫酸铁 Fe$_2$(SO$_4$)$_3$形态。

42. 铁的硅酸盐(FeO·SiO$_2$) 在浸出过程中的行为是什么？

铁的硅酸盐(FeO·SiO$_2$)与硫酸作用时，特别是在酸性浸出时易于分解，并以低价硫酸盐形式进入溶液。反应如下：

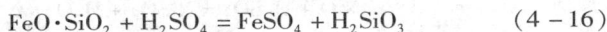

$$FeO·SiO_2 + H_2SO_4 = FeSO_4 + H_2SiO_3 \tag{4-16}$$

反应过程中产出的硅酸呈胶体状，给下一步矿浆液固分离带来困难。

综上所述，在浸出过程中进入溶液中的铁，主要以低价铁形态存在。实际上，锌焙砂中的铁有10% ~20%进入溶液。

43. 铜在焙砂中的物相分布及浸出过程中的行为是什么？

铜在焙砂中以自由状态氧化铜(CuO)和结合状态的铁酸铜(CuO·Fe$_2$O$_3$)与硅酸铜(CuO·SiO$_2$)形态存在。

铜在低酸浸出时几乎不溶解，但在含酸较高的酸性浸出过程中按下式反应溶解：

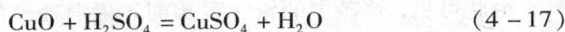

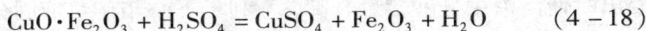

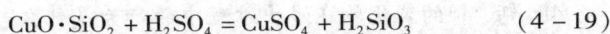

$$CuO + H_2SO_4 = CuSO_4 + H_2O \tag{4-17}$$
$$CuO·Fe_2O_3 + H_2SO_4 = CuSO_4 + Fe_2O_3 + H_2O \tag{4-18}$$
$$CuO·SiO_2 + H_2SO_4 = CuSO_4 + H_2SiO_3 \tag{4-19}$$

锌焙砂中的铜实际上约有50%转入溶液内，而另一半则遗留在浸出渣中。当硅酸铜溶解时,将带入一定量的硅酸进入溶液中。

44. 镉的氧化物在浸出过程中的行为是什么?

锌焙砂中的镉以氧化镉(CdO)形态存在。在浸出时几乎全部进入溶液,其反应式如下:

$$CdO + H_2SO_4 = CdSO_4 + H_2O \qquad (4-20)$$

45. 砷、锑的氧化物在浸出过程中的行为是什么?

焙砂中的砷和锑是以三氧化物或五氧化物两种形态存在。砷和锑的三氧化物在浸出时按下列反应进入溶液:

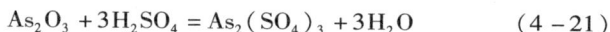

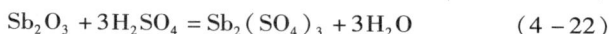

$$As_2O_3 + 3H_2SO_4 = As_2(SO_4)_3 + 3H_2O \qquad (4-21)$$

$$Sb_2O_3 + 3H_2SO_4 = Sb_2(SO_4)_3 + 3H_2O \qquad (4-22)$$

砷还可能以亚砷酸(H_3AsO_3)形态进入溶液。而砷和锑的五价氧化物则很难溶于硫酸溶液中。对焙烧炉产出的烟尘或氧化锌烟尘进行浸出时,能获得含砷、锑浓度很高的溶液。

46. 镍、钴的氧化物在浸出过程中的行为是什么?

当锌精矿含镍、钴时,焙烧过程将生成氧化镍(NiO)和氧化钴(CoO)。它们在浸出过程中以硫酸盐形态进入溶液,其反应如下:

$$NiO + H_2SO_4 = NiSO_4 + H_2O \qquad (4-23)$$

$$CoO + H_2SO_4 = CoSO_4 + H_2O \qquad (4-24)$$

47. 铅的氧化物在浸出过程中的行为是什么?

铅在焙烧过程中呈氧化铅(PbO)或硅酸铅($PbO \cdot SiO_2$)和硫化铅(PbS)形态存在。浸出时则以硫酸铅($PbSO_4$)和铅的其他化合物如硫化铅(PbS)的形态进入浸出渣中。当氧化铅与硫酸溶液作用时按下式进行:

$$PbO + H_2SO_4 = PbSO_4 + H_2O \qquad (4-25)$$

硅酸铅形态存在的铅也与硫酸溶液作用,其反应如下:

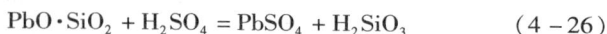

$$PbO \cdot SiO_2 + H_2SO_4 = PbSO_4 + H_2SiO_3 \qquad (4-26)$$

由此可见,焙砂中的铅在浸出时,将消耗硫酸。同时,硅酸铅在浸出时使溶液中硅酸含量升高,不利于下一步矿浆液固分离。

48. 钙、钡的氧化物在浸出过程中的行为是什么?

在焙砂中,钙和钡则以氧化物、碳酸盐、硫酸盐形态存在。前两种在浸出时按下列反应溶解生成硫酸盐而进入残渣中：

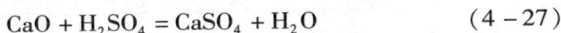

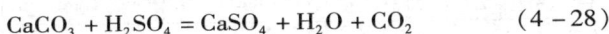

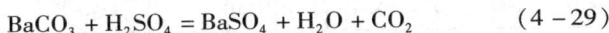

$$CaO + H_2SO_4 = CaSO_4 + H_2O \qquad (4-27)$$
$$CaCO_3 + H_2SO_4 = CaSO_4 + H_2O + CO_2 \qquad (4-28)$$
$$BaCO_3 + H_2SO_4 = BaSO_4 + H_2O + CO_2 \qquad (4-29)$$

由以上反应可知，这些氧化物的溶解将使硫酸消耗量增加。

49. 钾、钠、镁的氧化物在浸出过程中的行为是什么？

在焙砂中常以氧化物或氯化物形态存在，在浸出过程中，则以硫酸盐（K_2SO_4、Na_2SO_4、$MgSO_4$）或氯化物（KCl、$NaCl$、$MgCl_2$）形态进入溶液。

50. 二氧化硅在浸出过程中的行为是什么？

锌焙砂中二氧化硅一般呈游离状态（SiO_2）和结合状态（$MeO \cdot SiO_2$）硅酸盐存在。

在浸出过程中游离的二氧化硅不会溶解，而硅酸盐则在稀硫酸溶液中部分溶解。如硅酸锌可按下式反应溶解进入溶液中：

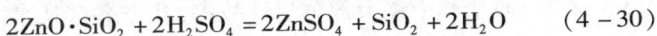

$$2ZnO \cdot SiO_2 + 2H_2SO_4 = 2ZnSO_4 + SiO_2 + 2H_2O \qquad (4-30)$$

生成的二氧化硅不能立即沉淀而呈胶体状态存在于溶液中。胶体二氧化硅常以两种形态存在：一种是可溶性的硅酸微粒，一种是不溶性的硅酸胶。

浸出时，溶液中硅酸含量与焙砂中含硅酸盐量和浸出溶液酸度等有关，当焙砂中含硅酸盐愈高、溶液酸度愈大时，则进入溶液中的硅酸量愈多。实际生产中，随着溶液中酸度降低（pH 升高达 $5.2 \sim 5.4$ 时），硅酸将聚集起来，并随同某些金属的氢氧化物（氢氧化铁）一起沉淀而被除去。

4.3　主要产物的成分及产率

51. 中上清的成分和产率如何计算？

中上清的成分和产率根据各厂工艺和产能而有所不同。

例：某年产 10 万 t 电锌厂采用常规湿法流程，中上清产量为 100 万 m^3，成分如表 4-6 所示：

表 4-6　中上清成分表

Zn/($g \cdot L^{-1}$)	pH	Fe/($mg \cdot L^{-1}$)	Ge/($mg \cdot L^{-1}$)	固含量/($g \cdot L^{-1}$)
140 ~ 160	5.0 ~ 5.4	≤20	≤0.8	≤1.5

52. 酸浸渣的成分和产率如何计算?

酸浸渣的成分根据各厂条件有所不同。

例: 某厂常规浸出流程年产电锌 10 万 t,酸浸渣含 Zn ≤17.5%,Pb 5% ~ 7%,残硫 6% ~ 8%,年产酸浸渣干重 8 万 t,渣率为 40% ~ 50%。

渣率 = 酸浸渣干重/进浸出槽的焙烧矿质量×100%。

例: 某厂浸出工序 8 月份耗焙烧矿 20000 t,产酸浸渣干重 8000 t,则渣率为:8000/20000 = 40%。

需要说明的是锌在浸出渣中的物相为:$ZnFe_2O_4$,ZnS,ZnO,$ZnSO_4$ 和 $ZnSiO_3$,其中绝大部分为铁酸锌,由于各厂技术指标不一,铁酸锌所占比重为 60% ~ 95%。

53. 高温高酸浸出渣的主要成分是什么?

典型的高温高酸浸出渣成分见表 4-7。

表 4-7　典型高温高酸浸出渣成分/%

成分	Zn	Cd	Pb	Ag	Au	Fe	Co	Cu
含量	4 ~ 8	0.05 ~ 0.1	5 ~ 18	200 ~ 100(g/t)	—	3 ~ 8	0.005	0.1 ~ 0.3

54. 黄钾铁矾渣的主要成分是什么?

典型的针铁矿渣成分见表 4-8。

表 4-8　典型针铁矿渣成分/%

成分	Zn	Cd	Pb	Ag	Au	Fe	Co	Cu
含量	2 ~ 6	0.05 ~ 0.2	0.2 ~ 2.0	10 ~ 20 (g/t)	0.6 (g/t)	25 ~ 30	0.005	0.1 ~ 0.3

55. 针铁矿渣的主要成分是什么?

典型的高温高酸浸出渣成分见表4-9。

表4-9 典型高温高酸浸出渣成分/%

成分	Zn	Cd	Pb	Ag	Au	Fe	Co	Cu
含量	6~9	0.02~0.05	1.8~2.5	—	—	35~45	—	0.2~0.8

56. 赤铁矿渣的主要成分是什么?

典型的赤铁矿渣成分见表4-10。

表4-10 典型赤铁矿渣成分/%

成分	Zn	Cd	Pb	Ag	Au	Fe	Co	Cu
含量	0.3~1	—	—	—	—	55~62	0.005	—

4.4 主要设备选型及配置

57. 搅拌浸出槽有哪些?

搅拌浸出槽是浸出的重要设备。可分为空气搅拌槽(帕秋卡槽)、机械搅拌槽、高压釜、管道浸出器、热磨浸出器等。空气搅拌槽是借助压缩空气搅拌矿浆,机械搅拌槽借助动力驱动螺旋桨来搅拌矿浆。

空气搅拌槽见图4-1,机械搅拌槽见图4-2和图4-3。

58. 浓缩槽的工作原理和结构是什么?

浓缩槽又称为浓密机、沉降器或增浓器,广泛应用的是单层连续式耙集沉降器。根据生产能力的不同,直径有9 m、12 m、18 m、21 m等不同型号。浓缩槽装有特殊的机构,以搅拌沉落槽底上的粒子。

此机构由垂直的轴与固结在轴上带有耙齿的十字臂组成。4个十字臂与平面呈8°~15°放置,其中2个达到槽的边缘。另2个仅有槽半径的2/3。耙齿安置要适当,以便当其转动时把沉落的粒子移向中间。轴通过电动机及蜗轮而转动。转动的电能消耗不大。浓缩槽如图4-4所示。

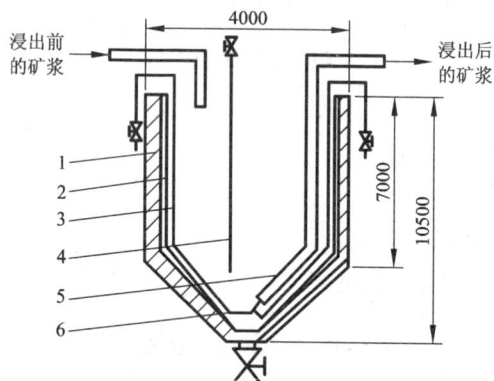

图 4-1　空气搅拌槽

1—混凝土槽体；2—防护衬里；3—搅拌风管；4—蒸汽管；5—扬液器；6—扬液器用风管

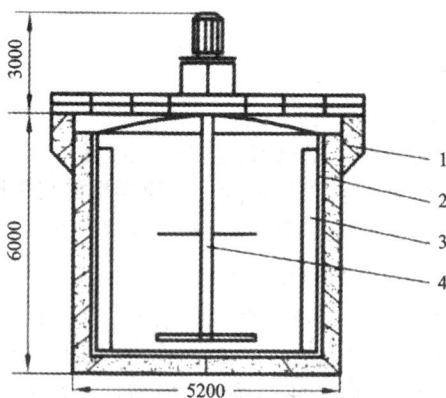

图 4-2　机械搅拌槽

1—混凝土槽体；2—防腐层；3—阻尼板；4—搅拌机

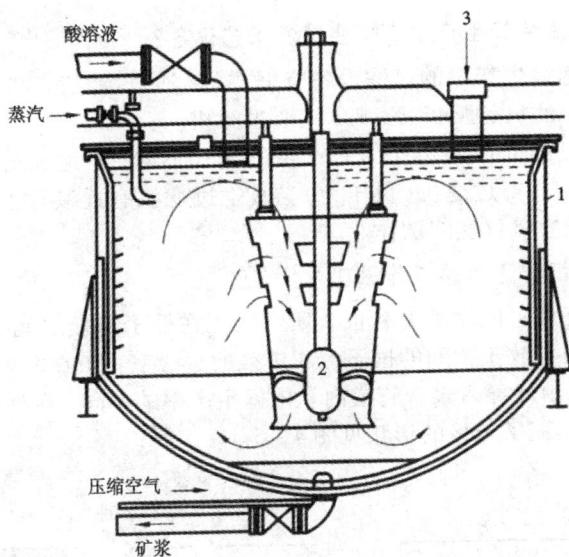

图 4 - 3 机械搅拌槽

1—槽体；2—搅拌桨；3——熔物料加入孔

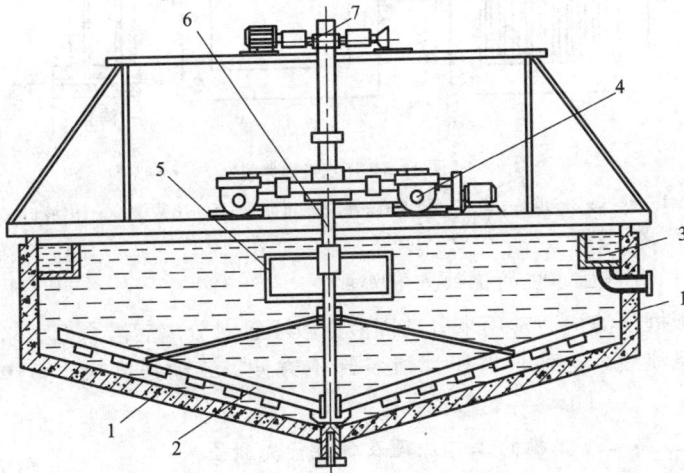

图 4 - 4 浓缩槽

1—槽体；2—耙壁；3—溢流沟；4—传动装置；5—缓冲圆筒；6—中心轴；7—提升装置

59. 湿法炼锌生产中有哪些过滤工艺设备?

湿法炼锌生产中的过滤设备有框式(莫尔)过滤机,圆盘过滤机、框式真空过滤机、板框压滤机、离心过滤机。

根据过滤介质两边压力差产生的方式不同,过滤机分为压滤机(正压力)与真空过滤机(负压力)。真空过滤机有连续作业与间歇作业两种,压滤机仅能间歇作业。

60. 板框压滤机的工作原理是什么?

由交互放置的框子1和板2所组成。在框子与板之间夹有滤布。每相邻两板与放于中间的框子形成单独的过滤室。板在两表面上有沟道,滤液就由此导入聚合管道内。依据生产率的不同,压滤机有10~60个框子。框子与板的形状见图4-5。

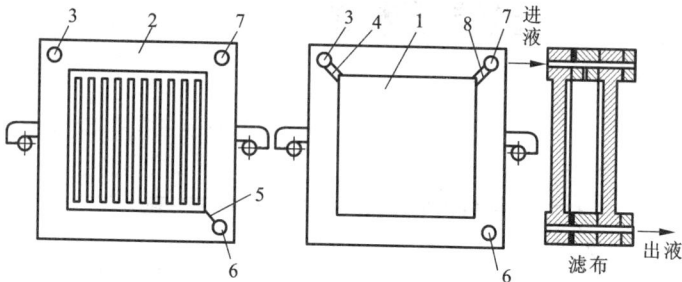

图4-5 压滤机零件图

1—滤框;2—滤板;3、7—进浆孔;4、8—进浆槽;5—出浆槽;6—出液口

61. 板框压滤机的优缺点有哪些?

板框压滤机通常用来分离固液比较小且对分离后液含固要求较严格的悬浮液。这种板框压滤机装卸不方便、劳动强度大、操作环境较差。

62. 离心过滤机的工作原理及优缺点是什么?

一些湿法炼锌工厂采用连续沉降卧式螺旋离心机,代替板框压滤机进行液固分离,取得较好的效果。其工作原理是基于被分离的悬浮液中所含固相和液相密度不同。当悬浮液被送入转鼓内时,在离心力的作用下，加速了固相的沉降，而被沉降的固相在螺旋的推动下连续排出，液体则在离心场内压力作用下通过溢流口连续排出，从而实现悬浮液的液固分离。

此种离心机与板框压滤机相比，突出优点是机械化程度高，实现自动控制，劳动强度很低，因而大大改善了操作环境，同时实现了无介质过滤，节省了棉布。缺点是所得分离后液含固体量较压滤液高；离心机的结构复杂，制作较难，维护上要求也较严。

4.5　生产过程中的异常情况处理

63. 浸出生产异常的处理原则是什么？

在所有的异常情况处理过程中，必须遵循：第一时间处理（及时）、快捷、确保合格溶液进入中浸的原则。

64. 浸出工序常出现的故障有哪些？

浸出工序常出现的故障包括：上清液浑浊；浸出"跑酸"和 pH "过老"；中浸后期铁超标。

65. 上清液浑浊的原因及应采取的措施是什么？

浸出矿浆液固分离不好，上清液浑浊是浸出常见的事故之一。当中性上清液浑浊时，溶液中含固体悬浮物大量增加，有时甚至高达 50 g/L 以上，含铁也超过 20 mg/L，致使净液工序压滤困难，新液供不应求，打乱了生产的正常秩序。在连续浸出过程中，中性上清液的浑浊往往起源于酸性浸出和酸性浓缩：当酸性澄清条件恶化时，酸性上清液浑浊，固含量达 200 g/L 以上，这样酸性上清液送往中性浸出系统时，中性浸出液固含量增加，液固比减小，中性浓缩槽的沉积条件也随之恶化，同时，由于中、酸性浓缩沉降不好，大量的渣悬浮在溶液中而无法排出，因而大大影响了上清液的质量。

上清液浑浊的因素较多，主要有原料的粒度和硅的含量高低、溶液的含铁量高低、pH 的控制、下料均匀程度、浸出渣的排出是否畅通等。在浸出的实践中，解决中性上清液浑浊的措施主要是：①加强配料管理，不宜集中使用粒度过细或者含硅高的焙烧矿粉；②严格控制浸出矿浆含铁量，一般含铁在 1.0～1.5 g/L；③严格控制中性浸出的

pH，均匀加入烟尘，使 pH 稳定在 5.2～5.4；④均匀适量地加入凝聚剂。

解决酸性矿浆的澄清上清液浑浊的措施主要是：①根据原料情况确定最合适的酸性浸出终点 pH，并且保持 pH 稳定；②加大中性浓缩的底流量，提高酸性浸出矿浆的液固比和温度，适当添加凝聚剂；③强化过滤，及时迅速地排出浸出渣。

66. 浸出"跑酸"和 pH"过老"的原因及应采取的对策有哪些？

在中性浸出过程中，浸出的"跑酸"和 pH"过老"是常遇到的故障。所谓"跑酸"就是浸出终点 pH 过低，把酸带到浓缩槽，致使浓缩槽内矿浆的 pH 下降，影响浸出液质量；而 pH"过老"则是浸出终点 pH 高于要求的范围，往往会将"生矿"带入浓缩槽，使浓缩槽底部黏结，甚至堵住浓缩槽，也会使酸浸渣含锌偏高。浸出"跑酸"和 pH"过老"往往是由于操作不当，操作人员责任心不强造成的，当中性浸出"跑酸"时，操作人员应迅速通知浓缩槽岗位，立即停止放出和停止将中性上清液送往净化系统，同时适当提高浸出矿浆的 pH，直至中性浓缩槽内矿浆的 pH 恢复到 5.2 以下，经检查上清液质量合格方可恢复正常作业，当中性浸出 pH"过老"时，应及时调节 pH，并将浸出槽出口的 pH 稍稍降低，直到浓缩槽内矿浆的 pH 恢复正常为止。

67. 中浸终点出口 pH 不受控处理方法是什么？

每小时及时分析电解废液的含酸量，根据计算及时调整加入的焙砂量，严格按每半小时对中浸过程进行一次全面的监控执行。

预防方式：

（1）掌握投入焙砂的含硫量，掌握流程中锰粉加入及焙砂加入量的计算公式，平稳控制流程流量，均匀加入高浸液，平衡好各料仓的焙砂量。

（2）每半小时对各中性浸出槽出口的 pH 进行一次检测，同时按主控的要求控制焙砂管的阀门，保证各焙砂仓的物料满足流程需要，不出现空仓。

（3）班长及时巡检，对各生产岗位进行协调，对各岗位操作员的工作质量进行检察和监督。

68.中浸终槽出口铁超标的原因及处理措施是什么?

原因分析：在中性浸出液中，铁存在两种形态：二价铁和三价铁。在中性浸出过程中，由于二价铁水解沉淀的 pH 为 7.8 以上，故溶液中的二价铁是不能被除去的，故当中性浸出终槽出口溶液的铁超标时，应先检测溶液的 pH 是否在 5.0 以上，若溶液的 pH 已经达到 5.0 以上，则可以判断溶液中的铁是二价的。

处理方法：分别在中浸各中性浸出槽中加入适量的高锰酸钾（最好是溶化后再加入），加入的顺序是先保中浸 4# 槽，再加 3# 槽，最后加入 2# 槽，同时从氧化槽和中浸 1# 槽补加一定量的锰粉，锰粉的加入是先加中浸 1# 槽，再加氧化槽。

预防措施：生产过程及时掌握投放焙砂的含硫量，掌握流程中锰粉加入的计算公式，平稳控制流程流量，均匀加入铁。

严格按每半小时对 4# 槽出口的 pH 进行一次检测。

严格按每半小时对中浸终槽进行一次全铁分析，每半小时对中浸 3# 槽、1# 槽的二价铁进行一次分析。

生产过程加入足量的补入锰粉。

班长及时巡检，对各生产岗位进行协调，对各岗位操作员的工作质量进行检察和监督。

若中浸 4# 出口溶液的 pH 达不到 5.0，溶液中的铁超标，则溶液中的铁既可能存在二价铁，也有可能存在三价铁，此时可用以下方法进行判断：取中浸 4# 溶液，不加入高锰酸钾溶液，只需要加入硫氢酸铵，若溶液呈红色，则说明有三价铁；再加入高锰酸钾溶液，如溶液的颜色加深，说明溶液中还存在有二价铁。

处理方法：

若溶液中只有三价铁，此时只有将溶液中的 pH 提高方可处理，要提高溶液的 pH，在现有的流程条件下，一是在流程允许的情况下（电解废液贮槽允许，中浸终槽的 pH 在 4.5 以上时），可以停车处理，即通过充分搅拌，使中浸 4# 槽出口升高，则溶液中的铁自然下降，同时应向流程加入适量的焙砂提高流程的 pH，当终槽出口溶液的铁合格后，即可开车。二是如果终槽出口溶液的 pH 低于 4.5，就必须作短时的停车，通过向流程中加入大量的焙砂，将中浸过程的 pH 提高，然后将中浸终槽出口溶液转入中浸备用浓缩槽，大流量开车，同时保持向流程中加入过程的焙砂，迅速将中浸终槽的溶液置换，可按正常作业恢复 $2^{\#}$ 的焙砂用量，当中浸终槽的 pH 达到 5.2 以上时，可按正常生产恢复 $3^{\#}$ 的焙砂用量，但此时 $4^{\#}$ 槽出口溶液不宜立即就进入使用着的浓缩槽，还应继续转入备用浓缩槽，半小时后再进正常使用的浓缩槽。

若溶液中既有二价铁又有三价铁（此时溶液的 pH 肯定是不到 5.0 的），则必须采取以上两种方法，即加入高锰酸钾和提高溶液的 pH。

69. 中浸后期铁超标的应对措施是什么？

立即停止废液、混合液的进入，并关闭各槽低压风管阀。在中性浸出 $3^{\#}$、$4^{\#}$ 槽内加入高锰酸钾，中性条件下：每桶按 $100\ m^3$ 计，每超标 $1\ mg/L$ 的 Fe^{2+} 加入 $0.33\ kg$ 的高锰酸钾。浓缩槽铁超标时，将不合格的溶液转进备用浓缩槽并返回中浸流程重新处理。

70. 浸出过程搅拌机常见故障有哪些？如何判断？

浸出机械搅拌机常见故障有：（1）搅拌桨叶脱落。（2）搅拌桨叶和搅拌轴上缠绕杂物。（3）搅拌轴弯曲。（4）减速机震动大。

判断方法有：（1）电机电流波动：如果电机电流增加，通常是搅拌桨叶和搅拌轴上缠绕杂物；如果电机电流不稳定，通常是搅拌轴弯曲和搅拌桨叶脱落，再观察槽内液面，如果液面平稳，可以判断是搅拌桨叶脱落，如果液面不平稳，可以判断是搅拌轴弯曲。（2）减速机震动大先看地脚螺栓，如果地脚螺栓是坚固的，通常是搅拌桨叶脱落或搅拌轴弯曲。

71. 浓缩槽常见故障有哪些？如何判断？

浓缩槽常见故障有：（1）耙和轴断裂。（2）浓缩槽底部堵塞。

判断方法：（1）用长杆插到浓缩槽底，看耙是否转动和转动是否平稳。如果耙不转动，就是轴断裂，如果转动不平稳，则是耙断裂；（2）如果浓缩槽放不出浓泥，通常情况是浓缩槽底部堵塞。

72. 高硅焙烧矿浸出作业如何控制？

处理高硅焙烧矿，通常是采取高温浸出（过程温度大于 82℃）和快速浸出（连续浸出减少浸出槽，间断浸出快速加入矿）。

73. 中浸浓缩槽内上清液出现"白色"拉丝是什么原因？如何控制？

中浸浓缩槽溶液出现"白色"拉丝主要原因是：（1）进入浓缩槽内溶液 pH 过高，使锌水解；（2）浸出过程焙烧矿反应不完全，进入浓缩槽内继续反应使溶液 pH 升高。

控制措施有：（1）在确保进入浓缩槽矿浆杂质不超标的前提下降低进入浓缩槽内矿浆的 pH，当浓缩槽内"白色"拉丝消除，外在控制进入浓缩槽内矿浆的 pH 在 5.2～5.4；（2）加大浓缩槽底流排放量，同时减少中浸的焙烧矿加入或减小开车流量，增加浸出过程时间。

74. 中浸浓缩槽出现成团漂渣是什么原因？如何处理？

中浸浓缩槽出现成团漂渣的原因是：（1）加入的凝结剂浓度和用量不均匀，特别是凝结剂过浓时容易出现；（2）焙烧矿粒度过细，主要是焙尘加入不均匀。

处理措施：（1）均匀控制凝结剂浓度和用量；（2）合理搭配焙烧矿与焙尘的比例。

75. 连续浸出设备事故生产配合处理的方法是什么？

在连续中性浸出过程中，由于浸出槽内的蒸汽会进入螺旋内，若螺旋内有焙砂，焙砂粒度较细（ϕ -200 目以下占 80%），焙砂吸水后，将焙砂颗粒之间的空气排出，形成致密、坚硬的大块物料，将螺旋压死，在开机时就容易将螺旋扭断。因此，在停车前必须将螺旋转内的焙砂清理干净。

停车步骤按以下顺序进行：（1）停星形给料器；（2）停星形给料器 5 min 后，由星形给料器向前依次停螺旋；（3）停止废液泵，及时将泵出口及进口阀门关闭；（4）清理螺旋下料口、烟囱；（5）将药剂的泵处理好，以防堵塞泵；（6）适当减少 3# 剂，直至完全关闭；（7）合理分配进仓焙砂，做好储料工作；（8）做好设备的维护、保养、环境卫生工作。

开车步骤按以下顺序进行：（1）由浸出槽的进料口向星形给料器方向顺序启动螺旋；（2）相邻两条螺旋启动时间应相差 3 min 以上；（3）启动星型给料器；（4）将电解废液泵出口及进口阀门打开，启动废液泵；（5）适当开启 3# 剂；（6）及时清理螺旋下料口、烟囱。

76. 全流程停车特别注意事项是什么？

在浸出过程中，每个浸出槽内均有低压风（空气）作为输送动力，其结构见图 4 - 6。

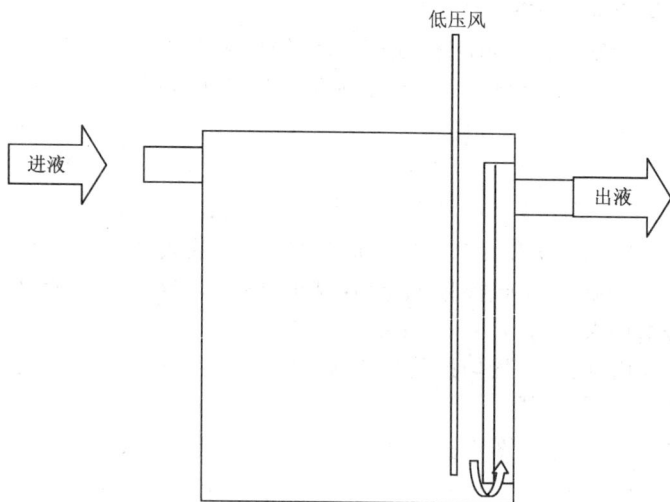

低压风

进液

出液

图 4 - 6　连续浸出槽结构

因此，在全流程停车后，槽内的低压风会将槽内的溶液吹出，使槽内液位下降，容易使搅拌机的大轴变形，故全流程停车时，应及时将各槽的低压风关小，最好是完全关闭，以保护设备。

处理事故的原则流程见图 4 - 7。

4.6　技术控制及主要技术经济指标

77. 连续中性浸出如何控制？

分级后的溢流矿浆连续进入中性浸出，一般经过用空气扬升器串联的两个浸出槽后即结束中性浸出阶段，经扬升器扬出通过溜槽送往中性浓缩槽，中性浸出的时间根据矿浆流量和浸出槽体积而定，一般为 30 ~ 60 min，浸出在压缩空气的剧烈搅拌下进行，并用蒸汽加热到 60 ~ 70℃，浸出液的开始酸度随冲矿液的含酸和下烟尘的速度而稍有

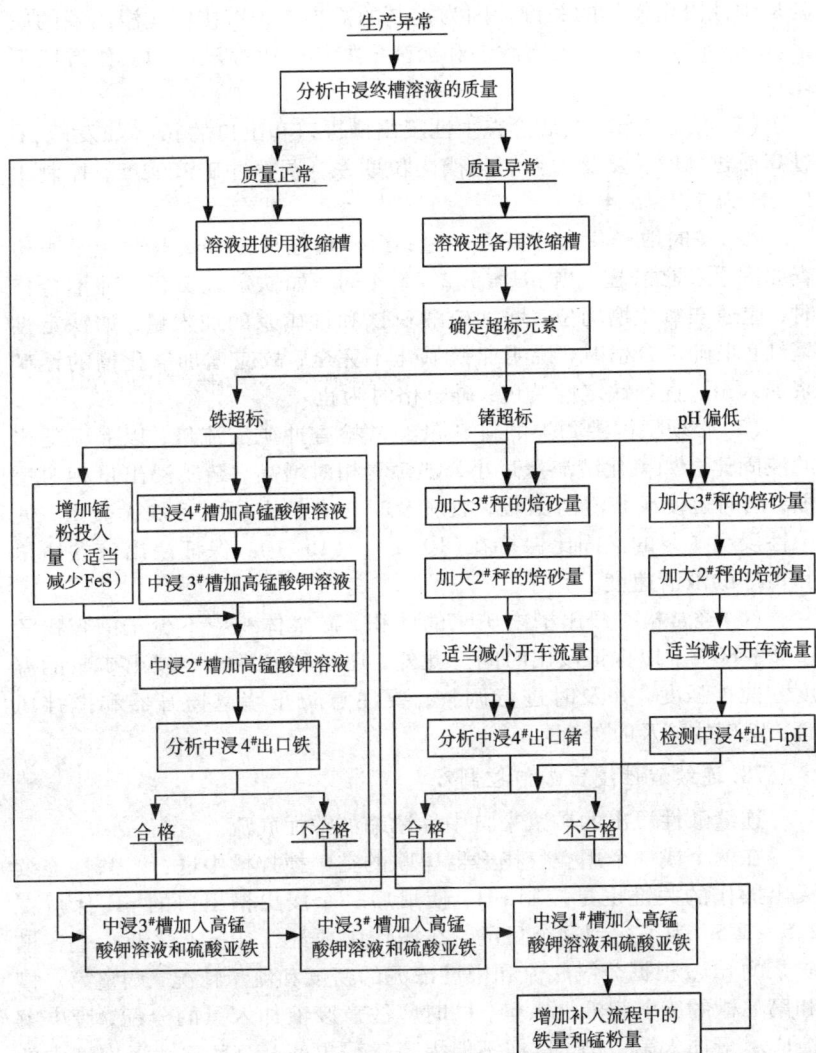

图 4-7　连续浸出事故处理流程图

波动，矿浆经过两个浸出槽后其终点 pH 达 5.2 ~ 5.4。终点 pH 的控制是中性浸出操作的关键。因为控制的恰当与否直接影响浸出液的质量、渣含锌以及下一工序浓缩和澄清的好坏。中性浸出的操作有以下几点：

（1）经常用 pH 试纸检查中性浸出槽进口和出口的 pH，如发现 pH 过高或过低时，要及时和氧化槽岗位联系，调整冲矿液酸度，控制出口 pH 为 5.2 ~ 5.4。

（2）按时取样化验分析含砷量，当砷超过 0.24 mg/L 时应及时检查原因，采取措施，当 pH = 5.2 ~ 5.4 时，如铁定性黄色，砷不合格时，应通知氧化槽岗位，增加硫酸亚铁和锰矿浆的加入量；如铁定性呈红色，砷不合格时，说明亚铁氧化不完全，故应增加氧化槽的锰矿浆加入量，直到铁定性黄色，砷合格时为止。

（3）必须根据沸腾炉的排料量经常检查冲矿液流量，以保证适当的液固比。如氧化液流量过小，则含酸相对增高，杂质浸出量相对增加，同时也使矿浆澄清困难，故应及时与有关岗位联系加大流量，使中性浸出矿浆的液固比保持在（10∶1）~（15∶1），保证浸出液的质量和良好的澄清速度。

（4）经常检查浸出槽内矿浆的体积，矿浆体积应不少于槽容积的 75% ~ 80%，以保证浸出时间。此外，还必须经常检察浸出矿浆的温度和搅拌强度，并及时进行调整；要注意防止堵塞扬升器和搅拌风管，发现故障及时处理。

78. 连续酸性浸出如何控制？

连续酸性浸出的矿浆来自中性浓缩的浓泥底流。

在两个或三个用空气扬升器串联的空气搅拌槽中进行。酸性连续浸出操作的关键也是控制 pH，使最后一个浸出槽出口的 pH 保持在 2.5 ~ 3.5，为了达到这个目的，在操作中要经常用 pH 试纸检查各槽矿浆的 pH，根据分级底流和中性浓泥的密度和流量情况，调整第一槽和第二槽的废电解液加入量，同时应注意废液加入量的分配，废电解液应尽量加入第一槽，这样不但提高锌浸出率，而且酸性浸出液中的含铁量也有所增加，砷、锑稳定，则氧化液可少加或不加硫酸亚铁，为了最大限度地回收锌，除了严格控制酸度外，还要保持足够高的温度和强烈的搅拌，以达到降低渣含锌和提高浸出率的目的。经酸性浸出后的矿浆用空气扬升器送出，沿酸性矿浆溜槽流入酸性浓缩槽，浓缩后得到酸性上清液和底流浓泥，上清液连续流入混合槽，然后送往一次中性浸出作冲矿，浓泥用泵送过滤工序。

79. 间断中性浸出如何控制？

间断浸出是在空气搅拌槽中进行，开始先是配液：往槽内打入一定量废电解液，根据系统液体周转情况适当打入部分氧化锌浸出液，或其他返回系统的含锌液，使体积约占槽体积的1/3，混合酸度达70～130 g/L，并根据矿粉中砷、锑和可溶铁含量，再加入适量制备的硫酸亚铁；同时用压缩空气（压力为0.15 MPa）搅拌，然后按照体积和溶液含酸量计算出槽内的含酸量，按酸料比（实践或实验）估算出应投焙烧矿量，就可开始进料，磨矿进料就是用混合液与焙烧矿机械搅拌浆化后进入球磨，经球磨的矿浆送入浸出槽。在开始进料的同时应在球磨中加入一定量的二氧化锰（软锰矿或锌电解阳极泥），并在浸出槽及时取样，检测溶液中的亚铁含量，若未氧化完全，还需补加二氧化锰（俗称锰粉），随着焙烧矿的不断加入，槽内溶液含酸量逐渐减少，此时应经常测定残酸，待酸度降到7～9 g/L时，即停止进料，让其充分浸出，待酸度降为0.2～0.3 g/L时焙烧矿中和至终点。

为了使砷、锑、铁能很好地除去，并得到良好的沉淀率，应严格控制浸出终点pH，在实际操作中，随着焙烧矿的锌不断浸出，矿浆中的酸量不断减少，接近浸出终点时通常使用精密pH试纸、甲基橙指示剂检测溶液中残酸和观察矿浆颗粒的运动情况来控制和判断浸出终点的pH，浸出达到终点后随即"放罐"，将矿浆打入浓缩槽，并加入少量凝聚剂以促进沉淀。

80. 浸出三大平衡如何控制？

湿法炼锌的溶液是闭路循环，故保持系统中溶液的体积、投入的金属量及矿浆澄清浓缩后的浓泥体积一定，即通常说的保持液体体积平衡、金属含量平衡和渣平衡是浸出过程的基本内容。湿法炼锌溶液的总体积，一方面因水分蒸发、渣带走水以及跑、冒、滴、漏损失等原因会随过程进行不断减少，另一方面又由于贫镉液、洗渣、洗滤布、洗设备等收集的低酸、低锌废水，给系统带进许多新水，二者必须保持平衡，即保持系统中溶液体积不变。否则有可能因带入的水过多，系统的溶液量增加，致使溶液无法周转，打乱生产过程，导致生产技术条件失控。如果带入的水不足，则系统溶液体积减少，同样会使正常溶液周转受到影响，影响正常生产技术条件控制。同时溶液体积减少相当于系统溶液浓缩，将导致溶液含锌量升高，如果偏离允许范围，将直接影响浸出以及后续净化及电解工序。实践中，夏天气温高，溶液体积容易减小；冬天蒸发量少，且蒸汽直接加热的冷凝水增加等原因，溶液的体积容易膨胀。故为了保持溶液体积平衡，必须严格控制各种洗水量，因时、因地保持水量平衡。浸出过程的金属量平衡是指浸出过程投入的焙砂经浸出后进入溶液的金属量与锌电解过程析出的金属量保持平衡。如投入的金属量与析出的锌量不平衡，将导致电解产出的废液量不平衡，影响正常生产。

　　渣平衡是指焙砂经浸出后所产出的渣量与从系统通过过滤设备排出的渣量的平衡。如果浸出产出的渣不能及时从系统中排走，浓缩槽中浓泥体积增大，不仅影响上清液的质量，也直接影响下一工序生产，无法保证浸出过程连续稳定进行。浓泥体积的变化往往是造成上述恶性循环的起因，如酸性浓泥体积大，澄清困难，使酸性上清液含固体量升高，当返回一次中性浸出时，又增加了一次浸出矿浆的固体量，从而减少了一次浸出矿浆的液固比，使一次浸出矿浆澄清困难，结果是中性上清液中悬浮物大量增加，净液工序的压滤负担加重，甚至无法完成净液作业。

　　81. 主要技术指标是什么？

　　（1）锌浸出率。浸出率系焙烧矿经两段浸出后，进入溶液中的锌量与焙烧矿中总锌量之比。

　　当焙烧矿含锌量为50%～55%、可溶锌率为90%～92%时，锌浸出率为80%～87%。在设计时，连续浸出可取80%～82%，间断浸出可取86%～87%。

　　（2）浸出渣率。浸出渣率系焙烧矿经浸出、过滤干燥后的干渣量与焙烧矿量的百分比。

　　当焙烧矿含锌为50%～55%时，其相应的浸出渣率为50%～55%。近几年来各厂渣率一般约为52%。

　　（3）渣含锌。各厂渣含锌波动于下列范围：全锌18%～22%；酸溶锌2.5%～7%；水溶锌0.5%～5.5%。

4.7 其他浸出技术

82.加压浸出的分类有哪些?

根据加压的介质不一样,当加压介质为氧气时,叫氧压浸出。根据反应的溶剂不一样,分为加压酸浸和加压碱浸。氧压酸浸的介质可为硫酸、盐酸、硝酸等。目前工业上广泛应用的是硫酸。

83.氧压浸出的基本原理是什么?

锌氧压浸出时,锌精矿是在高压釜中酸浸的,控制温度为145 ~ 150℃,富氧气氛总压达到1100 kPa。锌精矿在浸出反应中生成的三价经铁氧化生成锌的硫酸盐和硫。三价铁离子在反应中被还原,但是又被高压釜中的氧气再次氧化,从而又可以去浸出更多的锌精矿,过量溶解的铁同时可以以氢氧化物或者黄钾铁钒形式沉淀。铁主要是以氧化铁形式沉淀,只有15% ~20% 的铁是以黄钾铁钒形式沉淀。

锌氧压浸出基本的化学反应如下所示:

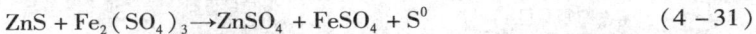

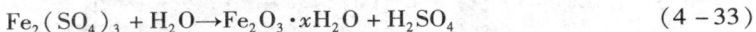

$$ZnS + Fe_2(SO_4)_3 \rightarrow ZnSO_4 + FeSO_4 + S^0 \qquad (4-31)$$

$$FeSO_4 + O_2 + H_2SO_4 \rightarrow Fe_2(SO_4)_3 + H_2O \qquad (4-32)$$

$$Fe_2(SO_4)_3 + H_2O \rightarrow Fe_2O_3 \cdot xH_2O + H_2SO_4 \qquad (4-33)$$

$$Fe_2(SO_4)_3 + H_2O \rightarrow (H_2O)_2Fe_6(SO_4)_4(OH) + H_2SO_4 \qquad (4-34)$$

84.影响氧压浸出速率的因素有哪些?

(1)和许多硫化矿的氧浸过程一样,其反应速度随温度的升高而迅速增加,但当温度达到硫的熔点(119℃)时,由于液体硫的包裹作用,使反应速度降低。而液体硫的黏度在153℃时最小。若加入表面活性剂——木质横酸盐,就能减少其不利作用,因此为保证浸出速度,氧压浸出应在高温下进行。

(2)为保证反应的速度,溶液中应有足够的 Fe^{3+} 存在。

(3)反应速度随 H_2SO_4 浓度及氧分压的增加而增加,而且两者应有适当的比例关系。

(4)为保证足够的接触表面,ZnS 矿应磨细至98% 小于44 μm,同时应加强搅拌以破坏表面液体硫膜的包裹。根据动力学特点以及工艺情况,生产中一般采用以下技术条件:温度150℃,氧分压约

0.7 MPa，保温 1 h，锌浸出率可达98%，硫约88%以元素硫的形态回收。

85. 氧压浸出的工艺流程是什么？

工艺流程图见图4-8。精矿、返酸和老厂铁酸锌残渣酸浸后的溶液被一同加到低酸浸出高压釜。在这个高压釜中，矿浆被排放进入两段氧压浸出逆流系统前，锌精矿中大约有75%的锌溶解（即锌精矿一段低酸锌的浸出率为75%）。然后，排放的矿浆进入浓密机，浓密底流渣进入高酸浸出高压釜浸出以回收剩余的锌。从高酸浸出高压釜出来的含硫矿浆进入浓密机浓缩、过滤，然后被送往浮选工段。在浮选部分，硫、金和未浸出的硫化物被浮选并以浮选精矿的方式回收。经过洗涤和过滤，浮选精矿溶解，然后经过热压滤使硫和金、未浸出的硫化物分离。热压滤得到的滤饼被送往铜冶炼厂进行稀有金属回收。

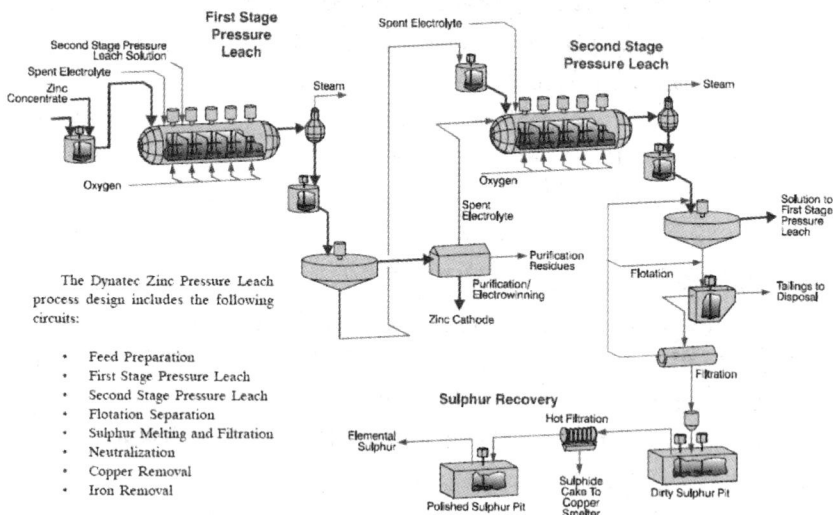

图4-8　压力浸出工艺流程图

高酸浸出浓密机溢流返回到低酸浸出高压釜进行预中和。低酸浸出浓密机溢流部分被用于污水处理的氢氧化锌中和，得到不含铜的石膏沉淀，经过处理的溶液被送往除铜工段用锌粉置换除铜。除铜后溶液被送往除铁工段，在这里亚铁离子在鼓入氧气的情况下被进一步中和除去。除铁完毕后，溶液被送往净化工段以除去镉、钴和镍。

冶炼厂收尘器中的烟尘和锌熔铸车间浮渣经过多膛炉焙烧可降低其中的氯、氟含量，然后经浸出转化为氢氧化锌矿泥中和低酸浸出浓密机溢流。

86. 常压氧浸的基本原理是什么？

锌的加压浸出工艺与常压浸出均取决于下列反应：

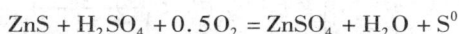

$$ZnS + H_2SO_4 + 0.5O_2 = ZnSO_4 + H_2O + S^0$$

如果不存在氧的载体，这个反应进行得很慢。溶解的铁是一种有效的氧载体。更准确地说，整个过程应该分解成两个反应：

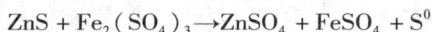

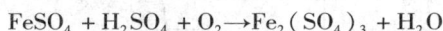

$$ZnS + Fe_2(SO_4)_3 \rightarrow ZnSO_4 + FeSO_4 + S^0$$

$$FeSO_4 + H_2SO_4 + O_2 \rightarrow Fe_2(SO_4)_3 + H_2O$$

在锌精矿中通常含有浸出需要的足量的酸溶铁。磁黄铁矿（Fe_7S_8）以及铁闪锌矿[（Zn，Fe）S]中铁的氧化反应与闪锌矿中的锌类似。

黄铁矿的氧化程度与一些浸出条件有关。在高温、强氧化条件下，黄铁矿的氧化会生成硫酸根：

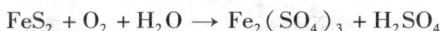

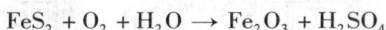

$$FeS_2 + O_2 + H_2O \rightarrow Fe_2(SO_4)_3 + H_2SO_4$$

$$FeS_2 + O_2 + H_2O \rightarrow Fe_2O_3 + H_2SO_4$$

如果氧气不充足、温度较低、酸浓度较高，黄铁矿的氧化可生成硫单质：

$$FeS_2 + O_2 + H_2SO_4 \rightarrow FeSO_4 + H_2O + S^0$$

87. 常压浸出的工艺流程是什么？

来自球磨备料车间的矿浆泵入直接浸出车间低酸富氧直接浸出高位槽，通过溜槽自流到低酸富氧直接浸出槽浸出，控制低酸直接浸出出口溶液酸度和三价铁含量小于 1 g/L，低酸浸出矿浆通过溜槽进入低酸浸出浓密机进行液固分离，低酸浸出底流通过底流泵泵入高酸富氧直接浸出高位槽，通过溜槽自流到高酸富氧直接浸出槽继续浸出。高酸浸出矿浆通过溜槽自流到硫浮选工序的两段浮选机，浮选硫精矿、浮选尾矿通过矿浆泵分别泵入浓密机进行液固分离，它们的溢流均返回备料车间的搅拌槽，用于备料，浮选硫精矿的底流通过底流泵

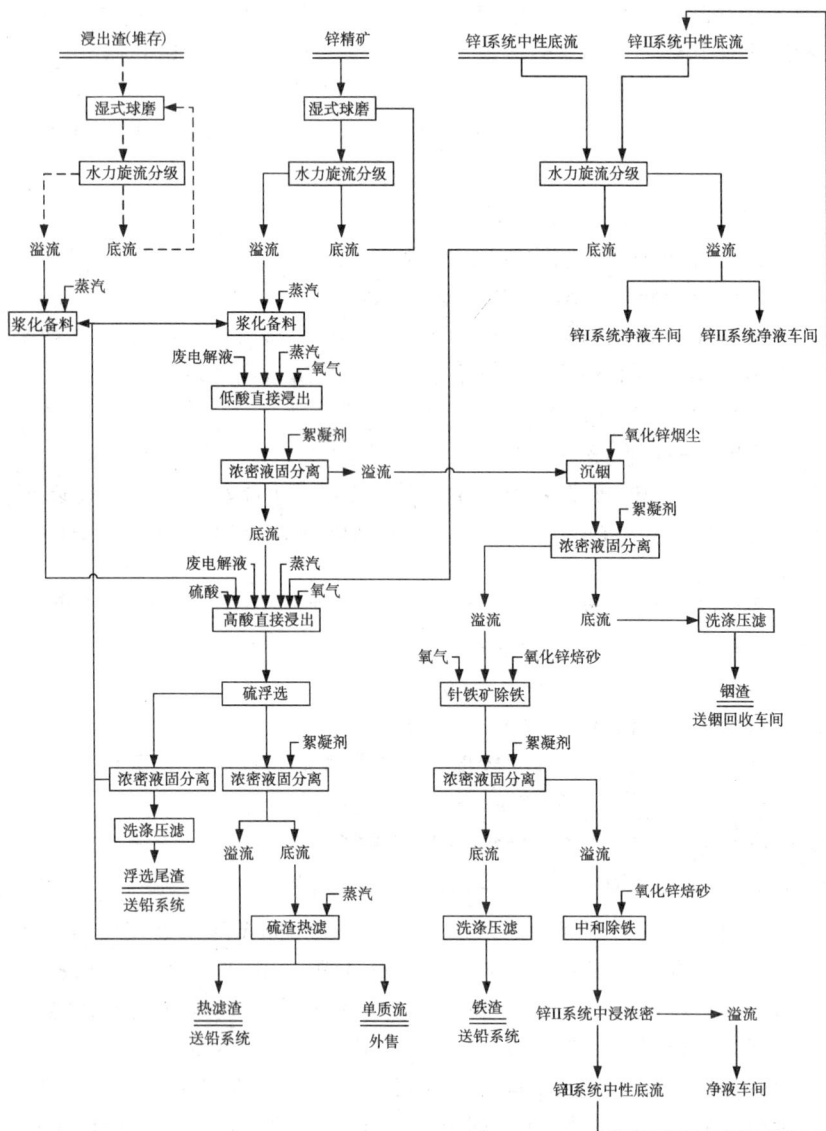

图4-9 常压浸出工艺流程图

泵到硫渣热滤车间回收硫，浮选尾矿的底流通过底流泵泵到银浮选工段，利用银浮选的带式过滤机和箱式压滤机等设备过滤洗涤，最终产出浮选尾渣，再由送铅系统回收其他有价金属。工艺流程图见图4-9。

88. 氧压浸出的工艺设备有哪些？

高压浸出在高压釜内进行，高压釜的工作原理及结构与机械搅拌浸出槽相似，但耐高压，密封良好，从设备上归属于机械搅拌浸出。

高压釜有立式及卧式两种，卧式釜的结构见图4-10。一般分成数个室，矿浆通过每个室连续溢流，每室有单独的搅拌器。目前，冶金工业的立式高压釜工作温度达230℃左右，工作压力达2.8 MPa。

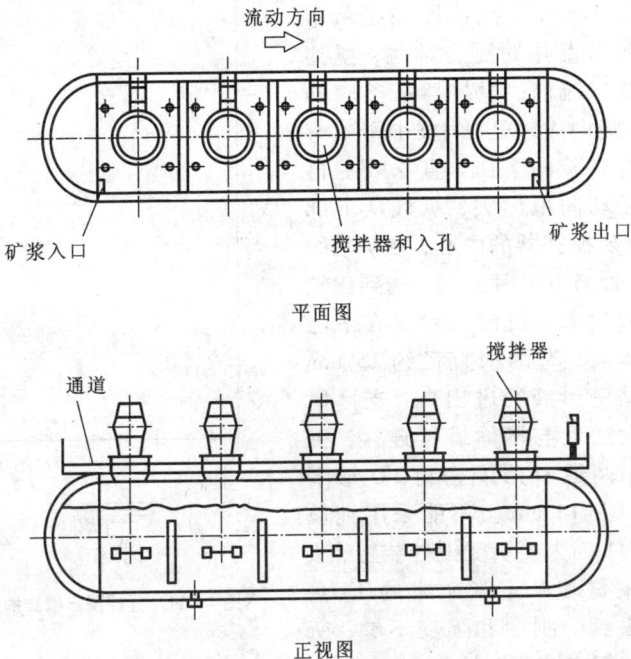

平面图

正视图

图4-10 压力釜总布置图

氧压浸出工艺的主要设备除高压釜外，还有下面三种设备：

（1）调浆槽：将精矿与浸出剂充分混合，并用蒸汽预热至70～80℃。

（2）换热器：利用从闪蒸蒸汽中回收的显热来预热进入高压釜的酸液。

（3）闪蒸槽：将从高压釜中排出矿浆的压力降到大气压；使闪蒸蒸汽同热矿浆分离；从闪蒸蒸汽中回收显热。

89. 常压浸出的工艺设备特点是什么？

KOKKOLA 锌厂直浸槽采用 FRP 材料，内部用钢骨架，不锈钢材料一般采用 904 L。

直接浸出槽高 26 m（反应器 + 支架），顶棚高度大约为 30 m，反应器直径为 7.5 m。搅拌器采用六弯曲叶片加六直叶的复合结构，搅拌槽中间有导流筒，搅拌器从釜底伸入，矿浆流向应该是延中心向下，弯曲叶片将矿浆向下压，直立叶片再将矿浆沿切向甩出去，氧气从下部进入，直射搅拌器的中心，在矿浆的带动下，经直立叶片打散，达到比较好的分散效果。机械密封设在下法兰的锥体内，有两根直径约 15 mm 的细管是密封液的进出口；支撑搅拌器的大法兰与槽体螺栓连接，密封面采用两道 O 形圈密封，O 形圈直径为 10～12 mm。不能采用纯玻璃钢结构，因为要承受搅拌装置、法兰盘的重量和几十米矿浆的压力，玻璃钢法兰的刚度和强度不够，所以封头底部应该有钢骨架。

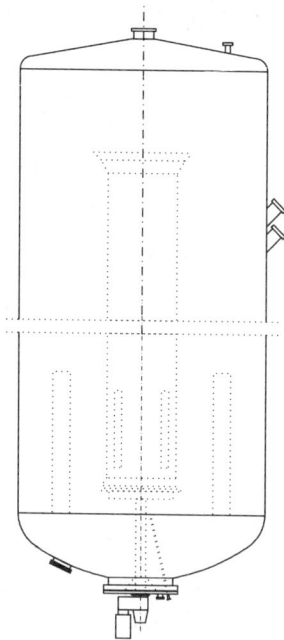

图 4－11　直接浸出桶结构图

一般每个槽子一年半左右都要轮流检查一次，不用停机就可周转检修，但是搅拌装置需要考虑备用。

90. 富氧压力浸出和富氧常压浸出的区别是什么?

从物理化学的角度看,富氧常压浸出和富氧压力浸出没有本质区别,只是压力浸出能够实现反应温度较高、气体分压较大的条件;富氧常压浸出是在溶液沸点以下进行,相对于氧压浸出反应时间较长;富氧压力浸出是在密闭反应容器内进行,可使反应温度提高到溶液沸点以上,使某些气体(如氧气)在浸出过程中具有较高的分压,让反应在短时间内有效进行。

两种浸出方式产出的溶液中少量杂质元素并没有很大差异,富氧常压浸出液中的铁含量高于氧压浸出液中的铁含量。氧压浸出渣过滤后产出的硫中杂质低于富氧常压浸出产出的硫中杂质。两种方式的浸出液含锌量基本一致。

富氧压力浸出和富氧常压浸出均要求把锌精矿中的硫化物转化成单质硫,而不是转化成二氧化硫,不用建造二氧化硫烟气制酸厂,环境保护及劳动条件好,可以实现清洁化工业生产。富氧常压浸出和富氧压力浸出工艺技术比较详见表4-11。

表4-11 富氧常压浸出和富氧压力浸出工艺技术比较

项目名称	富氧常压浸出工艺	富氧压力浸出工艺
主要化学反应	$ZnS + Fe_2(SO_4)_3 \rightarrow ZnSO_4 + 2FeSO_4 + S^0$ $2FeSO_4 + H_2SO_4 + 0.5O_2 \rightarrow Fe_2(SO_4)_3 + H_2O$	$ZnS + Fe_2(SO_4)_3 \rightarrow ZnSO_4 + 2FeSO_4 + S^0$ $2FeSO_4 + H_2SO_4 + 0.5O_2 \rightarrow Fe_2(SO_4)_3 + H_2O$
锌的回收率	98%	98%
给矿粒度	$D95 = 44\ \mu m$	$D95 = 38\ \mu m$
浸出温度	95~100℃	145~150℃
浸出时间	8 + 16 h	2 + 2 h
浸出压力	100 kPa	1100~1300 kPa
浸出釜规格	常压容器,庞大	压力容器,较小

续表 4 –11

项目名称	富氧常压浸出工艺	富氧压力浸出工艺
浸出釜材料	玻璃钢复合材料	钢＋隔离层＋耐酸耐温陶砖
机械搅拌	底支撑搅拌，搅拌轴很长，磨腐介质条件下密封难度较大	特殊合金材料的搅拌轴及叶片，专用的机械密封装置
给料设备	常规耐酸离心矿浆泵	特殊合金材料高压隔膜泵
矿浆加热方式	直接蒸汽加热	特殊合金材料列管换热器二次蒸汽间接加热
蒸汽消耗	较多	较少
矿浆闪蒸设备	不需要	钢＋隔离层＋耐酸耐温陶砖闪蒸槽
调节控制阀	常规调节控制阀	特殊合金材料调节控制阀
管道材料	常规钢塑复合管	特殊合金管道材料
生产控制	要求一般，安全性高	要求严格，存在安全隐患
原料处理	浆化设备较多，费用较高	浆化设备较少，费用较低
原料适应性	较广，可以处理复杂精矿及常规浸出渣，不会带来操作和工艺调整的困难，但处理含砷高的物料有困难	一般，处理复杂矿或常规浸出渣，对后期工艺的控制和调整难度较大，可处理含砷高的物料，砷固化为砷酸铁
浸出釜维护	不影响生产，维修费用较低	需停产清理结垢，停产时间较长，维修费用较高
阀门管道维护	对生产影响很小，维修费用较低	需停产更换结垢管道和阀门，维修费用较高
工艺适用性	适用性广，适用于现有焙烧－浸出厂的技术改造及扩建，可搭配处理浸出渣，也可单独建厂	适用性一般，适用于现有焙烧－热酸浸出厂的技术改造及扩建，并可单独建厂

续表 4 −11

项目名称	富氧常压浸出工艺	富氧压力浸出工艺
生产培训	一般操作培训，易于掌握	进行较严格的操作及安全培训，掌握需较长时间
投产试车	常规设备及仪表易于操作及控制，便于组织实施	压力设备及连锁调节仪表要求具有一定的操作及控制经验，对组织实施要求高
有价金属回收	可实现铟锗镓银等稀贵金属的综合回收，回收率较高	可实现铟锗镓银等稀贵金属的综合回收，回收率较高，但 Ag 分散不利于回收
单质硫回收	硫磺杂质含量较高，不利于销售	硫磺杂质含量较低，便于销售，但硫磺易结块，堵塞管道等
除铁	浸出液含铁浓度高，必须设除铁工序	浸出液含铁浓度低，不必设专门的除铁工序
氟氯开路	除铁可开路部分氟氯，但还需采用专门的脱氯工艺	必须采用专门的脱氯工艺，脱氯工艺直接影响电解生产
自动化及环境保护	自动化程度较高，环境保护及劳动条件好，实现清洁化工业生产	自动化程度高，环境保护及劳动条件好，实现清洁化工业生产
一次投资	较低	较高

第5章 浸出液的净化

5.1 硫酸锌溶液净化的基本原理

1. 什么是溶液的净化?

所谓净化, 就是将浸出过滤后的中性上清液的杂质除至规定的限度以下, 以提高其纯度, 使之满足电解沉积时对新液要求的过程。

2. 浸出液为什么需要净化?

在浸出过程中, 进入溶液的大部分金属杂质随着浸出时的中和水解作用而从溶液中除去, 但仍有一部分杂质残留在溶液中, 浸出后将获得含锌 140 ~ 165 g/L 以及含少量铁、砷、锑、铜、镉、钴、硅酸、氯、氟等杂质的硫酸锌水溶液。中性浸出上清液不能满足电积新液质量要求, 需要采取措施除去硫酸锌水溶液中的杂质。这些杂质的存在对锌电解沉积过程有极大的危害, 如降低电流效率, 增加电能消耗, 影响阴极锌质量和腐蚀阴极, 造成剥锌困难等。

净化的目的一方面是除去浸出液中的铜、镉、钴、镍等有害杂质和残留在溶液中的砷、锑、锗等杂质, 另一方面使铜、镉、钴等有价金属富集于净化渣中, 以便进一步回收有价金属。

3. 根据除钴方法, 硫酸锌水溶液净化分为哪几类?

根据除钴方法的不同, 浸出液净化方法大体可以分为两类: 一类是加锌粉除铜镉, 然后在有活化剂存在的条件下除钴、镍; 另一类则是加锌粉除铜镉, 再加特殊药剂与钴作用生成难溶固体除钴。

前者包括锌粉 - 锑盐净化法、锌粉 - 砒霜 (砷盐) 净化法和合金锌粉法等; 后者包括锌粉 - 黄药净化法、锌粉 - β - 萘酚法等。

流程则一般有一段、二段、三段和四段之分, 视溶液杂质含量而定。作业方式有间断作业和连续作业。连续净液的优点是生产率高,

易于实现自动化，但操作控制要求较高。表 5-1 列出了硫酸锌溶液
净化的几种代表方法。

表 5-1 硫酸锌溶液净化的几种代表方法

流程类别	一段净化	二段净化	三段净化	四段净化	工厂举例
黄药净化法	加锌粉除 Cu、Cd	加黄药除 Co			株洲冶炼厂
锑盐净化法	加锌粉除 Cu、Cd	加锌粉和 Sb_2O_3 除 Co	加锌粉除 Cd		西北铅锌冶炼厂 Clarksville 厂
砷盐净化法	加锌粉和 As_2O_3 除 Cu、Co、Ni	加锌粉除 Cd	加锌粉除复溶 Cd 段	再进行二次加锌粉除 Cd	神冈厂（日）秋田厂（日）沈阳冶炼厂
β萘酚法	加锌粉除 Cu、Cd	加亚硝基-β-萘酚除 Co	加锌粉除复溶 Cd	活性炭吸附有机物	安中厂（日）彦岛厂（日）
合金锌粉法	加 Zn-Pb-Sb 合金锌粉除 Cu、Cd、Co	加锌粉除 Cd	加锌粉		柳州锌品厂

4. 根据溶液净化的方法不同，硫酸锌溶液中的杂质可分为哪几
类？各类杂质通常采用哪些净化方法？

硫酸锌溶液的杂质分为：第一类：铁、铝、砷、锑、硅酸；第二类：
铜、镉；第三类：钴、氯、氟；第四类：钾、钠、镁；第五类：有机物等
油类物质。

对于第一类杂质，在中性浸出过程中，控制好矿浆的 pH 即可除去；
第二类杂质则需向溶液中加入锌粉，使之发生置换反应沉淀除去；第三
类杂质则需向溶液中加入特殊药剂，使之生成难溶性化合物沉淀除去；
这些杂质的存在对锌电解沉积过程将有极大的危害，如降低电流效率，
增加电能消耗，影响阴极锌质量和腐蚀阴极，造成剥锌困难等。第四类
杂质，在现代湿法炼锌过程中目前所采用的净化方法还未能将其除去，
只能当它们积累到一定量后，采取排出一部分溶液而补充新鲜溶液的办
法，即控制该类杂质在允许含量之下。第五类物质目前应用较好的方式
是添加活性炭进行吸附脱除，有的工厂也采用超声波技术。

5. 如何选择净化工艺?

在选择净化流程时,除主要满足电解工序对新液的要求外,还要考虑杂质在净化渣中的富集率和锌粉用量等因素。由于各厂处理的原料不同、浸出流程不同、净化前液的成分各异,因而在生产实践中根据具体情况可选用各种不同的净化方法。

目前净化工艺发展的趋势是过程的连续化,采用更有效的净化药剂以及净化过程的自动控制,利用快速或自动化验分析,以提高净化深度和处理能力。国外多数湿法炼锌厂净化大多采用砷盐法和反向锑盐法连续净化,以达到深度净化的目的。

6. 锌粉置换净化的原理是什么?

电极电位较低(负)的金属加入电极电位较高(正)的金属盐溶液中,将取代出电极电位较正的金属,而本身则进入溶液中。这种反应叫做置换沉淀。

置换过程从电化学观点来说是微电池电化学反应过程。在锌粉置换过程中,溶液中的铜、镉、钴等离子在锌粉表面析出后作为阴极,锌作为阳极,形成了 Cu - Zn、Cd - Zn、Co - Zn 等微电池,锌作为阳极溶解进入溶液,铜、镉、钴等作为阴极被置换析出除去。

置换反应也可认为是一种氧化还原反应,加入的金属失去一个或几个电子被氧化,而析出的物质则取得这些电子被还原。两者相辅相成,一种金属的析出是建立在另一种金属的溶解之上,或者说一种金属的还原是在另一种金属受到氧化的条件下进行的。

锌粉置换除铜、镉的基本反应为:

$$Zn + Me^{2+} = Zn^{2+} + Me \qquad (5-1)$$

置换反应进行的极限程度取决于它们之间的电位差:

$$E = E_{Me2+/Me}^{\ominus} - E_{Zn2+/Zn}^{\ominus} + 0.0295 \lg(a_{Me2+}/a_{Zn2+}) \qquad (5-2)$$

两种金属电位差愈大,置换反应愈彻底。当反应达到平衡时:

$$E_{Me2+/Me}^{\ominus} - E_{Zn2+/Zn}^{\ominus} = 0.0295 \lg(a_{Zn2+}/a_{Me2+}) \qquad (5-3)$$

式中:a_{Zn2+}/a_{Me2+} 是在平衡状态时,置换剂锌与被置换金属的活度比值,表示置换的顺序。

7. 湿法电锌生产中常用到哪些金属的标准电极电位?

湿法电锌生产中常用到的金属标准电极电位见表 5 - 2。

表 5 - 2　电锌生产中主要金属的标准电极电位

电　极	反　应	$E^{\ominus}/V$
Cu^{2+}, Cu	$Cu^{2+} + 2e \rightarrow Cu$	0.337
Cd^{2+}, Cd	$Cd^{2+} + 2e \rightarrow Cd$	-0.402
Co^{2+}, Co	$Co^{2+} + 2e \rightarrow Co$	-0.267
Ni^{2+}, Ni	$Ni^{2+} + 2e \rightarrow Ni$	-0.241
Fe^{2+}, Fe	$Fe^{2+} + 2e \rightarrow Fe$	-0.44
Fe^{3+}, Fe^{2+}	$Fe^{3+} + e \rightarrow Fe^{2+}$	0.77
H^{+}, H_2	$2H^{+} + 2e \rightarrow H_2$	0.000
Zn^{2+}, Zn	$Zn^{2+} + 2e \rightarrow Zn$	-0.7628
O^{2+}, O	$O^{2+} + 2e \rightarrow O$	1.229

8. 锌粉置换法的影响因素有哪些?

从热力学分析，采用锌粉置换 Cu、Cd、Co、Ni 均可净化得很彻底。但在实践中，采用锌粉置换净化 Cu、Cd 比较容易，而净化除 Co、Ni 就并不是那么容易。用理论量锌粉很容易沉淀除 Cu，用几倍于理论量的锌粉也可以使 Cd 除去，但是用大量的锌粉，甚至几百倍理论量的锌粉也难以将 Co 除去至锌电积的要求。Co 难以除去的原因，国内外较多的文献都解释为 Co^{2+} 还原析出时具有较高的超电压，同时还有一个反应速率的问题。

一般认为，锌粉置换除铜、镉受扩散控制，影响因素主要有以下几个方面。

(1) 锌粉的质量与用量

锌粉的纯度应该比较高，除了不带入新的杂质外，还应避免锌粉被氧化，增大锌粉的耗量。从增大比表面以加速置换反应的观点考虑，锌粉粒度固然越小越好，但如果粒度过小就会导致其飘浮在溶液表面，从而不利于锌粉的有效利用。如果一次加锌粉同时沉积铜和镉，锌粉粒度一般为 0.15 ~ 0.07 mm；如果按两段分别沉积铜和镉，则可先用较粗的锌粉沉积铜，再用较细的锌粉沉积镉。对铜的沉积而言，锌粉用量为理论量的 1.2 ~ 1.5 倍，但对镉来说，为了有效防止镉的复溶，需增加锌粉用量至理论量的 3 ~ 6 倍。当然，锌粉用量还与溶液成分、锌粉纯度与粒度有关，纯度低和粒度粗的锌粉消耗量显然要大些。

（2）搅拌速度

置换过程在搅拌槽中进行，提高搅拌速度以强化扩散传质对加速置换反应显然是有利的。从这一点出发，流态化床净化技术具有优越性。

（3）温度

提高温度既有利于置换反应的加速，也会增进锌粉的溶解和镉的复溶，一般以控制 60 ~ 70℃ 为宜。对镉的置换来说，由于镉在 40 ~ 55℃ 存在同素异形体的转变，当温度过高时会促使镉的复溶，工艺上一般控制在 50 ~ 60℃。

（4）浸出液成分

浸出液的浓度低有利于锌粉表面 Zn^{2+} 的扩散传质，但如果浓度过低则因为增大了锌与氢之间的电势差而有利于 H_2 的析出，从而导致锌粉消耗量的增大，故锌浓度一般以 150 ~ 180 g/L 较为合适。溶液的 pH 越低越有利于 H_2 的析出，但会增大锌粉无益耗损和镉的复溶。当锌粉用量为理论量的 3 倍时，要使溶液残余的铜和镉符合要求，溶液的 pH 就要维持在 3 以上。如果溶液含铜高而需要优先沉积铜保留镉，则宜将中性浸出液酸化至含 H_2SO_4 0.1 ~ 0.2 g/L，以便活化锌表面，促进铜的沉积。

9. 净化过程氧和析氢反应发生的原理是什么？对生产有什么影响？

净化过程中，阴极还可能发生以下反应：

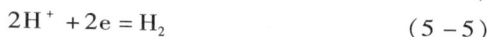

$$O_2 + 4e + 4H^+ = 2H_2O \qquad (5-4)$$
$$2H^+ + 2e = H_2 \qquad (5-5)$$

由于氧的电位比锌浸出液中任何金属杂质的电位都较正，即氧都将优先在阴极上还原。因此，在用锌粉置换净液的过程中，不应当有氧存在。这就要求锌粉置换净液过程连续化和不能用空气搅拌。

除氧以外，其他金属杂质的离子也有与氢离子竞争放电的问题。为了达到净液的目的，要设法使杂质金属离子优先放电析出，而不使氢离子优先放电析出。为此，热力学上，必须使氢的电位变为较负，这就要求 pH 要高；动力学上，必须提高氢的析出超电压，降低金属杂质的析出超电压。

氧会将金属锌粉氧化从而增加锌粉消耗，同时形成氧化膜阻碍净化反应，还会使被沉淀金属返溶。因此置换过程中应尽量避免空气与溶液接触，因而一般采用机械搅拌。

氢的析出使锌粉的消耗增大，同时容易造成剧毒物质砷化氢的形成。

提高溶液 pH 或提高氢的析出超电位，可降低氢的电极电位，所以置换过程在近中性溶液中进行；溶液中加入正电性金属与被置换金属形成合金而提高其电位，可降低杂质金属的析出超电位。

10. 净化过程中如何预防 AsH$_3$ 的析出？

为了避免 AsH$_3$ 的析出，可提高溶液 pH 和降低 AsH$_3$ 的电极电位。

最好是在中性浸出时尽量脱除砷、锑，同时确保净化槽内的负压条件、在净化过程中严禁进入酸性介质。

11. 锌粉置换法除钴镍的机理是什么？

从 Co/Co^{2+} 与 Zn/Zn^{2+} 的标准电势来看，溶液中的钴 Co^{2+} 应该可以被锌粉置换，溶液中残余的钴浓度可以下降到相当低的水平（约 5×10^{-12} mg/L）。但是研究和生产实践证实，即使溶液中钴的起始浓度很高，加入过量，甚至数百倍当量的锌粉，且置换过程的温度满足，溶液稍微加以酸化，并加入可观数量的、氢超电压相当高的阳离子，也不能使溶液中残余的钴量降到符合锌电积要求的程度，因此需要加入其他活化剂实现加锌粉置沉钴。常采用的方法有砷盐净化法、锑盐净化法和合金锌粉法等。

添加锑盐、砷盐用锌粉置换钴的反应，是在锌粉表面形成微电池的电化反应。这种电化反应的进行主要取决于电池两极的电势。由于锌和钴的电势都为负值，当锌的析出电势绝对值大于钴的析出电势绝对值时，锌粉置换钴的反应便会不断进行。

通过研究发现，无论溶液温度多高，钴离子在锌表面析出的超电压都很高，使得钴的析出电势绝对值高于锌的析出电势绝对值。但钴离子在 Sn、Sb 等金属表面析出的超电压会随温度升高而下降。所以如果采用合适的阴极金属和控制一定的温度，使 Co^{2+} 的析出电势大大降低，达到远小于锌的溶出电势时，Co^{2+} 就容易被锌粉置换。实验证明，加入 Pb、Sn、As 也可得到很好的结果。

12. 砒霜(砷盐)净化法原理是什么？

根据实验研究，在含钴的硫酸锌溶液中，加锌粉置换除钴，在没

有 Cu^{2+} 存在的条件下是困难的。因此加锌粉置换除钴的主要因素是 $CuSO_4$ 与锌粉的作用，促进这个作用进行的是亚砷酸盐。由于铜的电势很正，容易被锌粉置换出来，这样在锌粉表面沉积的铜微粒与锌粉共存，形成微电池的两极，在铜阴极上发生下列反应：

$$Cu^{2+} + Zn = Cu + Zn^{2+}$$

而在锌粉阳极上发生锌的溶解反应：

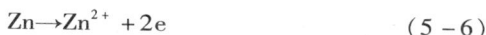

$$Zn \rightarrow Zn^{2+} + 2e \tag{5-6}$$

两极反应的结果是将 Co^{2+} 置换。置换出来的钴便与 Cu、As 和 Zn 形成金属化合物，比纯金属或与 Cu 和 Zn 形成的化合物的电势要正，因此能很有效地除去钴。同样难于置换除去的 Ni 也被置换得很彻底。这时合金电极和化合物电极的电势将比简单离子电极的电势高得多。

13. 砒霜(砷盐)净化法缺点是什么？

砷盐净化法可以保证溶液中的 Co^{2+}、Ni^{2+} 达到要求的程度，得到高质量的净液(钴、镍含量降到 1 mg/L 以下)。但是此法仍然存在如下缺点：①原料中的铜不足和溶液含铜离子浓度不足时均需补加铜；得到的 Cu - Cd 渣被砷污染，不利于综合回收有价金属；②要求高温(80℃以上)；③产生剧毒气体 AsH_3；④需在净化作业结束后迅速进行固液分离，否则会导致某些杂质的返溶，致使溶液质量不稳定。

由于砷盐净化法存在上述缺点，与目前普遍采用的锑盐净化法相比并无更多的优势，故国内一般湿法冶金工厂均不采用砷盐净化法。

14. 砒霜(砷盐)净化法操作条件是什么？

锌粉 - 砷盐净化法的技术操作条件见表 5 - 3 和表 5 - 4。

表 5 - 3　锌粉 - 砷盐净化法的技术操作条件

阶段	条件名称	技术参数
一段	温度/℃	60 ~ 65
	pH	5.2 ~ 5.4
	1 m^3 溶液的砒霜用量/kg	0.14 ~ 0.16(砒霜中 As_2O_3 >98%，Sb <0.1%，Fe <0.2%)
	1 m^3 溶液的 NaOH 用量/kg	0.04(不常加)

续表 5 – 3

阶段	条件名称	技术参数
二段	1 m³ 溶液的锌粉用量/kg	3 ~ 4.5
	锌粉粒度/mm	0.18 ~ 0.15
	1 m³ 溶液的硫酸铜加入量/kg	0.06 ~ 0.13
	反应时间/min	120 ~ 180

表 5 – 4　锌粉 – 砷盐除铜镉操作周期时间(min)分配表

操作	时间
输入溶液	40(净化槽容积 56 m³)
加锌粉、砒霜搅拌	120 ~ 180
压滤	60 ~ 80
共计	220 ~ 300

日本神冈铅锌冶炼厂采用三段连续净化流程，以 As_2O_3 作为除钴的锌粉活化剂。一段加蒸馏细锌粉和 As_2O_3 净化除铜、钴，二段加细锌粉和硫酸铜除镉，第三段加锌粉和硫酸铜扫除残镉。该厂生产 1 t锌的试剂总消耗(kg)：锌粉，19.5；As_2O_3，1.0；$CuSO_4$，0.3。其生产数据列于表 5 – 5。

表 5 – 5　神冈厂三段净化生产数据

生产条件	温度/℃	pH	停留时间/min	控制杂质浓度/($mg·L^{-1}$)
一段净化	85 ~ 90	5.2	240	Co < 0.1
二段净化	55 ~ 60	5.2	110	Cd < 3.0
三段净化	50 ~ 55	5.2	110	Cd < 1

15. 锌盐净化法的原理是什么？

锌盐净化的机理是在溶液中共存的锌粉表面析出，或锌粉中的其他金属作阴极，锌粉为阳极，形成微电池，通过电化学作用促使 Co^{2+}

还原析出。这是由于锑阴极及锌阳极形成的微电池 $Zn \mid Zn^{2+} \parallel Co^{2+} \mid Co(Sb)$，能使钴不断析出的缘故。锑之所以有效，有人认为是锑作为微电池的阴极比其他金属对钴的亲和力大，也有人认为是由于与钴形成了一系列稳定的化合物如 $CoSb$、$CoSb_2$ 等，从而降低了二价钴离子的析出超电压。

除了用 Sb_2O_3 作锑活化剂外，有些工厂采用锑粉或其他含锑物料如酒石酸锑钾作锑活化剂，其实质是 Sb 的作用。

16. 锑盐净化与砷盐净化法优缺点如何？

锑盐净化与砷盐净化比较具有如下优点：①不需要加铜，在第一段中已除去镉，减少了镉进入钴渣，镉的回收率比砷盐净化率（60%）高；②铜、镉先除去后，加锑除钴的效果更好，含钴 60 mg/L（一般为 15 mg/L）时也能达到好的效果；③由于 SbH_3 较 AsH_3 容易分解，产生毒气的可能性较小；④锑的活性大，添加剂消耗少。

17. 何为逆锑净化法（反向锑盐法）？

逆锑净化法，第一段在低温下（55℃）加锌粉置换除 Cu、Cd，第二段在较高温度下（85℃）加锌粉与锑活化剂除钴及其他杂质。与砷盐净化法比较，锑盐净化第一段为低温，第二段为高温，故称逆锑净化法或返向锑盐法。西北铅锌冶炼厂逆锑净化各段的技术参数见表 5 - 6。

表 5 - 6　西北铅锌冶炼厂逆锑净化各段的技术参数

项目	第一段除铜镉	第二段除钴	第三段除残镉
温度/℃	50 ~ 60	85 ~ 90	70 ~ 75
pH	4.8 ~ 5.2	5.0 ~ 5.4	5.0 ~ 5.4
药剂/$(kg \cdot m^{-3})$	锌粉量是铜镉理论量的 1.5 ~ 2 倍	合金锌粉 1.5 锌粉 1.0 Sb_2O_3: 0.0015	喷吹锌粉 0.5
搅拌方式/$(r \cdot min^{-1})$	流态化	机械搅拌 83	机械搅拌 83
停留时间/min	15 ~ 20	90	30

18.合金锌粉净化法的原理是什么？

当锌粉含有一定量的锑时，二价钴离子容易被置换。可以认为这是由于锑阴极及锌阳极形成的微电池 $Zn|Zn^{2+} \| Co^{2+}|Co(Sb)$，使钴不断析出的缘故。锑之所以有效，有人认为是锑作为微电池的阴极比其他金属对钴的亲和力大，也有人认为是由于与钴形成了一系列稳定的化合物如 $CoSb$、$CoSb_2$等，从而降低了二价钴离子的析出超电压。

合金锌粉中 Pb 的作用主要是防止析出的 Co 返溶。因为 Pb 是不溶解的，而且电化学性质不活泼，可以认为它没有以阴极金属参与电化学反应，所以 Pb 使锌粉表面凹凸不平，在一定程度上阻止了 Zn 的溶解。Pb 含量过低，不能很有效地防止 Co 的复溶，但是 Pb 含量过高时，就会减少合金锌粉中 Zn 的含量，从而减少 Zn - Co 微电池数，易引起钴在锑、铜上的复溶。

国内的工业性试验研究表明，当合金锌粉中含 Pb 3%左右，含 Sb 0.3%左右时净化效果最好。

19.最常用的除钴试剂有哪些？

在生产上应用的除钴特殊试剂有黄药及 β - 萘酚。

20.黄药除钴的原理是什么？

黄药是一种有机试剂，其中黄酸钾（C_2H_5OCSSK）和黄酸钠（$C_2H_5OCSSNa$）用于湿法炼锌净化过程除钴。黄药能与许多重金属形成难溶化合物，见表5 - 7。

表5 - 7　某些金属的黄酸盐的溶度积

黄酸盐	溶度积	黄酸盐	溶度积
$Cu(C_2H_5OCSS)_2$	5.2×10^{-20}	$Fe(C_2H_5OCSS)_3$	10^{-21}
$Cd(C_2H_5OCSS)_2$	2.6×10^{-14}	$Co(C_2H_5OCSS)_2$	5.6×10^{-9}
$Zn(C_2H_5OCSS)_2$	4.9×10^{-9}	$Co(C_2H_5OCSS)_3$	$10^{-13} \sim 10^{-14}$
$Fe(C_2H_5OCSS)_2$	8×10^{-8}		

从表5 - 7 中溶度积可知，比锌的黄酸盐难溶的有 Cu^{2+}、Cd^{2+}、Fe^{3+}、Co^{3+} 的黄酸盐，所以加入黄药可以除去锌溶液中的这些离子。

　　黄药除钴的实质是在有硫酸铜存在的条件下，溶液中的硫酸钴与黄药作用，形成难溶的黄酸钴而沉淀。这可用下面的反应式表示：

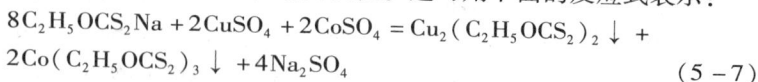

$$8C_2H_5OCS_2Na + 2CuSO_4 + 2CoSO_4 = Cu_2(C_2H_5OCS_2)_2\downarrow +$$
$$2Co(C_2H_5OCS_2)_3\downarrow + 4Na_2SO_4 \tag{5-7}$$

硫酸铜使 Co^{2+} 氧化为 Co^{3+}，是一种氧化剂。其他氧化剂如 $Fe_2(SO_4)_3$ 和 $KMnO_4$ 等也可起同样的作用，但实践证明，用 $CuSO_4 \cdot 5H_2O$ 作氧化剂效果最好。

　　在硫酸锌溶液中若不加氧化剂，会产生大量白色的黄酸锌沉淀。这就说明只有 Co^{3+} 才能优先与黄药作用产生 $Co(C_2H_5OCS_2)_3$ 沉淀。为了有效除钴常向净化槽中鼓入空气。

　　黄药除钴不仅要消耗昂贵的有机试剂，而且净化后溶液中残钴较高，黄酸钴也很难处理，所以采用这种方法的工厂不多。

　　21. 黄药除钴的操作条件是什么？

　　除钴过程可在空气或机械搅拌槽内进行。

　　首先将一次净化除铜镉压滤后的溶液泵入除钴槽，达到一定体积后即开始鼓风或机械搅拌。如果溶液含铁较高时，则应加入适当的高锰酸钾溶液，然后将预先用水溶解好的黄药加入槽内，其加入量视溶液含钴量而定。一般黄药加入量为溶液中含钴量的 12～15 倍。应该注意：溶解黄药不能用热水，并且溶解后不能搁置太久，否则，黄药将分解失效。

　　黄药加入约 10 min 后再加入硫酸铜溶液。硫酸铜加入量约为黄药量的 1/4 到 1/5，稍加搅拌便取样定性分析镉钴。如果合格，即可送住压滤；如镉钴不合格，则应按溶液残钴量补加黄药和硫酸铜，直至合格为止。黄药除钴技术操作条件见表 5-8。

表 5-8　黄药除钴技术操作条件

操作条件	株洲冶炼厂	原开封炼锌厂
溶液 pH	5.4 以上	5.2～5.4
除钴液温度/℃	40～50	35～45
黄药用量/倍[①]	3～4	3～5

续表 5-8

操作条件	株洲冶炼厂	原开封炼锌厂
硫酸铜用量/倍[②]	1/7～1/10	1/2
高锰酸钾用量/倍[③]	15～30	30～60
反应时间/min	150～200	220～240
操作周期/min		

注：①实际用量是理论用量的倍数；黄药用量是溶液含钴量的倍数。②硫酸铜用量是黄药用量的倍数。③高锰酸钾用量是溶液含钴量的倍数。

22.黄药除钴的技术操作中，影响黄药消耗与除钴率的因素有哪些？

黄药除钴与下列因素有关。

（1）溶液的 pH

由于黄药有被酸分解的特性，当溶液 pH 低，即除钴液含有一定量的酸时，黄药消耗增大，除钴效率降低。实践证明，除钴液的 pH 不应低于 5.2，以 5.2～5.5 为宜。某厂在不同的 pH 条件下除钴试验结果见表 5-9。

表 5-9　不同 pH 的除钴效率

pH	除钴前溶液含钴/($mg \cdot L^{-1}$)	除钴后溶液含钴/($mg \cdot L^{-1}$)	除钴率/%
3.0	33	28	15.2
5.5	32	4	88.0

由表 5-9 看出，在黄药消耗量及其他条件相同的基础上，pH 仅相差 2.5，而除钴率却差 72.8%。这充分说明了 pH 对除钴效率的影响。

（2）溶液的温度

实践证明，除钴时溶液的温度以控制在 35～45℃ 为宜。温度过高将引起黄药分解，增加黄药用量，降低除钴效率；温度过低，将影响化学反应速度，延长除钴时间。温度与除钴效率的关系见表 5-10。

表 5 - 10　　温度与除钴效率的关系

温度/℃	28 ~ 30	38 ~ 40	48 ~ 50
除钴效率/%	70	96	68

（3）溶液中其他杂质的影响

黄药几乎能与所有的有色金属离子作用，生成各种不同颜色的金属黄酸盐，溶液中含有杂质金属时，将增大黄药用量和延长除钴时间，且使除钴效率显著降低，因此除钴溶液其他金属杂质含量越少越好。

（4）铜离子的使用

除钴时使用硫酸铜的目的在于使黄药氧化，生成复黄酸盐（双黄原酸），形成三价黄酸钴沉淀。如铜量太少，氧化作用不彻底，除钴效率差；铜量过多又增加黄药消耗。实际生产中硫酸铜的消耗量为黄药量的 1/5。

（5）铜镉渣的存在

如一次净化后溶液内带入铜镉渣，铜镉渣除含铜和镉外，还含有锌粉，锌粉进入溶液，破坏了除钴的氧化气氛，同时镉被强烈搅拌的空气氧化，形成镉离子（Cd^{2+}）复溶，使黄药消耗增多。

在生产实践中，如除钴液发黑，说明有铜镉渣混入，此时便要增加黄药用量，以保证新液的质量。

由于溶液中钴的含量很低，要使反应迅速而彻底，必须加入过量的黄药。实际生产中黄药加入量为溶液中钴量的 10 ~ 15 倍，一般为12 倍。

23. β - 萘酚除钴的原理是什么？

该法是用钴试剂（β - 萘酚和亚硝酸钠）沉淀溶液中的钴离子。其主要反应为：

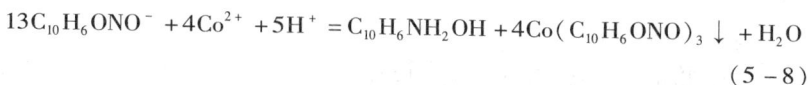

$$13C_{10}H_6ONO^- + 4Co^{2+} + 5H^+ = C_{10}H_6NH_2OH + 4Co(C_{10}H_6ONO)_3 \downarrow + H_2O$$

$$(5 - 8)$$

这种净化方法是将被净化的溶液打入净化槽中，加入碱性 β - 萘酚，然后加入 NaOH 和 HNO_2，或者加入预先配制好的钠盐溶液，搅拌

10 min 后再加废电解液使溶液酸度达到 0.5 g/L H_2SO_4 为止。再继续搅拌 60 min，净化过程结束。β - 萘酚除钴的作业温度控制在 65～75℃。除 Co 效果好，能获得质量较高的净液，但过剩的试剂 β - 萘酚对锌电积电流效率有不良影响，为了消除这一不良影响，在除钴净化后加入活性炭吸附除去这些过剩试剂。

β - 萘酚除钴虽然能获得除钴深度较高的净液，不过因试剂昂贵，还需用活性炭吸附残余试剂，故除日本、加拿大等国的少数工厂使用外，采用的企业并不多。

24. β - 萘酚除钴法的优缺点有哪些?

β - 萘酚与溶液中的 Co^{2+} 反应很充分，故该法可将钴除得非常彻底。该法与黄药除钴法相比，劳动条件较好，且不需要设钴渣酸洗，产生的钴渣综合回收较为便利，故国外采用该法的工厂较多。

β - 萘酚除钴净化成本低，工艺简单，除钴在 60℃ 以下进行，可降低蒸汽能耗，特别是钴渣可从湿法炼锌系统中单独分离出来，避免钴循环积累，又便于煅烧回收。但是，与逆锑盐净化法相比，β - 萘酚除钴法综合除杂能力较差，浸出液中 Fe、As、Sb、Cd、Ni 等杂质仍需锌粉置换除去。且净化后液中残留的 β - 萘酚会影响电解过程，除钴后液需用活性炭吸附，故该法的推广应用受到限制。

尽管如此，由于该法对钴选择性强，即便溶液含钴高达 50～100 mg/L，也可用该法将钴彻底除去，故与其他净化方法相比，对于高钴溶液的净化仍具有优势。

25. 净化除氟有哪些方法?

湿法炼锌中，氟的主要来源是在处理含氟的氧化锌粉和升华物烟尘时，被带入浸出液中。当锌电积液中含氟高时，将对剥锌造成困难。为此，一般处理含氟较高的氧化锌时，须经预先焙烧除氟后再浸出。国内某厂采用多膛炉焙烧氧化锌除氟。目前从溶液中除氟的比较理想的方法尚少，已知的方法有如下几种。

(1) 利用钍的盐类从溶液中除氟。其原理是氟与钍形成难溶的化合物沉淀除去。但钍盐昂贵，工业上不宜采用。

(2) 在浸出过程中加入少量的石灰乳除氟。其原理是氟与钙生成难溶化合物氟化钙(CaF_2)。各元素沉淀的次序为:

Ca > Mg > Pb > Ba > Si > Mn

但是,净化作业过程在中性溶液中进行,溶液中的氟将与硫酸锌和硫酸锰作用,生成 ZnF^+ 与 MnF^+ 型配离子,使之无法达到除氟的目的。

(3)硅胶除氟。硅胶除氟的基本原理是:在酸性溶液中,氟以氢氟酸(HF)分子形态与硅酸聚合,并吸附在硅酸胶体上;而在中性或碱性溶液中,氢氟酸则不参加硅酸的组成,经水淋洗后,即可脱氟,而硅胶可再生。

国内某厂用冷却塔冷却后的混合液进行硅胶除氟,已在工业生产中应用,混合液在钢板衬铅的交换桶中进行交换,交换后的溶液用泵打入电积循环分配槽,然后向桶内通入自来水淋洗使硅胶再生。实践证明,硅胶除氟率可达 26.6% ~ 53.8%,可降低氟离子对电积过程的危害,降低铝板单耗,改善析出锌的剥离。

26. 湿法炼锌过程氯的来源有哪些?

在湿法炼锌过程中,由于处理的锌焙砂、各种烟尘、氧化锌以及其他含锌物料(如铸型渣与镀锌渣等)含有一定量的氯,这些物料中的氯在浸出过程中,几乎全部进入溶液。同时,由于整个系统使用大量的自来水,也会带入一定量的氯。

27. 氯对湿法炼锌有什么影响?

氯的存在会影响锌电积过程,使铅阳极和设备受腐蚀,电积液含铅量升高,使阴极析出锌的量降低。Cl^- 的危害不容忽视,因为 Cl^- 半径小,易从阳极保护膜细小孔隙中渗入阳极内部与铅作用:

$$Pb + 2Cl^- + 2e = PbCl_2 \qquad\qquad (5-9)$$

$$PbCl_2 = Pb^{2+} + 2Cl^- \qquad\qquad (5-10)$$

$$Pb^{2+} + SO_4^{2-} = PbSO_{4(固)} \qquad\qquad (5-11)$$

这种周而复始的反应,造成阳极腐蚀,$PbSO_4$ 以机械夹杂形式进入阴极沉淀物,并与 Pb^{2+} 放电沉淀,降低了电锌质量,导致锌返溶。

此外,Cl^- 对阳极 Ag(1%)的腐蚀也不能忽视。Ag^+ 在阴极放电析出后,与 Zn 组成 Ag - Zn 原电池,加速了锌的返溶。

此外 Cl_2 的析出会恶化劳动条件,影响环境。

28. 湿法锌冶金过程中除氯方法有哪些？

在湿法炼锌中除氯的方法较多，其中火法一般采用多膛炉焙烧法除氯，湿法常采用硫酸银沉淀法、铜渣除氯法、离子交换法以及碱洗除氯法等。

（1）氯化银沉淀法

基本原理是使硫酸银与溶液中的氯盐作用，生成难溶的氯化银沉淀将氯除去。此法除氯效果很好，但银盐昂贵，且银的再生实收率较低，使它在生产中的使用受到限制。

（2）铜渣除氯法

除氯基本原理是利用铜及铜离子（Cu^{2+}）与溶液中的氯离子相互作用，生成难溶的氯化亚铜（Cu_2Cl_2）沉淀，从溶液中除去。

所用的铜渣可以是两段净化除铜镉时产出的铜渣，也可以从铜镉渣中回收镉后产出的铜渣。需要注意的是，采用此法除氯时，应在净化除铜、镉之前进行，否则除氯后的溶液又被铜离子污染，还需再次除铜。

铜渣除氯操作过程：将含氯为 500~600 mg/L 的硫酸锌溶液送入用空气搅拌的除氯槽内，同时用蒸汽加热溶液和配入废电积液（含硫酸 100~200 g/L），至溶液含酸 10 g/L 左右为止。取样分析含氯量，以确定铜渣用量。当溶液温度升高到 60℃ 时，再将经球磨机磨细后的铜渣（含铜为 15%~20%）加入除氯槽内，并开风搅拌。每隔 10~20 min 取样分析硫酸、铜离子、氯离子各一次。

要求控制溶液含酸在 1~2 g/L、二价铜离子（Cu^{2+}）2~3 g/L，直到溶液含氯量降低到 100 mg/L 以下，即可停止搅拌送往压滤。滤液送去净化除铜镉，滤渣经过处理后产出再生铜返回使用。

29. 铜渣除氯注意事项有哪些？

（1）随着搅拌时间的延长，溶液中铜离子浓度升高，有利于氯化亚铜沉淀物的生成。但是，由于溶液中存在高价铁离子（Fe^{3+}），将使氯化亚铜发生复溶现象，使溶液含氯升高而降低了除氯率。

为了防止产生复溶现象，可向溶液内加入过量的铜渣，以防止高价铁离子的生成。

（2）铜渣含铜品位不能小于 15%。因含铜过低，相应地需要加入较多的铜渣，使操作时间延长，并使溶液的液固比降低，影响氯化亚铜沉淀和造成压滤困难等。铜渣中的铜以氧化铜形式存在较好，因它能迅速与硫酸作用，从而使溶液含铜量迅速增加，加速除氯过程。

（3）为使溶液中具有足够的铜离子（Cu^{2+}），可向溶液中加入适量的二氧化锰，以加速铜的溶解。其反应式如下：

$$Cu + MnO_2 + 2H_2SO_4 = CuSO_4 + MnSO_4 + 2H_2O \qquad (5-12)$$

（4）要求溶液的酸度适当，酸度过高则终点残酸高，对设备、滤布等有腐蚀作用；酸度过低，又将延长除氯过程。

（5）最适宜的温度为 50～60℃。温度过高，易引起氯化亚铜的复溶，降低除氯率；温度过低，又将使操作时间延长。

（6）采用空气搅拌时可以加速铜的氧化，缩短除氯操作时间。但用空气搅拌时，也将导致铁的氧化量增大，使溶液中三价铁离子增加，因此应适当加入过量的铜渣。

30. 离子交换除氯的原理是什么？

离子交换除氯法的基本原理是利用树脂的可交换基团与电积液中的待除去离子发生置换反应，使溶液中待除去的离子吸附在树脂上，而树脂上相应的可交换离子进入溶液。除氯的基本原理是使氯进入碱洗液，而 Zn 以 $Zn(OH)_2$ 形式进入沉淀而回收，反应式为：

$$ZnCl_2 + 2NaOH = 2NaCl + Zn(OH)_2 \qquad (5-13)$$

某厂在含氯高达 260～370 mg/L 的电积液中，采用国产 717 号强碱性阴离子交换树脂除氯，取得了良好效果，除氯率可达 30%～50%，因而降低了阳极消耗，改善了析出锌质量。

31. 碱洗除氯法的工艺原理及主要控制条件是什么？

除氯技术条件：液固比为 6:1，温度 85～90℃，时间 2 h，pH 9～10。试验结果脱氯率达到 90% 以上。

32. 湿法锌冶金过程中钙、镁的主要来源是什么？

湿法炼锌溶液中钙、镁的来源主要有两个：一是原料精矿带入，精矿中的碳酸钙、碳酸镁等成分在焙烧时部分生成硫酸盐，在焙烧矿浸出时进入浸出液中；二是浸出过程的辅助材料带入，如浸出前期作为氧化剂的软锰矿带入和中浸后期为调 pH 加入的中和剂石灰乳带入。

33. 湿法锌冶金过程钙、镁对生产有什么影响?

钙镁盐类进入湿法炼锌溶液系统,不能用净化除 Cu、Cd、Co 等的一般净化方法除去。钙镁盐会在整个湿法系统的溶液中不断循环积累,直至达到饱和状态。

钙镁盐类在溶液中大量存在,会给湿法炼锌带来一些不良影响。如:增大了溶液的体积密度,使溶液的黏度增大,使浸出矿浆的液固分离和过滤困难;过饱和的 $CaSO_4$ 和 $MgSO_4$ 在滤布上结晶析出时,会堵塞滤布毛细孔,使过滤无法进行;含钙镁盐饱和的溶液,在溶液循环系统中,当局部温度下降时,钙镁离子分别以 $CaSO_4$ 和 $MgSO_4$ 结晶析出,在容易散热的设备外壳和输送溶液的金属管道中沉积,并且这种结晶会不断成长为坚硬的整体,造成设备损坏和管路堵塞,严重时会引起停产,给湿法冶炼过程带来很大危害。锌电积液中,钙镁盐类高时,会增加电积液的电阻,降低锌电积的电流效率。

34. 湿法炼锌过程中除钙镁的方法有哪些?

目前还没有一种简单有效的脱除钙、镁的方法。生产中常用的办法有以下两种。

(1) 焙烧前除镁

国外有些湿法炼锌厂,当硫化锌精矿含 Mg 高于 0.6% 时,采用稀硫酸洗涤法除 Mg,其化学反应式为:

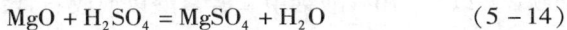

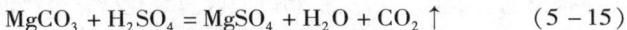

$$MgO + H_2SO_4 = MgSO_4 + H_2O \qquad (5-14)$$

$$MgCO_3 + H_2SO_4 = MgSO_4 + H_2O + CO_2 \uparrow \qquad (5-15)$$

使 Mg 以 $MgSO_4$ 的形式进入洗涤液中排除。

这种方法能有效除去硫化锌精矿中的镁。但由于增加了一个工艺过程,必然会带来有价金属的损耗。如果硫化锌精矿中含有 ZnO、$ZnSO_4$ 时,这一部分锌在酸洗时也会进入酸洗液中,造成回收困难。

(2) 溶液集中冷却除钙镁

用冷却溶液方法除钙镁的原理是基于 Ca^{2+}、Mg^{2+} 不同温度下的溶解度差别,当钙、镁含量接近饱和时从正常作业温度下采用强制降温,Ca^{2+}、Mg^{2+} 就会以 $CaSO_4$ 和 $MgSO_4$ 结晶的形式析出,从而降低了溶液中的钙镁含量。

工业生产中多采用鼓风式空气冷却塔,冷却经净化除 Cu、Cd、Co

等后的新液，新液在冷却塔内从 50℃ 以上降至 40～45℃ 时，放入大型的新液贮槽内，自然缓慢冷却，这时钙镁盐生成结晶，在贮槽内壁和槽底沉积，随着时间的增加，贮槽内壁四周和贮槽底形成整体块状结晶物。定期清除结晶物，以达到除去钙镁的目的。

（3）氨法除镁

用 25% 的氢氧化铵中和中性电解液，控制温度 50℃，pH 7.0～7.2，经 1 h，锌呈碱式硫酸锌 [$ZnSO_4 \cdot 3Zn(OH)_2 \cdot H_2O$] 的形式析出，沉淀率为 95%～98%。杂质元素中 98%～99% 的 Mg^{2+}、85%～95% 的 Mn^{2+} 和几乎全部的 K^+、Na^+、Cl^- 离子都留在溶液中。

（4）石灰乳中和除镁

印度 Debari 锌厂每小时抽出 4.3 m^3 废电解液用石灰乳在常温下处理，沉淀出氢氧化锌，将含大部分镁的滤液丢弃，可阻止镁在系统中的积累。或在温度 70～80℃ 及 pH 6.3～6.7 条件下加石灰乳于废电解液或中性硫酸锌溶液中，可沉淀出碱式硫酸锌，其结果是 70% 的镁和 60% 的氟化物可除去。

（5）电解脱镁

日本彦岛炼锌厂，当电解液中含镁达 20 g/L 时采用隔膜电解脱镁工艺，包括：①隔膜电解。从电解车间抽出部分尾液送入隔膜电解槽，进一步电解至含锌 20 g/L；②石膏回收。隔膜电解尾液含 H_2SO_4 200 g/L 以上，用碳酸钙中和游离酸以回收石膏；③中和工序。石膏工序排出的废液用消石灰中和以回收氢氧化锌，最终滤液送入废水处理系统。

另外，也有的湿法炼锌厂使用一部分新液生产硫酸锌副产品，硫酸锌产品可将系统中的部分钙镁分流出去。

35. 净化过程中的注意事项有哪些？

（1）氧的电位比浸出溶液中任何杂质的电位都正，即氧会优先在阴极还原。因此，在锌粉的置换反应过程中，氧是不能存在的，故要求锌粉置换过程中不能采用空气搅拌。

（2）除氧外，其他金属杂质离子还有一个与氢离子竞争放电的问题。为了达到净化的目的，就要使溶液中的金属杂质离子优先放电析出，而不是氢离子放电析出，就要降低氢离子的析出电极电位，也即溶液的 pH 要高，同时提高氢析出的超电压，降低杂质金属离子析出的超电压。

（3）正电性的金属杂质如铜、砷、锑等，在任何情况下，都比氢优先在阴极上析出，因而这类杂质容易除去。负电性的金属杂质分成两种类型：一类是电极电位为负值，但却比锌的电极电位高，如镉、钴、镍等，为了使它们优先在阴极上放电析出，只要控制适当高的 pH，不使氢优先放电即可除去。

（4）另一类是电极电位比锌还要负，如锰、钠等，不管控制多高的溶液 pH，也不能用锌粉置换的方法除去。

5.2　生产装备及工作原理

36. 净化过程的主要设备有哪些？

净化过程的主要设备为净化槽和过滤器。前者有流态化净化槽和机械搅拌槽；后者常用压滤机和管式过滤器。

37. 流态化净化槽的工作原理及特点是什么？

连续流态化净化槽最先应用于镍的湿法冶金中，现已成功地应用于湿法炼锌的净化除铜、镉。锌粉由上部导流筒加入，溶液由下部进液口沿切线方向压入，在槽内螺旋上升，并与锌粉呈逆流运动，在流态化床内形成强烈搅拌而加速置换反应的进行。由于槽内固液两相处于激烈的相对运动之中，接触良好，已被置换的溶液在上升过程中又与新鲜锌粉接触，从而大大强化了置换过程。流态化净化槽具有连续作业的特点，故生产能力大，构造简单，使用寿命低，劳动条件好。西北铅锌冶炼厂、株洲冶炼厂流态化除铜镉槽主要技术性能见表 5-11。

不同段流态化除铜镉槽的直径可根据各区段溶液流速确定。各区段的溶液速度 v 可按下列数值选取：

进液管 $v_1 = 1.5 \sim 1.8$ m/s

下部 $v_2 = 75 \sim 80$ m/h

中部 $v_3 = 33 \sim 40$ m/h

顶部 $v_4 = 3 \sim 4$ m/h

以流态化槽为 20 m³ 标准设计，需要台数可按槽生产能力和日需处理上清液量计算。株洲冶炼厂对机械搅拌槽和流态化槽作业状况进行了比较,对比结果见表 5-12。

表5-11 西北铅锌冶炼厂、株洲冶炼厂流态化除铜镉槽主要技术性能

设备总高	10130 mm
流态化层高度	5900 mm
有效容积	20 m³
生产能力	60~80 m³/h
流态化层内溶液停留时间	3~5 min
溶液在槽内停留时间	15~20 min
作业温度	55~60℃
锌粉搅拌器转速	400 r/min
搅拌器浆叶直径	160 mm
搅拌器电机型号	5041~5046,1.0 kW

表5-12 株洲冶炼厂两种净化设备的操作性能对比

项目	流态化槽	机械搅拌槽
操作方式	连续	间断
搅拌方式	流态化	机械搅拌
反应时间/min	3~5	40~60
单位体积的处理量/(m³·h⁻¹)	3~4	0.33~0.5
锌粉量:溶液含铜、镉量	2~3 倍	2.7~4 倍

38. 机械搅拌槽的工作原理及特点是什么?

槽子容积为 50~100 m³,净化槽也趋于扩大化,有 150 m³ 及 220 m³ 等。槽材质有木质、不锈钢及钢筋混凝土槽体。槽内搅拌器为不锈钢制,转速为 45~140 r/min。机械搅拌净化槽可单个间断作业,

也可几个槽作阶梯排列形成连续作业或用虹吸管连接连续作业。表 5 – 13 为部分工厂净化槽规格。

表 5 – 13　部分工厂净化除钴槽规格

项目	Valleyfild 厂 （加）	Sauget 厂 （美）	神冈厂 （日）	西北铅 锌冶炼厂	株洲冶炼 厂（一）	株洲冶炼 厂（二）
直径/m	9	5.5	6.1 ~ 9.1	6.0	6	5.75
高/m	3.15	4.7	3.2	4.5	4.5	5.5
有效容积/m³	220			100	100	143
材质	木质	木质	不锈钢	不锈钢	钢筋混凝土	钢筋混凝土
搅拌方式	机械(45 r/min)	机械		机械(83 r/min)	机械	机械

39. 管式加压过滤机的工作原理及特点是什么？

管式加压过滤机是由两个同心的圆筒组成。外筒固定并承受压力，内筒连续旋转。内外筒之间由隔板分隔为过滤、洗涤、滤饼干燥、卸料及滤布洗涤等区域，这些区域的长短按用途需要可适当调整。

管式加压过滤机的结构如图 5 – 1 所示。

管式加压过滤机具有操作连续、密封完善、过滤效率高、滤饼洗涤效果好且含湿量低、结构紧凑、占地面积小、滤布寿命长以及劳动条件好等优点，最适于过滤含溶剂的料浆，广泛应用于化工和湿法冶金工业。

但是，该设备更换滤布麻烦，且排出的是稀泥，造成运输等不便，使推广受到限制。

40. 板框压滤机的工作原理及特点是什么？

板框压滤机是湿法炼锌净化工序中应用较广的一种固液分离设备，由装置在钢架上的多个滤板与滤框交替排列而成。每台过滤机采用滤板与滤框的数目根据过滤机的生产能力及料液的情况而定，框的数目为 10 ~ 60 个，组装时将板与框交替排列，每一滤板与滤框间夹有滤布，将压滤机分成若干个单独的滤室，而后借助油压机等装置将它们压成一块整体。操作压强一般为 0.3 ~ 0.5 MPa（表压）。板框材质为铸铁、木材、橡胶等，视过滤介质的性质而定。我国某厂采用的压

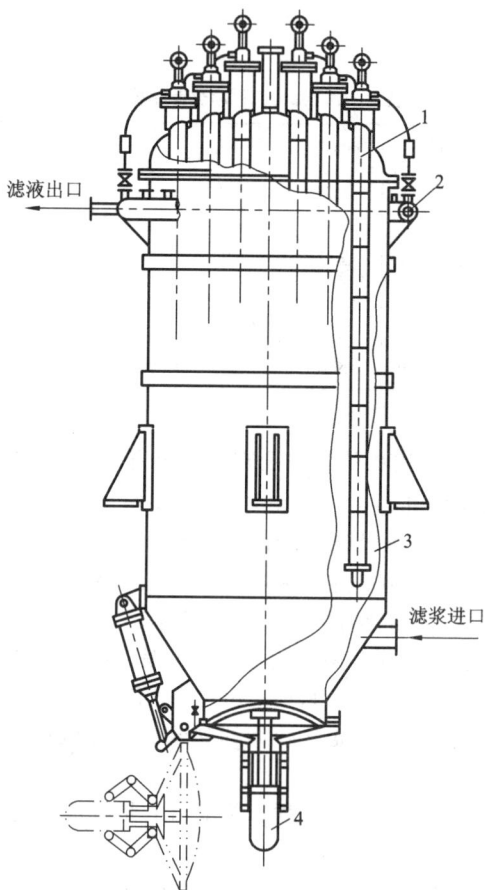

图 5-1 管式压滤机结构图

1—过滤装置；2—聚流装置；3—壳体；4—卸渣装置

滤机压滤面积为 62 m^2，压滤速度 0.4 $m^3/(m^2 \cdot h)$，进液压力 0.3 MPa，油压顶紧压力 30 MPa。卧式板框压滤机工作原理见图 5-2。

它是目前应用最广且最成功的压滤设备。其特点如下：

(1)结构简单，操作容易，故障少，保养方便，机器使用寿命长，

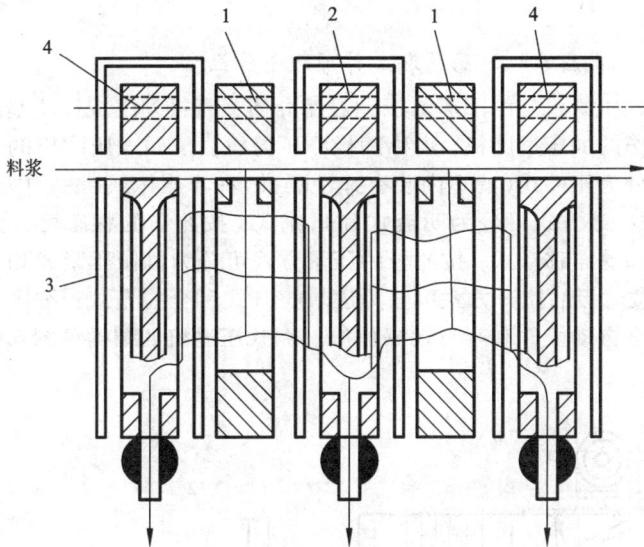

图 5-2　卧式板框压滤机工作原理图

1—滤框；2—滤板；3—滤布；4—洗涤板

所需辅助设备少。

（2）对物料的适应性强，既能分离难以过滤的低浓度悬浮液和胶体悬浮液，又能分离液相黏度高和接近饱和状态的悬浮液。

（3）过滤面积选择范围广，可在 3~1250 m^3 选用。

（4）滤饼含湿量较低。

（5）固相回收率高、滤液澄清度好。

（6）滤布的检查、洗涤、更换较方便。

（7）过滤操作稳定。

（8）单位过滤面积占地少、造价低、投资小。

（9）间歇操作，使用效率低，劳动强度大。

（10）因是开启性设备，操作条件差。

（11）过滤速度随着滤饼的增厚而减慢，因而过滤效率低。

板框压滤机具有结构简单、制造方便、适应性强、溶液质量较好等优点。主要缺点是：间歇作业、装卸作业时间长、劳动强度大、滤布消耗高。

41. 厢式压滤机的结构和工作原理是什么？

厢式压滤机是由凹形滤板和过滤介质交替排列组成过滤室的一种间歇操作的加压过滤机，也称凹板型压滤机。按厢式压滤机的过滤室结构可分为压榨式（滤室内装有弹性隔膜）和非压榨式（滤室内未装隔膜）；按出液方式可分为明流式和暗流式；按滤布的状态可分为滤布固定式和滤布移动式；按滤板的压紧方式可分为机械压紧式和液压压紧式；按滤板的拉开方式可分为逐块拉开式和全拉开式；按操作方式可分为全自动操作和半自动操作等。厢式压滤机的结构见图5-3。

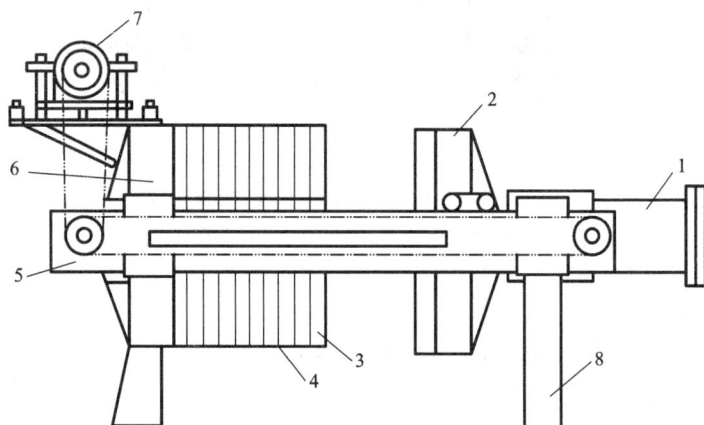

图 5 - 3　厢式压滤机结构图

1—压紧装置；2—头板；3—板框（滤板滤框）；
4—滤布；5—横梁；6—尾板；7—分板装置；8—支架

自动厢式压滤机由压紧板（头板）、固定板（尾板）、凹形滤板、主梁、压紧装置、滤板移动装置、滤布及滤布振打、清洗、滤液收集槽等部分组成。操作时可按程序自动进行各工序的作业。自动厢式压滤机的主要结构及工作原理如图5-4、图5-5所示。

工作时先将凹形滤板压紧，滤板闭合形成过滤室，然后料浆由尾

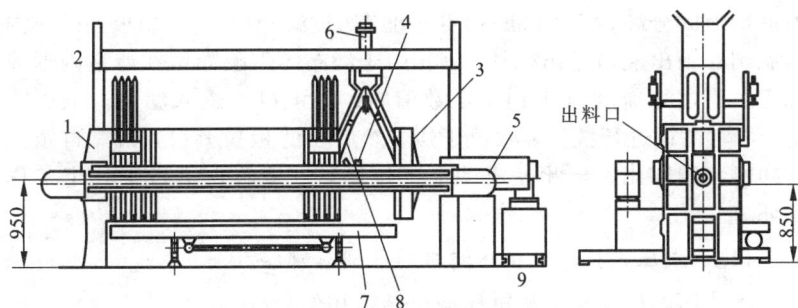

图 5 – 4 自动厢式压滤机结构图

1—尾板组件；2—滤板；3—头板组件；4—主梁及拉板装置；
5—压紧装置；6—振动装置；7—滤液收集槽；8—滤布；9—液压系统

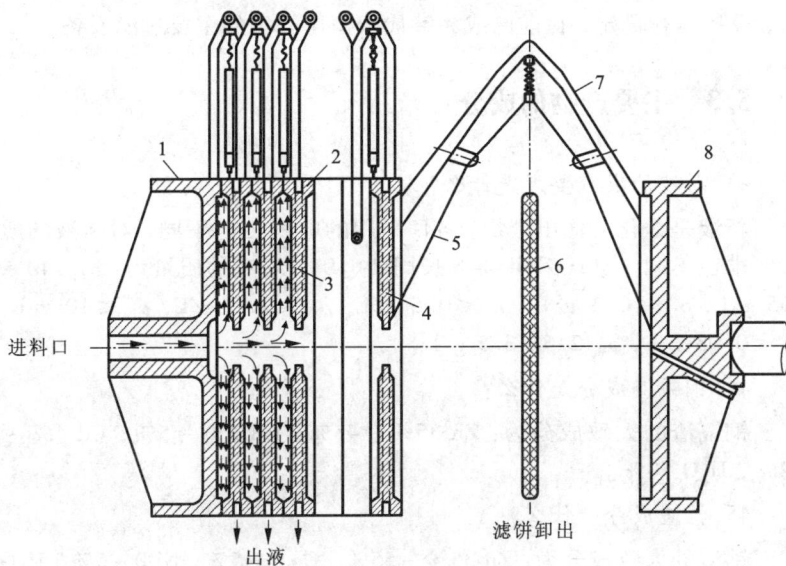

图 5 – 5 自动厢式压滤机工作原理图

1—尾板；2—压榨膜(隔膜)；3—滤室；4—滤板；
5—滤布；6—滤饼；7—活动滤布支架；8—头板

板(固定板)上的进料口进入滤室，料浆由进料泵(或隔膜)产生的压力进行液固分离，液相(滤液)穿过滤布(过滤介质)，经滤板上的小沟槽流到滤板出液口排出机外，固相由于滤布的阻隔而留在滤室内形成滤饼。当过滤速度减小到一定数值时，停止料浆进入滤室。根据需要，可对滤饼进行洗涤、吹风干燥，然后将滤板拉开，滤饼靠自重或靠卸料装置卸出，至此完成一个工作循环，接着再进行下一个工作循环。

42. 厢式压滤机与板框压滤机的区别有哪些？

厢式压滤机结构与板框压滤机结构相似。

两种过滤设备的差异主要是滤板的结构不同，与板框压滤机相比，厢式压滤机的滤板兼具滤板和滤框的功能，其凹陷的相连滤板之间形成了单独的滤箱，滤板厚度达到 45 mm，甚至 60 mm。滤板的强度得到大幅度提高，备品备件消耗降低，设备结构简单，滤布消耗降低，设备运行稳定，目前已成为替代板框压滤机的主要过滤设备。

5.3 主要产物的成分

43. 新液的成分要求是什么？

新液是净化的输出产物，各厂采用的电积工艺不同，对新液的质量要求也不同。某厂采用 48 h 长周期电解，新液的质量为：ρ_{Zn} 140 ~ 155 g/L，$\rho_{Cu} \leqslant 0.1$ g/L，$\rho_{Cd} \leqslant 0.5$ g/L，$\rho_{Co} \leqslant 1.0$ g/L，$\rho_{Fe} \leqslant 10$ g/L，$\rho_{Ge} \leqslant 0.08$ g/L，ρ_{Mn} 2.5 ~ 3.5 g/L。

44. 铜镉渣成分是什么？

铜镉渣的大致成分为：Zn 35% ~ 45%，Cu 3% ~ 5%，Cd 4% ~ 12%，H_2O 50%。

45. 钴渣成分是什么？

钴渣的大致成分为：Zn 35% ~ 55%，Co 0 ~ 5%，Ni 0 ~ 5%，H_2O 35% ~ 50%。

5.4 主要故障及处理

46. 镉复溶的因素有哪些?

应当指出,添加锌粉置换铜、镉的净化过程,只能在机械搅拌槽内进行,不能采用空气搅拌,否则,空气中的氧将使锌粉大量地氧化造成锌粉用量剧增,同时已被置换出来的镉又被氧化成氧化镉,再与溶液中的硫酸锌作用生成硫酸镉,重新进入溶液(即复溶现象),使镉难以完全除尽。其复溶反应式为:

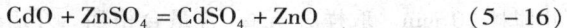

$$CdO + ZnSO_4 = CdSO_4 + ZnO \qquad (5-16)$$

(1)实践证明,温度对镉的复溶影响极大,例如温度从45℃升高到60℃时,除镉净液中残镉量将由0.6 mg/L激增到5.6 mg/L,即温度升高15℃,净液残镉竟相差8倍之多。原因是40~55℃是镉同素异形体的转变点。如果温度过高,不是沉淀析出而是沉淀镉的复溶。为此,在生产实践中,从浸出工段送来的上清液一般温度在65℃左右,需先经空气冷却塔降温到45℃左右,再送往净化槽除铜、镉。

(2)刚净化除铜镉后的溶液含镉量常较压滤后的滤液含镉量少,压滤前比压滤后的溶液含镉少。在有空气存在时,铜镉渣与溶液接触时间愈长,镉的复溶愈多。

(3)锌粉置换沉淀法是多相反应,锌粉纯度愈高、粒度愈细(其表面积愈大),则置换反应进行得愈迅速、愈彻底,对节约锌粉用量和降低渣含锌量均有利。但是锌粉粒度又不宜过细,否则易飘浮在溶液表面而损失。此外,当溶液中含有可溶性硅酸、游离硫酸、铁、砷、锑以及其他悬浮物时,势必增大锌粉的用量。

(4)上清液质量的影响。当上清液含悬浮物多,溶液的pH过低或过高,溶液含铁、硅酸、砷、锌、锑等过高时,溶液黏度增大,使压滤困难,从而使镉的复溶增大。

(5)铜离子的影响。一般认为铜离子(Cu^{2+})的存在能活化锌粉(使锌粉保持新鲜表面),对置换反应起促进作用。当铜离子含量低时,除镉效果差,锌粉浮渣多;但铜离子含量过高时,不利于铜的除去还会使锌粉用量剧增。某厂实践说明,应根据上清液杂质含量,以确定补充铜离子的数量(在上清液溜槽内添加硫酸铜)。一般按上清液中铜镉比为1:3为宜。

总之,为了防止镉的复溶,应采取的主要措施是严格控制净液温度和加快压滤速度。

47. 三段逆锑净化流程中,净化二段后液、压滤液 Co 处理不合格时的应对措施是什么?

此时应进行停机处理。分析一段后液 Co 含量,根据分析结果,按公式调整一段后液锑盐的加入量。[锑盐加入量 = 1.0 × 一段后液 Co 含量 × 开机流量 ÷ (83% × 98%)]。同时,提高二段净化温度到 85 ~ 90℃,在二段各净化槽内直接加入适量的锌粉、硫酸铜和锑盐,并搅拌 30 min。取样分析 Co 含量合格后,开启净化二段,泵入一段后液。

48. 三段逆锑净化流程中,净化二段后液、压滤液 Ge 处理不合格时的应对措施是什么?

此时应进行停机处理。通知主控岗位停止向净化二段 4# 槽泵入一段后液。取一、三段压滤后液分析溶液 Ge 含量。通过对一段后液 Ge 含量的分析,调整一段锌粉的加入量。提高净化一段温度到 80 ~ 90℃。提高二段净化温度到 85 ~ 90℃。在二段各净化槽内直接加入适量的锌粉、硫酸铜和活性炭,并搅拌 30 min。取净化二段各净化槽及压滤液分析 Ge 含量。当 Ge 处理合格后,开启净化二段,泵入一段后液;通过三段后液 Ge 含量的分析,调整三段锌粉的加入量,并在三段各净化槽内直接加入适量的锌粉、硫酸铜,并搅拌 30 min。取净化三段各净化槽及压滤液分析 Ge 含量。当 Ge 处理合格后,开启净化三段,泵入二段后液。

49. 镉复溶的条件及机理是什么?在实际生产中其复溶具体体现在哪里?

镉复溶的机理:在 45 ~ 55℃存在同素异形体的转变,会增大镉的溶解度,因此置换镉的温度不宜过高。

镉复溶的条件:

(1)净化过程温度高。高温作业温度在 80℃以上,低温作业在 62℃以上。

(2)作业过程(停留)时间过长。①人为原因;②管式难压;③流程堵；④其他原因。

（3）过滤困难造成的渣液接触时间长。

复溶具体出现在：高温作业槽内、过滤过程。

在低温作业按正常的技术条件操作后，过程反复出现镉难除的现象，应该考虑是否出现镉复溶。此时应取样分析高温过滤液、高温槽内的镉含量，若高温桶内的镉含量在正常范围内（10 mg/L 左右），而高温过滤液的镉含量与之不相符，远远超出此数值（50～100 mg/L），就应该是高温过滤过程引起的镉复溶，否则，就是在高温槽内引起的镉复溶。

50.新液铁、钴、镉、锗超标会对电解造成哪些影响？举例说明。

新液杂质含量高将对电解过程造成很大的危害。其中：

铁：不影响析出锌片的化学质量和物理质量，但是会造成阴阳极之间反复的氧化还原反应而导致电耗升高，降低电流效率。氧化还原反应如下：

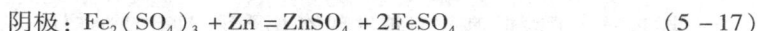

$$\text{阴极：} Fe_2(SO_4)_3 + Zn = ZnSO_4 + 2FeSO_4 \tag{5-17}$$
$$\text{阳极：} 2FeSO_4 + 2H_2SO_4 = Fe_2(SO_4)_3 + 2H_2O \tag{5-18}$$

钴、锗：造成不同程度的锌片返溶、烧板现象，影响析出锌片的物理质量及电流效率。

钴烧板的特征是由里往外烧，形成独立的小圆孔，甚至烧穿成洞；锗烧板的特征也是由里往外烧，严重时形成大面积的针眼状小孔，而且还会加剧其他杂质的危害作用。

镉：不会引起析出锌片的返溶、烧板现象，但它们会在阴极析出，影响锌片的化学质量，继而影响电锌的品级率。

51.净化过程"铁翻高"的原因是什么？

（1）净化前液浑浊，出现桶内"铁翻高"。

在净化桶内可能发生的反应为：

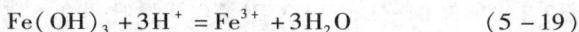

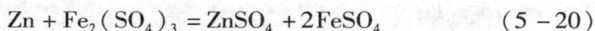

$$Fe(OH)_3 + 3H^+ = Fe^{3+} + 3H_2O \tag{5-19}$$
$$Zn + Fe_2(SO_4)_3 = ZnSO_4 + 2FeSO_4 \tag{5-20}$$

最终导致净化桶内铁越搅越高的情况发生。

（2）净化前液铁高，加入高锰酸钾高温净化将铁处理合格后，由于过滤设备被污染，短时间内出现铁翻高的情况。

发生这种情况的原因为：残留在过滤设备内的渣子在管式过滤过

程中，很可能发生(5-19)、(5-20)的反应。

因此，净化前液应确保前液质量，杜绝在净化过程中加入高锰酸钾，以免管式过滤机被污染或出现此类情况。

52. 新液含锌对电解过程有什么影响？

新液含锌低对电解过程有如下影响：电解液在电解槽内的循环时间缩短，造成废液酸低，产出量大，在流程体积膨胀的情况下，很容易造成电解液酸锌比失调，影响电解作业的正常进行。

新液含锌高对电解过程有如下影响：电解液在电解槽内的循环时间延长，造成废液含酸高。

因此，过高或过低的新液含锌对电解过程都是不利的，在实际生产中，应该确保检测数据的真实性，使检测工作起到生产的眼睛和鼻子的作用。

53. 三段过滤式"跑浑"对电解过程的危害是什么？

三段过滤式"跑浑"在没有被发现的情况下，净化渣随溶液进入电解槽，很容易造成电解"烧板"或返溶、影响锌片的化学质量。

因此，在作业过程中，应加强过滤过程的检测力度，发现"跑浑"现象及时通知处理。

5.5 技术控制及主要技术经济指标

54. 三段逆锑净化流程的主要技术指标控制是什么？

某厂采用三段逆锑净化法，主要技术指标控制如下：

一段净化：净化温度：55~65℃；净化时间：1~1.5 h；锌粉用量：0.3~0.8 g/L；硫酸铜用量：按溶液中铜镉比=1:(2~3)补入；

二段净化：净化温度：80~90℃；净化时间：2.5~3 h；锌粉用量：2.0~3.0 g/L；Sb_2O_3用量：锑钴比=0.6~1.1；硫酸铜用量：0.1~0.15 g/L；

三段净化：净化温度：75~80℃；净化时间：1~1.5 h；锌粉用量：0.2~0.5 g/L。

55. 三段逆锑净化流程对净化中间产物的控制要求是什么？

某厂对净化中间产物的质量要求如下：

（1）一段净化后液：$\rho_{Cd} > 10$ mg/L，溶液清澈透明，无悬浮物。

（2）二段净化后液：$\rho_{Co} \leqslant 1$ mg/L；$\rho_{Ge} \leqslant 0.08$ mg/L。

（3）三段净化后液：$\rho_{Cd} \leqslant 5$ mg/L；$\rho_{Ge} \leqslant 0.08$ mg/L。

56. 三段逆锑净化法的主要技术经济指标是什么？

某厂的主要技术经济指标如下：锌回收率：99.3%；新液：160 ~ 250 m^3/h；锌粉：40 kg/t 析出锌；三氧化二锑：0.08 kg/t 析出锌；蒸汽（0.1 ~ 0.3 MPa）：1 t/t 析出锌；生产水：0.8 m^3/t 析出锌。

第6章　锌的电解沉积

6.1　锌电解沉积的基本原理

1. 什么是电解?

电解的实质是电能转化为化学能的过程。有色金属的水溶液电解质电解应用在两个方面:

(1)从浸出(或净化)的溶液中提取金属。

(2)从粗金属、合金或其他冶炼中间产物(如锍)中提取金属。

在有色金属的电解生产实践中有两种电解过程:从浸出(或净化)的溶液中提取金属,采用不溶性阳极电解,叫做电解沉积,简称电积;从粗金属、合金或其他冶炼中间产物(如锍)中提取金属,采用可溶性阳极,称为电解精炼,简称电解。

因此,严格地说电解与电积是有差别的,前者采用可溶性阳极,后者采用不溶性阳极。

2. 锌电解沉积的本质是什么?

在 $ZnSO_4$ 和 H_2SO_4 水溶液中,采用 Pb - Ag 合金为阳极,纯铝作阴极,通以直流电进行电解,在阴极析出锌,在阳极产生氧气,与此同时,湿法炼锌工艺锌焙砂浸出过程所消耗的硫酸在此电解中得到再生:

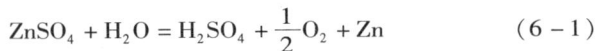

$$ZnSO_4 + H_2O = H_2SO_4 + \frac{1}{2}O_2 + Zn \qquad (6-1)$$

锌电解沉积的电化学体系见图 6 - 1。

根据电离理论,发生以下反应:

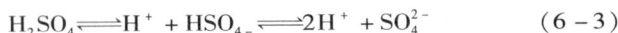

$$ZnSO_4 \rightleftharpoons Zn^{2+} + SO_4^{2-} \qquad (6-2)$$

$$H_2SO_4 \rightleftharpoons H^+ + HSO_{4-} \rightleftharpoons 2H^+ + SO_4^{2-} \qquad (6-3)$$

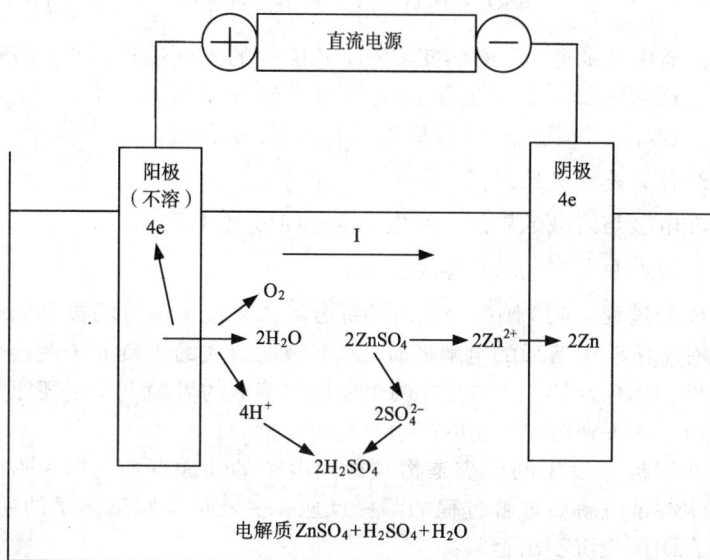

图6-1 锌电解沉积的电化学体系

$$H_2O = H^+ + OH^- \tag{6-4}$$

在直流电通过时,阳离子向阴极移动,于是带有正电荷的锌离子接受两个电子,在铝板阴极上放电,生成锌:

$$Zn^{2+} + 2e = Zn \tag{6-5}$$

最后锌以金属结晶态在阴极表面析出。同时阴离子向阳极移动,包括 OH^-、SO_4^{2-}、Mn^{2+}、Fe^{2+} 等,其反应为:

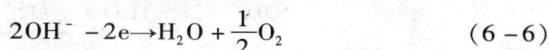

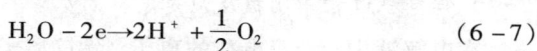

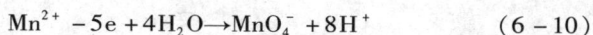

$$2OH^- - 2e \rightarrow H_2O + \frac{1}{2}O_2 \tag{6-6}$$

$$H_2O - 2e \rightarrow 2H^+ + \frac{1}{2}O_2 \tag{6-7}$$

$$Fe^{2+} - e \rightarrow Fe^{3+} \tag{6-8}$$

$$Mn^{2+} - 2e + 2H_2O \rightarrow MnO_2 \downarrow + 4H^+ \tag{6-9}$$

$$Mn^{2+} - 5e + 4H_2O \rightarrow MnO_4^- + 8H^+ \tag{6-10}$$

总的反应式为:

$$ZnSO_4 + H_2O = Zn + H_2SO_4 + \frac{1}{2}O_2 \qquad (6-11)$$

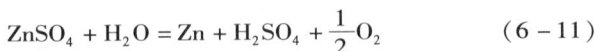

随着电流的通过，必然使溶液中硫酸锌的浓度逐渐减小，而硫酸的浓度逐渐增加。阴极通常在电解槽内经一定时间（24 h、48 h 或 96 h）后取出，沉积所得的锌从铝板上剥下，送往熔铸。

3. 什么是电极反应？

在电极与溶液的界面上发生的反应叫做电极反应。

4. 锌电积过程包括哪些反应？

电积过程是阴、阳电极反应的综合。当直流电通过阴极和阳极放入装有水溶液电解质的电解槽时，水溶液电解质的正负离子便会分别向阴极和阳极迁移，并同时在两个电极与溶液的界面上发生还原与氧化反应，从而分别产出还原产物与氧化产物。

在阴极上发生的反应是物质得到电子的还原反应，称为阴极反应。水溶液电解质电解过程的阴极反应，主要是金属阳离子的还原，结果在阴极上沉积出金属：

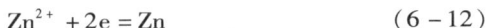

$$Zn^{2+} + 2e = Zn \qquad (6-12)$$

在阴极反应过程中，也有可能发生氢离子还原析出氢的副反应：

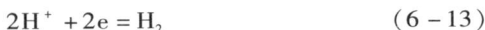

$$2H^+ + 2e = H_2 \qquad (6-13)$$

氢的析出对水溶液电解质的电解是不利的。

在阳极上发生的反应是物质失去电子的氧化反应，称为阳极反应。

锌电积采用不可溶性阳极反应，表现为水溶液电解质中的阴离子在阳极上失去电子的氧化反应，如：

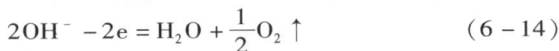

$$2OH^- - 2e = H_2O + \frac{1}{2}O_2 \uparrow \qquad (6-14)$$

5. 锌电积过程中阴极反应是怎样的？

在电解液中，带正电荷的离子，除锌离子外，还有氢离子，它也可能与锌离子一样，在阴极上得到两个电子（放电）析出氢气，因而，阴极有如下两个反应：

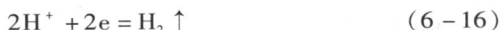

$$Zn^{2+} + 2e = Zn \qquad (6-15)$$

$$2H^+ + 2e = H_2 \uparrow \qquad (6-16)$$

6. 什么是电解生产过程中氢的超电位? 它与哪些因素有关?

在生产过程中, 由于氢离子在各种不同金属材料的阴极上析出时的析出电位, 比它的理论电极电位大(氢的理论电位为 0), 需要外加一部分电压, 这种需要外加的使氢离子在阴极上析出的电压就叫氢的超电压(氢析出的电位偏离理论电位的电位值称为氢的超电位)。

氢的超电位与许多因素有关, 主要有: 阴极材料、电流密度、电解液温度、溶液的成分等, 它服从塔菲尔公式:

$$\eta_{H_2} = a + b\ln D_k \tag{6-17}$$

式中: η_{H_2}——电流密度为 D_k 时氢的超电位, V;

D_k——阴极电流密度, A/m^2;

a——常数, 即阴极通过 1 A 电流密度时氢的超电位, 随阴极材料、表面状态、溶液组成和温度而变;

b——$2 \times 2.3RT/F$, 即随电解温度而变的数据。

实践证明, 就大多数金属的纯净表面而言, 式中经验常数 b 具有几乎相同的数值($100 \sim 140$ mV), 这说明表面电场对氢析出反应的活化效应大致相同。有时也有较高的 b 值(>140 mV), 原因之一可能是电极表面状态发生了变化, 如氧化现象的出现。不同材料的电极, a 值是很不相同的, 表示不同的电极表面对氢析出过程有着不同的催化能力。按 a 的大小, 可将常用的电极材料大致分为三类:

(1)高超电位金属, 其 a 为 $1.0 \sim 1.5$ V, 主要有 Pb、Cd、Hg、Tl、Zn、Ga、Bi、Sn 等。

(2)中超电位金属, 其 a 为 $0.5 \sim 0.7$ V, 主要有 Fe、Co、Ni、Cu、W、Au 等。

(3)低超电位金属, 其 a 为 $0.1 \sim 0.3$ V, 其中最主要的是 Pt 和 Pa 等铂族金属。

影响氢超电压的因素有:

(1)电流密度的影响。氢的超电位 η_{H_2} 与电流密度 D_k 之间存在着正比关系, 即氢的超电位随着电流密度的升高而增大。

(2)电解液温度的影响。温度升高, 氢的超电位降低, 容易在阴极上放电析出。值得注意的是, 从 $b = 2 \times 2.3RT/F$ 得知, 当温度升高时 b 应该是升高的, 氢的超电位值 η_{H_2} 也应该升高。这与实际刚好相反，其原因是当温度升高时，a 是降低的，比较 a 与 b 对氢的超电位的影响，a 下降是主要的，所以导致氢的超电位随着温度的升高而下降。

（3）电解液组成的影响。电解液的组成与活度不同对氢的超电位影响是不同的，这是由于溶液中某些杂质在阴极析出后局部改变了阴极材料的性质，而使局部阴极上氢的超电位有所改变。如当溶液中铜、钴、砷、锑等杂质的含量超过允许含量，它们将在阴极析出，氢的超电位大大降低。

（4）阴极表面状态的影响。阴极表面状态对氢超电位的影响是间接影响。阴极表面越粗糙，则阴极的真实表面积越大，这就意味着真实电流密度越小，而使氢的超电位越小。

通过以上分析得知，某些金属的电极电位虽然较氢负，但由于氢的电位很大，而某些金属如锌、镉的超电位又很小，就使氢的实际析出电位较负，即金属析出，而氢不析出。因此，氢的超电位对某些较负电性金属电解的电流效率影响很大，提高氢的超电位就能相应地提高电流效率。

在生产实践中，为了使氢不在阴极析出，保证电解沉积的高电流效率，总是要求有尽可能大的氢超电压。所以凡是能增大氢超电压的措施，都能相应提高电流效率。

（4）加入电解液中的添加剂。加入适量牛胶可以提高氢的超电压，加入过量又使氢的超电压降低。

（5）溶液中的杂质含量。氢的超电压随电流密度的增大而增大。电解液的温度下降，而溶液中杂质（如铜、锑、铁、钴等）的存在会大大降低氢的超电压。

7. 在阴极反应中决定锌和氢优先反应的因素有哪些？

（1）锌和氢在电位序中的相对位置。具有较大正电性的离子较易在阴极放电析出。

（2）锌和氢在溶液中的离子浓度。

（3）电解沉积时阴极的材料。

8. 为什么在阴极反应中，锌可以优先放电析出？

按电极电位递升的顺序，氢离子具有比锌更大的正电性，据此，应当是氢离子优先在阴极上放电析出。但实际上，氢离子在阴极锌上析出时的超电压很大，其电位比锌还负，结果使得氢离子在阴极上的析出总电位值比锌更小，因此，锌离子优先在阴极放电析出。

9. 锌电积过程中阳极反应有哪些？

阳极主要有两个反应，第一个反应是：

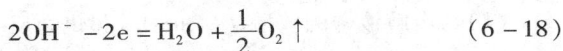

$$2OH^- - 2e = H_2O + \frac{1}{2}O_2 \uparrow \qquad (6-18)$$

该反应进行的结果是在阳极放出氧气。氧与氢一样，它在阳极上析出时也有一定的超电压。

氢氧根（OH^-）离子放电，消耗了氢氧根，使溶液中氢离子的绝对数增加，从而与硫酸根（SO_4^{2-}）结合，生成硫酸。这一反应是生产过程需要的，因此，生产实际中总是力求降低氧在阳极上的超电压。

在电解液中，还有大量的硫酸根负离子，也会在阳极上放电：

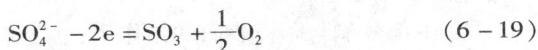

$$SO_4^{2-} - 2e = SO_3 + \frac{1}{2}O_2 \qquad (6-19)$$

但是，由于硫酸根在阳极上的放电电位比氢氧根高得多，因此只有氢氧根放电，而硫酸根则与溶液中的氢离子结合生成硫酸。

10. 锌电解生产过程在阳极放电的离子有哪些？对生产有什么影响？

锌电解生产过程中，能在阳极上放电的主要离子有铁、锰、氯、OH^-。

铁、锰一般不在阴极析出，不会影响析出锌的物理质量和化学质量，而是在阴阳极之间进行氧化－还原反应消耗电能，降低电流效率。铁的氧化还原反应如下：

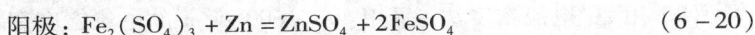

阳极：$Fe_2(SO_4)_3 + Zn = ZnSO_4 + 2FeSO_4$ $\qquad (6-20)$

阴极：$4FeSO_4 + 2H_2SO_4 + O_2 = 2Fe_2(SO_4)_3 + 2H_2O$ $\qquad (6-21)$

锰的反应应如下：

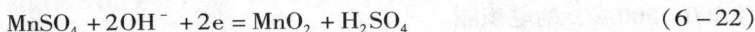

$$MnSO_4 + 2OH^- - 2e = MnO_2 + H_2SO_4 \qquad (6-22)$$

锰离子的作用类似于铁，另外，七价锰离子的存在使砷、锑对锌电积的危害更加严重。

锰离子的存在对电积过程也有有利的一面。生成的二氧化锰黏附在阳极表面，对阳极起保护作用，而且可吸附多种金属离子（如 Fe、Co、Cu、Sb、碱土金属及其他金属离子），从而使被吸附的这些离子沉于槽底，减少了这些杂质的危害性。故电锌生产都要求电解液含一定量的锰离子，一般是 3 ~ 5 g/L，也有一些工厂控制锰含量在 12 ~ 14 g/L，个别高达 17 g/L。

11. 锌电积过程中阳极析出的氧消耗在哪里?

阳极上放出的氧气分三部分消耗:

(1)与电解液中的硫酸锰(MnSO$_4$)起化学反应:

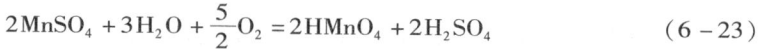

$$2MnSO_4 + 3H_2O + \frac{5}{2}O_2 = 2HMnO_4 + 2H_2SO_4 \qquad (6-23)$$

反应生成的高锰酸(HMnO$_4$)中的锰是七价的锰，它是使电解液呈粉紫色的原因。高锰酸又继续与硫酸锰作用:

$$2HMnO_4 + 3MnSO_4 + 2H_2O = 5MnO_2 + 3H_2SO_4 \qquad (6-24)$$

反应生成的二氧化锰(MnO$_2$)一部分附着在阳极上，一部分沉入槽底，称为阳极泥。

(2)少部分氧与阳极表面的铅作用:

$$Pb + O_2 = PbO_2 \qquad (6-25)$$

二氧化铅有保护阳极不受腐蚀的作用。

(3)大部分氧从阳极析出后逸出电解液表面，并带出少量电解液的细小颗粒形成酸雾。

12. 锌电积按电流密度可分为哪几类?

按采用的技术条件不同，锌电解过程一般可分为三种方法:

(1)低酸低电流密度法，采用 300 ~ 400 A/m^2 的电流密度和含硫酸 100 ~ 130 g/L 的电积液。

(2)中酸中电流密度法，采用 400 ~ 600 A/m^2 的电流密度和含硫酸 130 ~ 200 g/L 的电积液。

(3)高酸高电流密度法，采用 600 ~ 1000 A/m^2 的电流密度和含硫酸 200 ~ 300 g/L 的电积液。

三种方法原理一样，只不过所用的电流密度和电积液酸度有较大差别。增加电流密度，可提高电积槽的锌产量，但电积液必须散去更多的热量，纯度要求也更严格。过去采用低酸低电流密度法的电锌厂较普遍，但它限制了生产过程的强化。因此，现在的电锌厂多使用中酸中电流密度法，在操作良好的条件下，可以获得高于90%的电流效率。采用高酸高电流密度法的电锌厂必须在高锌含量下作业，保证析出锌不返溶。返回的废液由于含酸高,更有利于溶解焙砂中的铁酸锌。

13. 什么是分解电压?

电解分解电压有两种,一种是理论分解电压,一种是实际分解电压。

(1)理论分解电压。某电解质水溶液,如果认为其欧姆电阻很小而可忽略不计,在可逆情况下使之分解所必需的最低电压,称为理论分解电压。理论分解电压(V_e)是阳极平衡电极电位[$E_{e(A)}$]与阴极平衡电极电位[$E_{e(K)}$]之差:

$$V_e = E_{e(A)} - E_{e(K)} \tag{6-26}$$

(2)实际分解电压。能使电解质溶液连续不断发生电解反应所必需的最小电压称为电解质的实际分解电压。实际分解电压比理论分解电压大,有时甚至大很多。实际分解电压(V_f)简称分解电压,是阳极实际析出电位(E_A)与阴极实际析出电位(E_K)之差:

$$V_f = E_A - E_K \tag{6-27}$$

14. 什么是槽电压?

槽电压系指电解槽内相邻阴阳极之间的电压降,此数值可用直流电压表测出。实践中,通常是用所有串联电解槽的总电压降(U_1)减去导电板线路电压降(U_2),除以串联电路上的总槽数(N)来表达。槽电压($U_槽$)用下式表达:

$$U_槽 = \frac{U_1 - U_2}{N} \tag{6-28}$$

更简便的表达方式是:

$$U_槽 = \frac{U_1}{N} \tag{6-29}$$

忽略了导电板线路电压降。

槽电压是一项重要的技术经济指标,直接影响到锌电积的电能消耗。

15. 槽电压由哪些部分组成?

槽电压由硫酸锌分解电压($U_分$),电解液电阻电压降($U_液$),阴、阳极电阻电压降($U_极$),阳极泥电阻电压降($U_泥$)及接触点电阻电压降($U_接$)五项组成,即

$$U_槽 = U_分 + U_液 + U_极 + U_泥 + U_接 \qquad (6-30)$$

（1）硫酸锌的分解电压。硫酸锌的分解电压均为 2.35 ~ 2.65 V。硫酸锌溶液电解沉积时，加给电极的电压值不能小于硫酸锌的分解电压。

实际上，加给电极的电压必须超过硫酸锌的分解电压很多，才能维持电解沉积的进行，这是因为还需要克服电解液的电阻、导体的接触点等所消耗的电压。

（2）克服电解液电阻的电压降。

电流通过电解液产生的电压降称为电解液电阻电压降，阴阳极间电解液电压降可由下式求出：

$$V_液 = D_k \rho L \cdot 10^{-4} \qquad (6-31)$$

式中：D_k——阴极面积电流，A/m^2；

　　　ρ——电解液比电阻，$\Omega \cdot cm$；

　　　L——阴阳极间距，cm。

电解液虽然可以依靠离子导电，但与金属导体（如铜、银）相比，电阻要大得多，克服电解液的电阻消耗的电压降的大小与电流密度、阴阳极间距离、电解液的比电阻成正比。

电解液的欧姆电压降，无论是在电解沉积或者是在电解精炼中都是槽电压的组成部分，它与电解液的比电阻、电流密度、阴极到阳极的距离（即极距）、两极之间的电解液层的纵截面积以及电解液的温度等因素有关。通常利用下式进行计算：

$$V_\Omega = \frac{D_k}{10000} \times \rho_r \times l \qquad (6-32)$$

式中：D_k——阴极电流密度，A/m^2；

　　　ρ_r——比电阻，$\Omega \cdot cm$；

　　　l——极距，cm。

比电阻 ρ_r 可以通过实测，也可以通过计算求出。

至于槽电压的组成部分接触电压降，通常不是用公式进行计算，而是取以下各个数值：阳极上的电压降可取 0.02 V，接触点上的电压降可取 0.03 V，阴极棒中的电压降可取 0.02 V，而槽间导电板的电压降是 0.03 V，阳极泥中的电压降可取等于电解液欧姆电压降 25% ~ 35%。

（3）阳极上的电压降（包括阳极板、导电棒、导电头）。铅银阳极板、棒及导电头都有一定的电阻，消耗一部分电压，一般在 0.02 V 左右，而在导电头接触点上的电压降大约为 0.03 V。为了降低这些电压降，必须在操作时注意接触点导电良好。

（4）阴极上的电压降（包括阴极板、导电棒、导电头）。阴极铝板、导电棒均有一定的电阻，因而也消耗一部分电压，大约在 0.02 V。

（5）克服阳极泥电阻的电压降等。随着电解沉积的进行，阳极表面生成了阳极泥（二氧化锰），它要消耗一部分电压；此外，阳极上析出的氧气泡的电阻也要消耗一定的电压，这个数值为 0.12 ~ 0.17 V。

16. 什么是电解液电阻电压降？它与哪些因素有关？

电流通过电解液生成的电压降称为电解液电阻电压降，阴阳极间电解液电压降见式（6 – 32）。

表 6 – 1 为硫酸溶液比电阻随锌浓度及酸度的变化。

表 6 – 1　在 40℃时硫酸溶液的比电阻/（$\Omega \cdot cm$）

硫酸浓度/（$g \cdot L^{-1}$）	溶液含锌量/（$g \cdot L^{-1}$）			
	40	60	80	100
100	2.88	3.14	3.47	3.73
120	2.44	2.70	3.00	3.25
140	2.16	2.38	2.65	2.96
160	1.96	2.16	2.39	2.64
180	1.81	1.99	2.20	2.42
200	1.69	1.85	2.04	2.25

我国工厂一般采用同极中心距为 60 ~ 65 mm，西北铅锌冶炼厂同极距为 75 mm，以便于机械化出装槽。

电解液中的杂质离子和胶等会增大电解液的比电阻。电解液电阻电压降为 0.4 ~ 0.6 V。

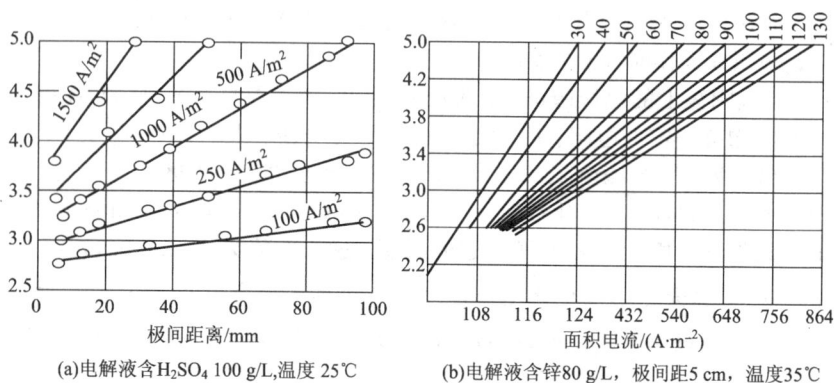

(a)电解液含H$_2$SO$_4$ 100 g/L,温度25℃　　　(b)电解液含锌80 g/L，极间距5 cm，温度35℃

图6-2　极间距离、面积电流对槽电压的影响

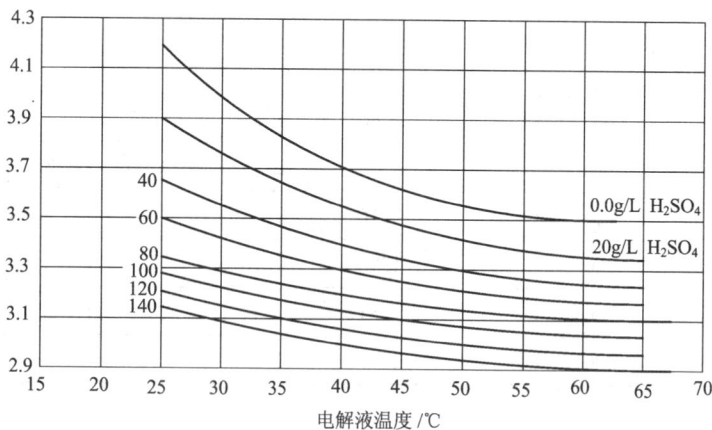

图6-3　电流密度、温度对槽电压的影响

17. 阴、阳极电阻电压降包括哪些?

这部分电压降包括极板、导电棒及导电头的电阻电压降,铅银合金阳极为 0.02 ~ 0.03 V,铝阴极为 0.01 ~ 0.02 V,若采用铅—银—钙三元合金阳极,可降低槽电压 20 ~ 30 mV。

18. 接触点电阻电压降与什么因素有关?

这部分电压降与接触面积、接触面的清洁程度、接触点及两接触面间的压力有关,一般为 0.03 ~ 0.05 V(阴、阳极导电采用夹接法)。西北铅锌冶炼厂和株洲冶炼厂新系统采用压触式搭接法,接触点电压降比夹接法高 20 mV 左右。

19. 阳极泥电阻电压降产生的原因是什么?

阳极表面生成的阳极膜要消耗一部分电压,阳极上析出的氧气泡的电阻也要消耗一定的电压。定期进行阳极洗刷工作有利于降低和稳定其电压降。阳极泥电阻电压降 0.15 ~ 0.20 V。

工厂槽电压一般为 3.1 ~ 3.6 V。表 6 - 2 为槽电压分配情况。

表 6 - 2　槽电压分配情况

项目	电压降/V	分配率/%
硫酸锌分解电压	2.4 ~ 2.6	75 ~ 80
电解液电阻电压降	0.4 ~ 0.6	13 ~ 17
阳极电阻电压降	0.02 ~ 0.03	0.7 ~ 0.8
阴极电阻电压降	0.01 ~ 0.02	0.3 ~ 0.5
接触点电阻电压降	0.03 ~ 0.05	1 ~ 1.4
阳极泥电阻电压降	0.15 ~ 0.20	5 ~ 6
槽电压	3.3 ~ 3.4	100.00

20. 真空清槽的基本原理是什么?

利用真空泵将中间容器的气体抽走,使中间容器内的压力小于外界大气压力,再将低压的中间容器与电解槽中的阳极泥用管道相连,在外界大气压和真空泵的作用下,阳极泥被吸入中间容器中并贮存,再用阳极泥输送泵将其输送到中性浸出的阳极泥桶。

21. 采用铅或铅银合金阳极时,其在通电情况下的行为是什么?

当铅在硫酸溶液中发生阳极极化时,便可能进行下列各种阳极过程:

(1)金属铅按下列反应氧化成二价的硫酸铅:

$$Pb + SO_4^{2-} - 2e = PbSO_4, \quad E^\ominus = -0.356 \text{ V} \tag{6-33}$$

(2)二价的硫酸铅氧化成四价的二氧化铅:

$$PbSO_4 + 2H_2O - 2e = PbO_2 + H_2SO_4 + 2H^+, \quad E^\ominus = 1.685 \text{ V} \tag{6-34}$$

(3)金属铅直接氧化成四价的二氧化铅:

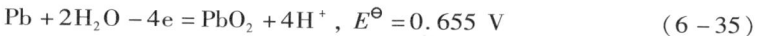

$$Pb + 2H_2O - 4e = PbO_2 + 4H^+, \quad E^\ominus = 0.655 \text{ V} \tag{6-35}$$

(4)氧的析出:

$$4OH^- - 4e = O_2 + 2H_2O, \quad E^\ominus = 0.401 \text{ V} \tag{6-36}$$

(5)SO_4^{2-} 放电,并形成过硫酸:

$$2SO_4^{2-} - 2e = S_2O_8^{2-}, \quad E^\ominus = 2.01 \text{ V} \tag{6-37}$$

铅阳极在电流作用下的行为可表述如下:当电流通过时,铅溶解。由于硫酸铅的溶解度很小,故在阳极附近迅速出现电解液为硫酸铅过饱和的现象,于是硫酸铅便开始在阳极表面结晶。这样一来,与电解液相接触的金属铅表面减小,使得铅离子转入电解液增多,并且也使得更多的硫酸铅在阳极上结晶,直到比电导很小的硫酸铅膜几乎覆盖整个阳极表面为止,结果使阳极的实际电流密度增大,从而阳极电位急剧地增大。

22. 锌电积生产过程中保护膜的形成机理是什么?

当电流通过时,铅便溶解。由于硫酸铅的溶解度很小,在阳极附近迅速出现电解液为硫酸铅过饱和的现象,于是硫酸铅便开始在阳极表面结晶。然后二价铅离子发生再氧化和铅本身直接氧化成四价状态,伴随生成四价铅的盐,此盐发生水解而生成二氧化铅。二氧化铅在硫酸铅组成的氧化膜的孔隙中生成,然后硫酸铅逐步为二氧化铅膜所替代,随着电解的进行,二价锰在二氧化铅膜上被氧化成四价,与氧生成了二氧化锰沉积在二氧化铅膜上,形成了保护膜。

23. 阳极泥脱落的原因是什么?

在阳极表面氧化物产生的孔隙中二氧化铅及铅的其他化合物具有

不同的体积比容,致使二氧化铅膜变得松散,甚至会脱离阳极,这在生产实践中称为阳极泥脱落。

24. 锌电积生产过程中杂质在阴极放电析出的条件是什么?

杂质金属离子能否在阴极放电析出取决于其平衡电动势。

当电解液中锌离子浓度为 55 g/L($a_{Zn^{2+}} = 0.0424$)时,按能斯脱公式计算某些杂质离子放电的最低浓度列入表 6 - 3 中。

表6-3 杂质离子与锌同时放电的最低浓度

Me^{n+}	φ^0/V	一般含量/$(mg \cdot L^{-1})$	放电平衡浓度/$(mg \cdot L^{-1})$
Zn^{2+}	-0.763	$(50 \sim 60) \times 10^3$	55×10^3
Cd^{2+}	-0.403	$0.3 \sim 2$	3.19×10^{-9}
Cu^{2+}	0.34	$0.5 \sim 0.05$	1.43×10^{-34}
Ni^{2+}	-0.25	$0.1 \sim 2$	1.13×10^{-14}
Co^{2+}	-0.277	$0.1 \sim 3$	9.25×10^{-14}
Fe^{2+}	-0.44	$10 \sim 20$	2.82×10^{-8}
Pb^{2+}	-0.126	$0.04 \sim 0.1$	2.58×10^{-18}
As^{2+}	0.25	$0.05 \sim 0.1$	2.36×10^{-49}
Sb^{2+}	0.15	$0.05 \sim 0.1$	4.56×10^{-44}
Ge^{2+}	-0.15	$0.005 \sim 0.1$	4.70×10^{-40}

25. 锌电积生产过程杂质的析出与哪些因素有关?

杂质的析出速度与析出电势和浓度有关。

当溶液中杂质浓度降到一定程度时,决定析出速度的因素就不再是析出电势,而取决于杂质扩散到阴极表面的速度。或者说析出速度等于扩散速度,离子的极限面积电流与扩散系数成正比,所以某一离子的析出速度,决定于其极限面积电流,其数学表达式为:

$$D_d = \frac{nFD_iC_i}{\delta} \tag{6-38}$$

式中：D_d——极限面积电流，A/m^2；

n——参加反应的电子数；

F——法拉第常数；

D_i——离子扩散系数，cm^2/s；

C_i——离子浓度，mol/m^3；

δ——扩散层厚度，cm。

在生产实践中，常常由于电解溶液含有某些杂质而严重地影响析出锌的结晶状态、电积过程的电流效率和电锌的质量。其中杂质金属离子在阴极的放电析出是影响锌电积过程的主要因素。

由于电解液中杂质离子浓度很低，实际析出速度只能接近或等于其极限面积电流。因此，进入阴极的杂质含量将与其浓度成正比。阴极锌中的某杂质 i 的含量由下式决定：

$$w_i(\%) = \frac{D_d u_i}{D_k M_{Zn} \eta} \qquad (6-39)$$

式中：w_i——杂质在阴极锌中的含量；

u_i——杂质的相对原子质量；

M_{Zn}——锌的相对原子质量（65.38）；

η——电流效率；

D_k——电流密度，A/m^2。

26. 锌电解生产过程中使用的添加剂有哪些？起什么作用？

（1）使析出锌平整、光滑、致密的添加剂

这类添加剂主要是胶及某些表面活性物质甲酚、β-萘酚等。通常使用动物胶（$H_2NCHRCOOH$），它在酸性溶液中带正电荷。电解时，经直流电作用移向阴极，并吸附在高面积电流的点上，阻止了晶核的成长，迫使放电离子形成新晶核，使析出锌呈光滑平整细粒结晶的组织；能减少锑、钴等杂质的有害影响；能增加氢的超电压，抑制氢析出；能阻止杂质在阴极上的微电池作用而减少锌的返溶。加入电解液中的量为 0.01~1 g/L。表面活性物质具有相同的作用。有些工厂采用混合添加剂获得了比较好的效果。

（2）提高析出锌化学质量的添加剂

这类添加剂主要是碳酸锶、碳酸钡及水玻璃等。它们能降低溶液中的 Pb^{2+} 浓度，减少析出锌的含铅量。

（3）使析出锌易于剥离的添加剂

这类添加剂主要是酒石酸锑钾［俗称吐酒石，化学式为 $K(SbO)C_4H_4O_6$ ］，其用量以电解液中含锑量不超过 $0.12 \ mg/L$ 为准。一般在装槽前 $5 \sim 15 \ min$ 从电解槽的进液端加入。

如果电解液中含氟较高，也可将铝阴极先在低氟锌溶液中电积 $10 \sim 20 \ min$ "预镀"，然后再将阴极装入高氟系统中使用，也可有效防止锌铝黏结。

（4）降低酸雾的添加剂

这类添加剂主要有皂角粉、丝竹石、大豆粉及水玻璃等起泡剂，它们能在电解液表面形成表面张力大且非常稳定的泡沫层，对电解液微粒起过滤作用，能有效地捕集酸雾，使空气中含酸控制在 $2 \ mg/m^3$ 以下，从而减少对环境的污染，改善劳动条件，并减少电解液的损失及对电解设备和厂房设施的腐蚀。由于泡沫层中捕集了一定量的 H_2，容易产生"放炮"现象而使工人操作不便。

表 $6-4$ 为一些工厂锌电积添加剂种类及用量。

表 6-4　锌电积添加剂种类及每吨锌消耗添加剂量/kg

添加剂	Kokkla 厂	Nordenham 厂	神冈厂	会津厂	秋田厂	饭岛厂	Ecstall 厂	Trair 厂
树胶	0.118	0.031	—			—	—	
甲苯酸	0.041	0.021	10 mL				0.018 ~ 0.032	0.03
Na_2SiO_3	0.98	0.9						
$BaCO_3$	9.86							
$SrCO_3$		5.74				1.6	3.6 ~ 5.5	
骨胶				0.01	0.1	0.1	0.07	0.026 ~ 0.032	0.08
豆饼				0.14	0.11	0.16		

6.2　主要设备及选型

27. 锌电积的主要设备有哪些?

锌电积的主要设备有：电解槽，冷却塔，起重机，阴、阳极板，剥锌机，泵，冷却塔。

28. 电解槽及其选型依据是什么？

电积锌用的电解槽是一种长方形的槽子，各电锌厂用的电解槽大小不一。一般长 1.5 ~ 15 m，宽 0.7 ~ 2.5 m，深 1 ~ 2.5 m。

电解槽按制作材料分类主要有钢筋混凝土电解槽、塑料电解槽、玻璃钢电解槽等。电解槽的长度由选定的面积电流、阴极板数量及极间距离确定；宽度与深度由阴极板面积确定。同时，为了保证电解液的正常循环，阴极边缘与槽壁的距离一般为 60 ~ 100 mm，槽深按阴极下缘距槽底 400 ~ 500 mm 考虑，以便阳极泥沉于槽底。槽底为平底型和漏斗型。

锌电解槽大都用钢筋混凝土制成，内衬铅皮、软塑料、环氧玻璃钢。

电解槽放置在进行了防腐处理的钢筋混凝土梁上，槽子与梁之间垫以绝缘瓷砖。槽子之间留有 15 ~ 20 mm 的绝缘缝。槽壁与楼板之间留有 80 ~ 100 mm 的绝缘缝。电解槽一般采用水平式配置，每个电解槽单独供液，通过供液溜槽至各电解槽形成独立的循环系统。

某些工厂电解槽的特性列于表 6 - 5。

表 6 - 5　电解槽的特性

项目		株洲冶炼厂	神冈厂	Kokkola 厂	Ecstall 厂	彦岛厂	Balen 厂	Trail 厂
材质		钢筋混凝土	钢板	钢筋混凝土	钢筋混凝土	钢板	钢筋混凝土	钢筋混凝土
衬里		软聚氯乙烯	橡胶	铅皮	铅皮	橡胶	软塑料	软塑料
长/mm		2250	1740	3740	3352	2850	4550	5100
宽/mm		850	766	800	787	860	1230	1500
深/mm		1450	1278	1500	1397	1750	2150	2400
槽中装电极数	阳极/片	33	19	41	41	34	46	51
	阴极/片	32	18	40	40	33	45	50

　　29.阴极由哪些部分组成？材质是什么？

　　阴极由极板（铝板）、导电棒、铜导电头（或导电片）和阴极吊环组成。极板用压延纯铝板（Al > 99.5%）制成，表面光滑平直，阴极尺寸通常比阳极宽 10 ~ 40 mm，这是为了减少阴极边缘树枝状结晶而形成的。阴极导电棒用硬铝加工制成，与极板焊接或浇铸成一体，导电头一般用厚为 5 ~ 6 mm 的紫铜板做成，用螺钉或焊接或包覆连接的方法与导电棒结合为一体。根据阴阳极连接的方式不同，导电头的形状也不相同，为了防止阴、阳极短路及析出锌包住阴极周边从而造成剥锌困难，通常阴极的两边缘黏压有聚乙烯塑料条。为了适应机械化剥锌的需要，现在有些工厂在电解槽两侧固定有聚乙烯绝缘导向装置，而阴极两边缘不需另外包塑料条。阴极结构示意图见图 6 - 4。

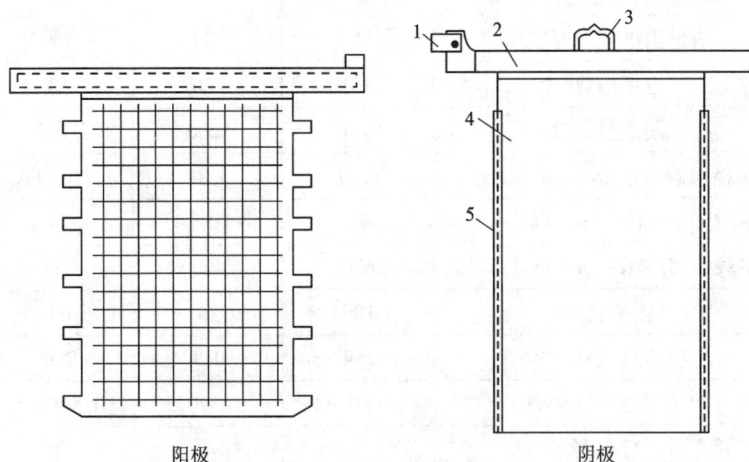

阳极　　　　　　　　　　　　　阴极

图 6 - 4　阴、阳极构造图
1—异电夹；2—阴极梁；3—吊耳；4—铝板；5—绝缘条

　　阴极尺寸依生产规模而不同，生产规模较大的工厂，多采用较大尺寸的阴极。一片阴极浸在电解液里面积平均为 1.75 m²，而多数工厂采用 1.0 ~ 1.5 m² 的阴极。一个电解槽内所装阴极数取决于生产规模及面积电流。大型电解槽所装阴极数已超过 100 片。

已有一些工厂采用浸没面积为 2.5 m² 以上的所谓 "Jumbo" 大阴极。比利时 Balen 电锌厂 1969 年开始用 2.6 m² 的大阴极。1982 年该厂又采用 "Superjumbo" 超大型阴极,浸没面积为 3.2 m²。后又进一步改进设计所谓 Superjumbo Comptact Module(S. C. M)大阴极(3.22 m²),为法国 Auby 炼锌厂采用。为便于比较,年产 100 kt 阴极板特性列于表 6-6。

表 6-6 三种大阴极锌电解特性的比较(450 A/m²)

项目	Jumbo 大型阴极槽	Superjumbo 超大型阴极槽	S. C. M 超大型阴极槽
每槽装阴极数/片	45	100	124
每个阴极浸没总面积/m²	2.6	3.2	3.22
每槽阴极浸没面积/m²	114	320	400
电解槽数/个	204	720	58
阴极总数/片	9180	7200	7192
单槽电解锌产量/(t·d⁻¹·槽⁻¹)	1.37	3.84	4.79
需要厂房面积/(m²·kt⁻¹·a⁻¹)	49	29.7	23
需要厂房容积/(m³·kt⁻¹·a⁻¹)	600	400	255
投资比/%	100	76	60
劳力/(人·h·t⁻¹)	1.4	0.8	0.6
(直接生产+维修)	(1+0.4)	(0.6+0.2)	(0.5+0.1)
行车/台	8	4	2
剥锌机/台	2×2	1×2	1×2
运输机/台	12	5	3

从上述比较数据看出,采用大面积阴极后,同等生产规模的电锌厂所需电解槽数目大为减少,从而减小了厂房面积,减少了工人的装出槽操作及剥锌等机械设备,这样便可以大大节约投资。

阴极平均寿命一般为 18 个月。每吨电锌消耗铝板 1.4~1.8 kg。

30. 锌电积生产过程中阳极由哪些部分组成？成分是什么？

阳极由阳极板和导电棒组成。导电棒材质为紫铜。为使阳极板与导电棒接触良好，在铸造阳极时，导电棒的包铸铅与极板同时浇铸，仅露出导电棒一端的铜导电头。这样还可避免硫酸铜进入电解槽而污染电解液。导电棒端头紫铜露出的部分称为导电头，与导电板搭接。阳极板的两个侧边嵌在导向架上的绝缘条内，可加强板的强度，防止极板间接触短路。绝缘条的材质为硬 PVC（聚氯乙烯）。极板用铅银合金压延板，强度较低。阳极上有一些小的圆孔，可减轻极板的重量以及改善溶液循环。

31. 锌电积常用的阳极板有哪些？各有什么优缺点？

目前锌电积使用的阳极有铅银合金阳极、铅银钙合金阳极、铅银钙锶合金阳极等。

铅银合金（含银 0.5% ~ 1%）阳极被我国大部分工厂广泛采用，其制造工艺简单，但由于含银较高而造价较高。阳极有铸造阳极和压延阳极。近年来 Pb – Ag – Ca（Ag 0.25%，Ca 0.05%）三元合金阳极和 Pb – Ag – Ca – Sr（Ag 0.25%，Ca 0.05% ~ 1%，Sr 0.05% ~ 0.25%）四元合金阳极被越来越多的电积锌生产厂家所重视，这种阳极具有强度高、耐腐蚀、使用寿命长（6 ~ 8 年）、造价低、使用时表面形成的 PbO_2 及 MnO_2 较致密从而使析出锌含铅低、降低阳极电势从而降低阳极消耗等优点，但其制造工艺较复杂。

导电棒的材质为紫铜。为使阳极板与棒接触良好，将铜棒酸洗包锡后，再用铝浇铸包裹，然后与极板焊接在一起。这样可避免硫酸侵蚀铜棒形成硫酸铜进入电解槽而污染电解液。导电棒端头露出紫铜的部分称为导电头，与阴极或导电板搭接。

阳极尺寸由阴极确定，长与宽约小于阴极 20 mm。一个电解槽所装阳极数比阴极多一片或相等。阳极平均寿命为 38 个月，每吨电锌耗铅为 0.7 ~ 2 kg（含其他铅料）。工作面积为 1.24 m^2 的阳极工作一个月后约损失 5.8 kg 铅。

32. 锌电积对阴、阳极板的规格要求是什么？

阴极要求：$1^\#$ 或特号纯铝（Al 99.5% ~ 99.7%），6 mm 厚压延板，要求板面平整光亮，无裂纹和疵点，在 5% ~ 10% H_2SO_4 溶液内浸泡

24 h 无明显的蚀点，且无夹渣。目前，我国锌行业常用的阴极有效面积为：$1.6 \ m^2$、$2.3 \ m^2$、$2.6 \ m^2$、$3.2 \ m^2$。

阴板平均寿命一般为 18 个月。每吨电锌消耗铝板 $1.4 \sim 1.8 \ kg$。

阳极要求：其尺寸由阴极确定，长与宽约小于阴极 20 mm。

阳极平均寿命为 $1.5 \sim 2$ 年，每吨电锌耗铅 $0.7 \sim 9 \ kg$。

33. 锌电积生产电源提供特点是什么？

锌电积生产的供电设备为整流器，有硅整流器和水银整流器两种。因硅整流器有整流效率高（>98%）、无汞毒、操作维修方便等优点，被多数厂采用。在选择整流器时，必须适应电解槽总电压降和电流强度的要求。

34. 电解生产过程中电路的连接方式是什么？

电解槽按行列组合配置在一个水平上，构成供电回路，一般按双列配置，可为 $2 \sim 8$ 列，最简单的配置是由两列组成一个供电系统。每列电解槽内交错装有阴、阳极，依靠阳极导电头与相邻一槽的阴极导电头采用夹接法（或采用搭接法通过槽间导电板）来实现导电。列与列之间设置导电板，将前一列的最末槽与后一列的首槽相接。在一个供电系统中，列与列和槽与槽之间是串联的，每个槽的阴、阳极分别是并联的。一般连接列与列和槽与槽的导电板为铜板，电解车间与供电所之间的导电板用铝板或铜板。成组式电解槽的供电系统见图 6 - 5。

例： 某厂电解车间分两个系列，每个系列 208 个电解槽，分 8 列。每列 26 个电解槽，分 4 组，组与组之间的导电板为宽型导电板，每组有 $6 \sim 7$ 个电解槽。电解槽内电极并联，而槽与槽是串联。

35. 电解液为什么需要进行冷却？常用的冷却方式是什么？

由于电解过程存在电阻，在电流通过时会产生热量，使电解液温度逐渐升高，甚至超过电解过程所规定的允许温度（$35 \sim 45 \ ℃$），引起阴极上氢的超电压减小，锌在阴极上的溶解速度增大，杂质的活性增加，从而加剧了杂质的危害，使电流效率下降。另外，过高的槽温使硬 PVC 电解槽变形甚至损坏。电解生产过程中的热平衡见表 6 - 7。

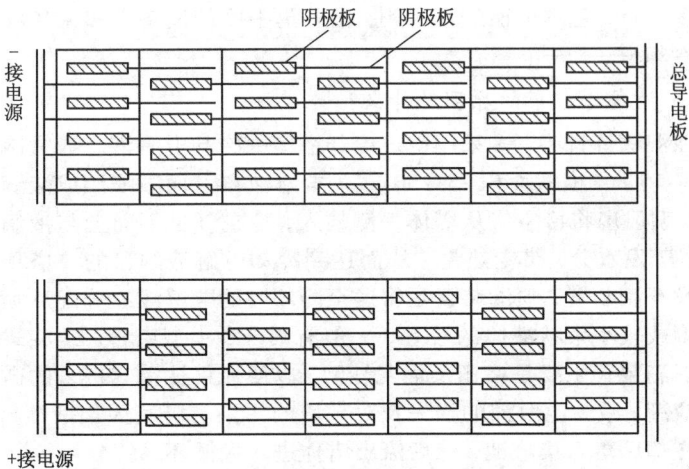

图 6 - 5 成组式电解槽的供电系统

表 6 - 7 锌电解的热平衡(计算值)

收入			支出		
项目	值/ (kJ·h^{-1})	比例 /%	项目	值/ (kJ·h^{-1})	比例 /%
电流通过产生的热量	44832	50.98	废液带走的热量	34066	38.73
新液带入的热量	43116	49.02	电解液表面蒸发损失热量	4528	5.15
			电解液喷溅损失热量	102	0.12
			辐射、对流、传导损失热量	514	0.58
			剩余热量	48734	55.42
合计			合计	87948	100.00

根据山田等人的统计,年生产能力在 50 kt 以下的工厂,电解液的温度宜稳定在 36.9℃;年产量 50 ~ 100 kt 的工厂的电解液温度宜稳定在 34.7℃。

电解液的冷却方式可分为槽内分散冷却和槽外集中冷却,一般有蛇形冷却管、空气冷却塔和真空蒸发冷却机等。由于槽内分散冷却存在许多缺点，基本上已经不采用，槽外集中冷却设备大多采用喷淋式空气冷却塔。

36. 空气冷却塔的原理是什么？

在湿法炼锌中，多采用空气冷却塔集中冷却电解液。通常冷却塔高 10～15 m，横截面积 25～50 m²。电解液自上而下喷洒成液滴至塔底，大型风扇将冷空气从塔体一侧鼓入，冷空气自下而上与液滴逆向流动，蒸发水分，带走热量，从而达到冷却电解液的目的。塔顶设置喷淋及补滴装置，喷淋装置是将送至冷却塔的电解液经分配后喷洒成小液滴或较小束状液体的装置，一般有喷头、小型束管、螺旋式喷嘴等。捕滴装置主要是格栅及尼龙纱网，以便捕集被空气带来的微小电解液液滴，减少电解液的损失及对环境的污染。塔底为集液池，电解液经冷却后落入集液池，然后流出塔体进入大循环系统。

空气冷却塔存在的缺点是动力消耗大，受地区条件限制，同时还受季节和空气湿度的限制。优点在于便于维护，操作较简单。

37. 冷却塔的结构是什么？选型依据是什么？

冷却塔是一个中空的长方体槽塔，槽体为内衬环氧树脂玻璃钢的钢筋混凝土结构或钢板焊制结构，玻璃钢槽体内衬软塑料的冷却塔正被愈来愈多的厂家所使用。冷却槽的结构见图 6-6。

冷却塔的选择是为了抵消锌电积过程中产生的热量，使电解槽温维持在一定范围内。其需求台数＝余发热量/单台冷却塔的制冷能力＋备用。

例：某厂电解产生余热量约 5910×10^4 kJ/h，需冷却塔排除，每台 $F=50$ m² 空气冷却塔制冷能力为 600×10^4 kJ/h

需冷却塔台数 $N = \dfrac{5910 \times 10^4}{600 \times 10^4} \approx 9.9$ 台

选用 $F=50$ m² 空气冷却塔 12 台，其中 2 台为备用(考虑结晶、清理及维修等)。

38. 电解槽及电路如何布置连接？

锌电积车间电解槽均按列组合，布置在一个平面上，构成供电网路系统。

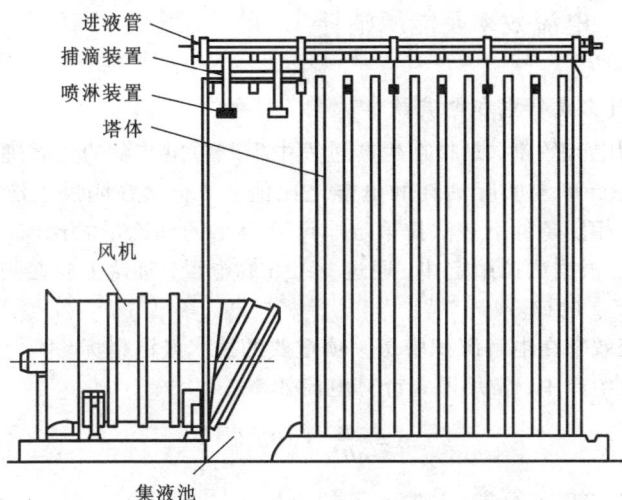

进液管
捕滴装置
喷淋装置
塔体
风机
集液池

图 6-6 冷却塔结构图

39. 什么是剥锌机,剥锌机的分类有哪几种?

剥锌机是将析出锌从阴极板上剥离的设备。

目前,有 6 种不同类型的剥锌机用于生产:

(1)马格拉港铰接刀片式剥锌机:将阴极侧边小塑料条拉开,横刀起皮,竖刀剥锌。

(2)比利时巴伦双刀式剥锌机:剥锌刀将阴极片剥开,随后刀片夹紧,将阴极向上抽出。

(3)日本三井式剥锌机:先用锤敲松阴极锌片,随后用可移式剥锌刀垂直下刀进行剥离。

(4)日本东邦式剥锌机:阴极的侧边塑料条固定在电解槽里,阴极抽出后,剥锌刀即可插入阴极侧面露出的棱边,随着两刀水平下移,从而完成剥锌过程。

(5)奥托昆普剥锌机。

(6)保尔·沃特剥锌机。

6.3 电流效率及能源消耗

40. 什么是锌电积电流效率？

所谓电流效率，是指在生产过程中生产单位产量的金属理论上所必需的电能 W' 与实际消耗的电能之比值，即金属在阴极上沉积的实际量与在相同条件下按法拉第定律计算得出的理论量之比值（以百分数表示），根据法拉第定律，通过 1 A·h 的电量，理论上应在阴极上沉积 1.2195 g 的锌。

电流效率在电解沉积中是一项重要的技术经济指标。

工业生产中，常用下式计算电流效率：

$$\eta = \frac{m}{qItN} \times 100\% \qquad (6-40)$$

式中：η——电流效率，%；

m——析出锌实际产量，g；

q——电化当量，1.2195 g/(A·h)；

I——电流，A；

t——电解时间，h；

N——电解槽数量。

41. 影响锌电积电流效率的因素有哪些？

（1）电解液的成分

电解液的主要成分是 Zn^{2+} 和 H_2SO_4。维持电解液中适当的 Zn^{2+} 和 H_2SO_4 浓度，对提高电流效率是有益的。实验结果表明，随着电解液中锌浓度的增加和酸浓度的下降，锌电积过程的电流效率也随之升高。

实践证明，一定的锌离子浓度是正常进行锌电积生产和获得较高的电流效率的基本条件。在一定的面积电流下，必须保持与其相适应的并且相对稳定的锌酸含量。如果新液中锌离子浓度相对稳定，则需严格控制生产中的废电解液的酸锌比，以维持相对稳定的电解液锌浓度。一般酸锌比控制在 (2.5~4):1，如新液含锌 140~180 g/L，电解液中锌浓度为 45~75 g/L，硫酸浓度为 160~210 g/L。目前电锌厂的电解液主要成分锌的浓度差别不大，为 50 ~ 60 g/L。H_2SO_4 的浓度趋向于提高到 180 ~ 200 g/L。

凡是电解液中存在的能降低氢超电压和能以锌为阳极形成微电池反应的较正电性的金属杂质，都会使锌电积的电流效率降低。如铁、镍、钴、铜、砷、锑及锗的存在，大都会引起烧板、析出锌返溶，使阴极沉积锌的表面状态变化，使电流效率大大降低。但由于各个工厂的生产条件或各研究者的实验条件的差别，各种杂质对电流效率影响程度也就不尽相同，所以各厂规定的净化后溶液中杂质含量也有差异。

根据加拿大 Trail 厂总结的各种少量元素对锌的电积电流效率的影响概括如下：

V、Nb、Ta：这三种元素的实验室数据高于 1 mg/L 时，会严重影响电流效率，但一般在电解液中不存在这些元素；

Mn：锰离子浓度太高对电流效率有一些影响，因为高价锰离子会在阴极还原。锌的电解液中要求 Mn^{2+} 含量在 1.5 ~ 3.0 g/L 范围内，有利于浸出和电积；

Fe、Ni、Co：这些元素能降低电流效率，尤其是钴，故希望电解液中的浓度（mg/L）满足：$\rho_{Fe} < 5$、$\rho_{Ni} < 0.3$、$\rho_{Co} < 0.3$；

Cu、Ag、Au：从电流效率考虑，希望电解液中它们的浓度均小于 0.1 mg/L；

Cd、Hg：在某些杂质存在时，镉可阻止它们对电流效率的影响，汞沉在铝阴极上还增加电流效率，希望电解液中 $\rho_{Cd} < 0.5$ mg/L；

Ge、Sn：一般应分别小于 0.05 mg/L 和 0.1 mg/L，希望 $\rho_{Ge} < 0.02$ mg/L，因为锗对电流效率影响最大；

As、Sb：电解液中 $\rho_{As} < 1$ mg/L、$\rho_{Sb} < 0.01$ mg/L 才不会影响电流效率。

（2）电解液中的锌、酸含量

（3）电解液的温度

电解液的温度对锌电积电流效率的影响如图 6 - 7 所示。图中曲线表明，在 35 ~ 40℃可以得到满意的电流效率，这是目前几乎所有冶炼厂控制的电解液温度范围。

（4）电流密度

电流密度对电流效率的影响见图 6 - 8。

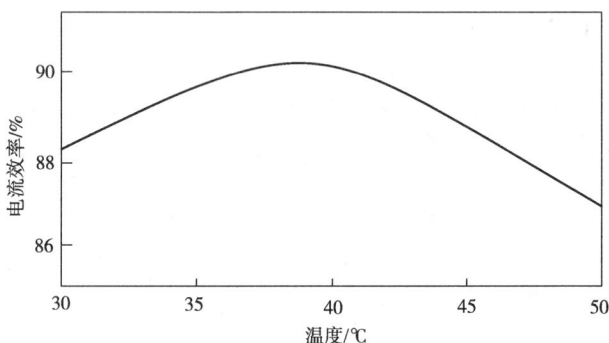

图 6-7 电解液的温度对锌电积电流效率的影响

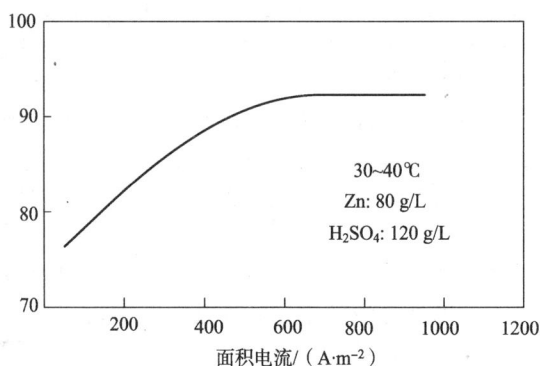

图 6-8 电流密度对电流效率的影响

除上述原因外，还与漏电、析出周期、添加剂的使用有关。

42. 如何提高锌电积电流效率？

（1）准确控制电解液中的锌、酸含量

电解液中一定的锌离子浓度是电解沉积正常进行的基本条件之一。若电解液含锌过低，则硫酸浓度相对增大，使阴极附近的锌离子浓度发生贫化现象，造成阴极上析出的锌返溶解。此外，氢的析出电压也随溶液中锌离子浓度的降低而降低，使得氢可能在阴极放电析出。

（2）控制较低的电解液温度

氢的超电压随着温度的升高而降低，杂质的危害及析出锌的返溶也随温度的升高而加剧。因此，应采用大循环，即往新液中添加 3~5 倍的废液后经冷却送入电解槽。

（3）较高的电流密度

随着电流密度的增加，氢的超电压增大对提高电流效率有利。但在生产实践中，往往遇到相反的情况：电流密度升高，电流效率反而降低。这是因为当提高电流密度时，一方面要求往电解槽中补充硫酸锌溶液的速度加快，另一方面要求保证电解液的冷却。如果单纯提高电流密度，满足不了随电流密度升高而提出的如上要求，电流效率不但不能提高，反而下降。

（4）尽量提高电解液的纯度

硫酸锌溶液往往含有一定量的金属杂质离子，特别是那些比锌具有更大正电性的金属离子如铁、镍、钴、铜、铅、镉、砷、锑、锗离子等。这些杂质离子将在阴极析出，对电解沉积产生不利影响。

（5）消除或减少漏电损失

这是提高电流效率的有效措施之一，为此必须做到：①及时清理绝缘缝，保持现场清洁、干燥，以防止供电线路及电解槽对地的漏电。②切实加强操作管理，减少电解槽内阴阳极接触短路的现象。

（6）合理的析出周期

析出周期愈长，锌片愈厚，表面愈粗糙，使阴阳极发生接触短路的可能性越大，锌的返溶越严重，电解液温度也越高，从而使杂质的有害作用加剧，因此析出周期不宜过长。但析出周期太短又会造成出装槽次数增加，阴极消耗增大，管理不便等问题。

（7）合理使用添加剂

锌的析出容易形成树枝状或粒状，对提高电流效率不利。常常往电解槽中加入适量的骨胶，使带有正电性的胶质吸附在阴极锌的结晶突起面上，使这里的电阻增大；但骨胶加入过多，会使锌片发脆。在电解液中存在镍、钴时，添加剂的作用较大，而铜、锑存在时，添加剂的作用较小。

43. 什么是锌电积直流电单耗？

在生产实践中，电解沉积的电能消耗是指每生产 1 t 析出锌所消耗的电能(kWh/t 锌)，它是电解沉积车间的重要技术经济指标之一，它按下式计算：

$$W = \frac{实际消耗的电能}{析出锌产量} \times 1000 = \frac{VnIt}{Intq\eta_i} \times 1000$$

$$= \frac{V}{q\eta_i} \times 1000 \qquad (6-41)$$

式中：I——通过电解槽的电流，A；

t——电解沉积的时间，h；

n——电解槽数目；

q——锌的电化当量，1.2195 g/(A·h)；

V——槽电压，V；

η_i——电流效率，%；

W——电能单消，kWh/t - 锌。

如果将 q 代入，可以得到：

$$W = 820 \times \frac{V}{\eta_i} \qquad (6-42)$$

例：某列电解共有 200 个电解槽，电流强度为 31 kA，电解析出周期为 48 h，锌片产量为 327.023 t，试计算该析出周期内的电流效率，若槽电压为 3.4 V，试计算其电耗。

电流效率 $\eta_i = m/(q \times I \times N \times t) = 90.11\%$

电耗 $W = V/(\eta \times q) = 3.4/(0.9011 \times 1.2202 \times 10^{-3}) \approx 3092$ kWh/t

或 $W = 820 \times 3.4/90.11\% \approx 3094$ kWh/t

44. 锌电积直流电单耗与电流效率的关系是什么？

电能消耗与电流效率成反比，与槽电压成正比。因此，在生产实践中，总是要采取一切措施提高电流效率，同时降低槽电压，以确保降低电能消耗。同时提高电流效率和降低槽电压的因素是比较复杂的，因此，电能消耗与电解条件的关系更为复杂。

45. 锌电积节能措施是什么？

锌电积生产过程中主要节能措施见表 6-8。

46. 机械剥锌与人工剥锌相比其优势是什么？

巴伦电锌厂对机械剥锌与人工剥锌的经济效果作了对比，结果见

表6-9。

表6-8　锌电积节能措施

节能措施	作用
提高电解液温度	降低电解液电阻
提高废电解液酸度 160~200 g/L	降低电解液电阻
降低电解液中 K^+、Na^+、Mg^{2+}	降低电解液电阻
提高新液纯度，如使含钴量降至 0.02 mg/L	减少阴极锌的复杂成分
减少阴极面积电流，如增加极片，提高液面高度	降低槽电压
缩短阴极的清扫周期，如减至 20 d	降低阳极和阳极泥电阻
加强电解槽管理，防止短路	避免无用功
缩短电积周期	降低阴极电阻

表6-9　人工剥锌与机械剥锌经济效果对比

项目	单位	手工操作	机械剥锌
产量	t/a	70000	70000
电流密度	A/m^2	320	400
沉积时间	h	48	48
电解槽数	个	400	160
每槽装阴极数	个	44	44
每个阴极面积	m^2	1.3	2.6
每个电解槽阴极总面积	m^2	57	114
占地面积	%	100	61
铅、银消耗量	%	100	82
铝的消耗量	%	100	66
每人每班剥锌量	t/(人·班)	6.7	22.5

47. 电积时间对电解经济技术指标有什么影响？

电流效率随电流时间的增加而降低。表 6 - 10 说明了电积时间与电流效率密切相关。可见，电积周期越短，电流效率越高。但电积周期过短则出装槽频繁，工人劳动量大，阴极铝板消耗增加。若电积周期过长，析出锌表面变得粗糙，电流效率随之降低。一般电积周期采用 24 h 作业（人工剥锌情况下），机械化和自动化剥锌要求析出锌达到一定厚度，通常采用电积周期为 48 ~72 h。我国西北铅锌冶炼厂电解车间自动化剥锌时采用 48 h 电积周期，析出锌厚度 3 ~5 mm。

表 6 - 10　锌电积时间对电流效率的影响

电积时间/h	电流效率/%	析出锌表面状况
19	91.317	平整
24	90.635	呈鸡皮疙瘩状
37	80.804	呈树枝状、灰黑色

6.4　杂质对锌电积的影响

48. 锌电积过程中的杂质对生产的影响是什么？

在生产实践中，常常由于电解液含有某些杂质而严重影响析出锌的结晶状态、电积过程的电流效率和电锌的质量，杂质金属离子在阴极放电析出是影响锌电积过程的主要因素。

杂质金属离子能否在阴极析出，取决于平衡电位、锌离子浓度和杂质离子浓度，分别介绍如下。

（1）比锌更正电性杂质的影响。电解液中常见的电位比锌更正的杂质有镍、钴、铜、铅、镉、砷、锑等。这些杂质会在阴极析出，从而影响析出锌的质量和电效。

（2）比锌负电性的杂质的影响。这些杂质有钾、钠、钙、镁、铝、锰等。由于这些杂质电位比锌更负，在电积时不在阴极析出。因此，对析出锌化学成分影响不大。但这类杂质富集后会逐渐增大电解液的黏度，使电解液的电阻增大。

（3）阴离子的影响。锌电解液中常遇到的阴离子杂质有氟离子（F^-）和氯离子（Cl^-）。主要影响锌片质量。

（4）有机物的影响。有机物种类繁多，生产实践中多以 COD 值（mg/L）表征。主要影响电效。

49. 铁对锌电积的影响有哪些？

硫酸锌溶液中的铁常以硫酸铁 $Fe_2(SO_4)_3$ 形态存在，它与阴极上已析出的锌反应，使锌返溶解，并生成硫酸亚铁（$FeSO_4$）。

反应式如下：

$$Fe_2(SO_4)_3 + Zn = 2FeSO_4 + ZnSO_4 \qquad (6-43)$$

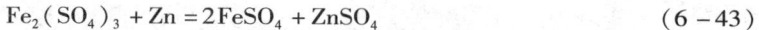

生成的硫酸亚铁又在阳极上氧化生成硫酸铁：

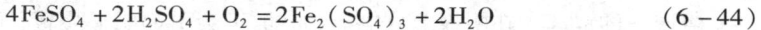

$$4FeSO_4 + 2H_2SO_4 + O_2 = 2Fe_2(SO_4)_3 + 2H_2O \qquad (6-44)$$

由以上反应可见，溶液中的铁离子反复在阴阳极上还原氧化，降低了电流效率，特别是当溶液温度较高时，更有利于以上反应的进行。降低电解液温度，加强浸出液的中和除铁，是消除铁对电解沉积过程有害作用的有效措施。

50. 钴对锌电积的影响有哪些？

溶液中的钴离子对电解沉积过程危害较大，它在阴极放电析出，并与锌形成微电池，使已析出的锌返溶解（称烧板）。当溶液中同时有较多的锑和锗存在时，更加剧了钴的危害作用。有研究表明如果溶液中锑、锗及其他杂质含量较低时，溶液中存在适当的钴对降低析出锌含铅有利。

51. 镍对锌电积的影响有哪些？

镍离子与钴一样，在阴极上放电析出，也与锌形成微电池。烧板特征是呈葫芦瓢形孔，从正面往背面烧。除采取深度净化除镍外，当同时存在钴和镍时，往电解液中加入 β–萘酚可以抑制钴、镍的有害作用。

52. 铜对锌电积的影响有哪些？

铜离子在阴极上放电析出，并与锌形成微电池，造成烧板。烧板特征是圆形透孔，由正面往背面烧，孔的周边不规则。溶液中铜的来源除净化不彻底使新液中含铜超过允许范围外，电解操作中阴阳极铜导电头的硫酸铜($CuSO_4$)结晶物带入电解液,也是溶液中铜的来源之一。因此,必须在操作时引起高度重视。

53.铅对锌电积的影响有哪些?

当溶液中有氯酸根离子(ClO_3^-)存在时,电解槽的铅衬和阳极铅板发生腐蚀性溶解,电解液中的铅含量会升高。反应如下:

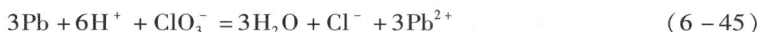

$$3Pb + 6H^+ + ClO_3^- = 3H_2O + Cl^- + 3Pb^{2+} \qquad (6-45)$$

溶液中的铅离子在阴极放电析出,不会造成烧板,但它的析出显著降低了析出锌的质量。在生产实践中,影响析出锌质量的主要杂质是铅。

54.镉对锌电积的影响有哪些?

溶液中的镉离子在阴极上放电析出,虽不会引起明显烧板,但降低了析出锌的质量。因此,要求加强净化,严格控制溶液中的含镉量。

55.砷、锑对锌电积的影响有哪些?

砷、锑都能在阴极上放电析出,并产生烧板,这是工厂较常见的现象。锑引起烧板的特征是表面呈粒状,砷烧板的阴极锌表面呈条沟状。为了消除这种现象,要求在浸出工序加强中和水解除砷锑的操作,控制新液中含砷不超过 0.1 mg/L,锑不超过 0.1 mg/L。降低电解液的温度也能减轻砷锑的有害作用。在某厂生产实际中发现,当砷锑引起烧板时,往电解液中加入适量的骨胶和皂角粉,可以改善析出状况,减轻烧板。

56.锗对锌电积的影响有哪些?

锗是最有害的杂质,它在阴极上析出后,造成阴极锌的强烈返溶,电流效率急剧下降。锗引起烧板的特征是:由背面往正面烧,形成黑色圆环,严重时形成大面积的针状小孔。有研究指出,锗的危害作用不仅在于使析出锌返溶,而且由于锗离子在阴极析出后,与氢生成氢化物,这种氢化物继续与氢离子作用生成锗离子,重新在阴极放电。反应过程可用下列反应式表示:

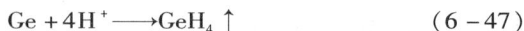

$$Ge^{4+} + 4e = Ge \qquad (6-46)$$

$$Ge + 4H^+ \longrightarrow GeH_4 \uparrow \qquad (6-47)$$

$$GeH_4 + 4H^+ = Ge^{4+} + 4H_2 \uparrow \tag{6-48}$$

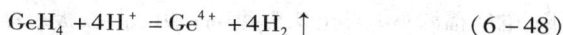

这会造成电能无益地消耗。

57. 锰对锌电积的影响有哪些?

前已述及,溶液中的二价锰离子在阳极氧化生成七价和四价锰离子,二氧化锰能保护阳极,但七价锰离子使砷锑的危害更显著。因此应合理控制溶液中的含锰量。

58. 氟对锌电积的影响有哪些?

溶液中氟离子会腐蚀阴极铝板表面的三氧化二铝(Al_2O_3)薄膜,使析出锌与铝形成合金,发生难剥现象;同时造成阴极铝板消耗增加。为了改善剥离情况,可在电解槽中加酒石酸锑钾[$K(SbO)C_4H_4O_6$,又名吐酒石],并按下列反应生成氢氧化锑 $Sb(OH)_3$:

$$K(SbO)C_4H_4O_6 + H_2SO_4 + 2H_2O = Sb(OH)_3 + H_2C_4H_4O_6 + KHSO_4 \tag{6-49}$$

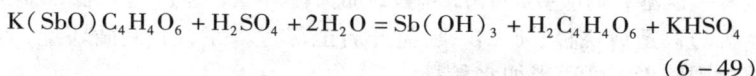

氢氧化锑是一种胶状物质,附着在阴极铝板表面上,使锌析出时避免与铝板新鲜表面形成铝锌合金。

59. 氯离子对锌电积的影响有哪些?

溶液中的氯离子对阳极有腐蚀,会使阳极的铅溶解进入溶液,造成电解液含铅升高,降低析出锌质量,因此,要求溶液含氯小于100 mg/L。

60. 有机物对锌电积的影响有哪些?

由于有机物的密度较轻,总是浮于电解液的中上部,所以生产实践中常常导致析出锌片上部和沾边条附近颜色暗淡,细小针孔较多,严重时导致剥离锌片拦腰折断。因此,应严格控制电解液中有机物含量,通常应小于 80 mg/L(以 COD 记)。

6.5 主要故障及处理

61. 锌电积生产过程中出现的主要故障有哪些?

实际生产过程中,由于操作原因和新液成分的波动,会出现个别槽烧板、返溶;大面积烧板、返溶;电解槽突然停电;电解液停止循环；电解槽漏液；导电头温度高；阴、阳极板短路等故障。

62. 个别槽烧板、返溶的处理方式是什么？

循环量过小、槽温升高、槽内酸锌比失调或槽内极间短路造成槽温过高都会导致阴极锌烧板、返溶；由于操作不仔细，造成铜导电头的污染物掉入槽内，使个别槽内电解液含铜升高也会造成烧板；另外，锑盐加入过量也会造成烧板。处理办法是加大循环量，消除极间短路。特别严重时，还需立即更换槽内的全部阴极板。

63. 大面积烧板、返溶的处理方式是什么？

普遍烧板若是由于加入的新液含杂质超过允许含量，应立即加大循环量，降低槽温和溶液酸锌比，并尽快补入合格新液，降低系统中的杂质含量，若没有合格新液，应降低电流。若酸锌比严重失调造成烧板、返溶，则应立即补加新液，加大循环量，并适当降低槽温。若槽温过高造成烧板、返溶，则应开启全部过塔泵，加大循环量，尽快将槽温降低，可适当加水稀释。

64. 导电头温度高的处理方式是什么？

导电头不清洁或不平整，与铜板接触不好，出现点接触。处理办法是经常保持导电头与导电条的干净、整齐，用蒸汽吹，或用微量水冲洗。

65. 电解槽突然停电的应对措施是什么？

突然停电一般多属事故停电。若短时能够恢复送电，设备(泵)可以运转，应加大新液量，以降低酸度减少锌的返溶，若短时不能够恢复送电，应组织人员将电解槽内的阴极板全部取出，以减少损失。

66. 电解液停止循环的应对措施是什么？

电解液停止循环会造成电解温度、酸度升高，杂质危害加剧，恶化现场条件，降低电流效率并影响析出锌的质量。电解液停止循环的原因除低压停电造成循环泵不能运行外多属有计划的停止循环，如清理溜槽结晶、修补漏槽等。若是低压停电应降低电流并立即处理，若是计划性的，事前应加大循环量，提高电解液含锌量，停止循环时应降低电流密度，但持续时间不能太长。

67. 电解槽漏液的处理方法是什么？

如生产过程中发现电解槽因损坏而漏液，应用补液管加入电解液以保持槽内液位,并立即做好修补或更换的准备。若损坏不严重,应逐渐提出槽中极板、横电后,抽干槽中溶液进行修补,若损坏严重,应准备好备用槽进行更换,且对漏液电解槽所在一组电解槽进行横电,以便对漏液电解槽进行适当的处理工作。

68. 横电操作步骤是什么?

首先用钢丝刷擦亮短路导电板和宽型导电板接触面,将短路导电板在楼上摆好,用吊具吊到改组的两端,短路导电板与槽间导电板之间需垫绝缘瓷砖。

通知整流所停电,确认停电后用工具分别将两段短路导电板卡紧,使该槽组短路,完成以上工作通知整流升电流。

6.6 主要技术经济指标及技术控制

69. 锌片的物理化学成分要求是什么?

锌片化学成分应符合 GB/T 470—2008 要求,见表6–11。

表6–11 电锌质量化学成分表

牌号	Zn 不小于	化学成分(质量分数)/%						
		杂质,不大于						
		Pb	Cd	Fe	Cu	Sn	Al	杂质总和
Zn99.995	99.995	0.003	0.002	0.001	0.001	0.001	0.001	0.005
Zn99.99	99.99	0.005	0.003	0.003	0.002	0.001	0.002	0.01
Zn99.95	99.95	0.030	0.01	0.02	0.002	0.001	0.01	0.05
Zn99.5	99.5	0.45	0.01	0.05	—	—	—	0.5
Zn98.5	98.5	1.4	0.01	0.05	—	—	—	1.5

物理规格的要求是:结构致密,表面平整,不带阳极泥或其他杂质,无明显烧板现象,无硫酸锌晶体。

70. 清槽工段的产物主要有哪些？

清槽阳极泥：Mn 35%～40%，Pb 15%～20%，Ag 0.2%～0.4%，Fe 0.5%～0.8%，阳极泥内无杂物。管道阳极泥：Mn 35%～40%，Pb 15%～20%，Ag 0.2%～0.4%，Fe 0.5%～0.8%，阳极泥内无杂物。

71. 锌电积生产主要考察的技术经济指标有哪些？

锌电积主要考察的技术经济指标为直流电单耗、锌直收率和一些原材料的消耗量。某些厂的锌电积技术经济指标见表 6-12。

例：某厂要求锌直收率：大于 99.5%；原材料消耗：$CrCO_3$ 0.4～0.7 kg/t 析出锌，骨胶 0.3～0.5 kg/t 析出锌，酒石酸锑钾 3 g/t 析出锌，阴极板 2.2～2.5 kg/t 析出锌，阳极板 3.5～4.0 kg/t 析出锌，直流电 3000～3100 kWh/t 析出锌，蒸汽（0.2～0.3 MPa）约 0.25 t/t 析出锌，生产 H_2O 1.2 m^3/t 析出锌。

表 6-12　某些厂锌电积技术经济指标

技术经济指标	鲁尔厂（德国）	巴仑厂（比）	科科拉（芬兰）	蒙格罗港（意）	秋田厂（日）	埃克斯塔尔厂（加）	国内某厂
电流密度/($A \cdot m^{-2}$)	597	375	660	600	490	约 500	500～520
槽电压/V	3.5	3.3～3.55	—		3.55	3.5	3.2～3.3
电解液温度/K	307	—	306	310	310	308	311～315
同极距/mm	—	90	—	70	70	76	62
沉积锌周期/h	24	48	24	24	48	24	24
电解液成分/($g \cdot L^{-1}$)							
ρ_{Zn}	55～60	45	61.8	67	50	60	60
$\rho_{H_2SO_4}$	200	160	180	116	118	200	200
电流效率/%	91.8	～90	90	92	88～90	90	89～91
直流电耗/($kWh \cdot t^{-1}$-Zn)	3239	3200	3219	3430	3300	—	2900～3000
电锌质量/%							
w_{Zn}	99.995	99.995	99.995	99.995	99.997	99.995	99.99
w_{Pb}	0.0015	0.002	0.0010	0.0011	0.0017	0.002	<0.005

72. 通电开槽的操作步骤有哪些?

(1)所有电解槽、溜槽、管道、混合槽,必须事先检漏,对所有运转设备进行带负荷试车,如酸泵、吊车、刷板机、冷却塔风机等。运转正常方可开槽。

(2)做好整流设备的供电工作。

(3)阳极准备。在阳极平台上将板、梁平直,上好阳极绝缘套,用砂纸擦净阳极导电头表面污物,使其显现本色。按计划装入量,将阳极装入槽内,调整好垂直中心距。

(4)阴极准备。按照与阳极相应的计划需要量准备阴极板,要求梁直板平,板面无油脂污物,上紧导电片和绝缘橡胶皮以备开槽。

(5)灌槽。采用中性开槽时,往电解槽灌满中性硫酸锌溶液;采用酸性开槽时,将硫酸锌溶液与硫酸或废电解液配成含酸 80 ~ 90 g/L,含锌 65 ~ 75 g/L 的电解液,灌入电解槽内。酸性开槽比中性开槽顺利。

(6)通电。灌槽完毕,迅速将阴极插入电解槽,连通电路,同时通知供电所合闸送电。通电后,电流强度由装入每个电解槽的阴阳极数和要求电流密度而定。

(7)通电后,通知运转岗位,开始电解液的循环。通电开槽完毕。

73. 如何进行阳极镀膜?

新开的电解车间,一般要对阳极进行镀膜。

(1)开槽通电后,按照电流密度 27 ~ 31 A/m^2 要求的电流强度送电,并要求整个镀膜期间电流稳定。槽温控制在 25℃ 左右,要求电解液含锌 40 g/L,酸 70 ~ 80 g/L,一直维持 24 h,观察阳极表面,看到一层棕褐色的氧化膜方可。

(2)利用低温、低电流密度,使在阳极上析出的氧气与铅反应,生成一层二氧化铅薄膜,从而保护阳极不被硫酸溶液腐蚀。

74. 如何控制阴极面积电流和表面形态?

一般来说,随着面积电流的增加,氢的超电势增大,对提高电流效率是有利的,并能获得结晶致密的阴极锌。但一定要保证相应的电解液成分和较低的温度条件。面积电流的增加也会增大电解液的电阻电压降和升高温度,加剧杂质的析出。我国各锌厂的面积电流为

$300 \sim 600$ A/m²。根据统计资料，世界上一些工厂的平均面积电流为
$500 \sim 530$ A/m²。

析出锌表面如果粗糙或呈树枝状就增加了阴极表面积，使实际阴极面积电流下降，从而降低了电流效率，严重时还会出现阴阳极接触短路。向电解液中加入适量胶质或某些表面活性剂可使析出锌表面平整、光滑、致密。常用的是动物胶。预先将其溶化后均匀加入电解槽，控制电解液中胶浓度为 $10 \sim 15$ mg/L。胶量过多，会使锌片发脆，并使电解液电阻增大。

75. 电解液的循环制度是什么？怎样确定循环量？

随着电积过程的进行，锌在阴极析出，阴极附近的锌离子浓度不断降低，酸度不断升高，电流效率随之降低。为了维持阴极附近一定的锌、酸浓度，电解液需不断循环，即不断往槽内供给按一定比例混合有中性硫酸锌溶液的废电解液，同时从槽内排出相应的废电解液。加大电解液的循环速度可以消除浓差极化现象，及时补充锌以维持一定的浓度，保持较低的电解液温度，获得较高的电流效率，同时有利于提高面积电流、增加产量、降低电能消耗，但会使阳极泥悬浮量增多，增加阳极泥包裹在阴极锌内的机会。

为了维持稳定的锌、酸含量，必须保持均匀的电解液流量。供给电解槽的中性硫酸锌溶液（新液）流量可用下式计算：

$$Q = \frac{Iq\eta N}{1000(\rho_1 - \rho_2)} \qquad (6-50)$$

式中：Q——中性硫酸锌溶液流量，m³/h；

　　　I——电流强度，A；

　　　η——电流效率，%；

　　　N——串联电解槽数；

　　　q——锌电化当量，1.22 g/(A·h)；

　　　ρ_1——新液含锌，g/L；

　　　ρ_2——废电解液含锌，g/L。

生产中多采用新液与废电解液按一定体积混合，经冷却加进电解槽内的方法进行循环。常依据废电解液酸锌比，控制锌液与废电解液混合体积比，一般为 $1:(5 \sim 25)$。

电解槽流出的废电解液，含 $160 \sim 170$ g/L 的酸，$50 \sim 55$ g/L 的

锌,从电解槽端设置的溢流口流出,在汇流槽汇集,流入中间槽。进入中间槽的废电解液一部分用泵送去浸出工序,作浸出前液用。大部分废电解液流入混合池与新液混合,用泵送到冷却塔冷却供电解槽电解。这种循环方式即为大循环。

例:某列电解槽装 48 块阴极板,电流强度为 32 kA,电解析出周期为 48 h,电压 660 V,产出锌片 320 t,加入锌液含锌 160 g/L,废液含锌 60 g/L,试计算出电流密度电效及每小时新液加入量(现用阴极板有效面积为 1.6 m², 每槽 48 片阴极板)。

电流密度 $= I/A = 32000/(48 \times 1.6) \approx 416.7$ A/m²

电效 $= m/(q \times I \times N \times t) = 85.4\%$

新液加入量 $Q = 32000 \times 1.2195 \times 0.854 \times 200/[(160 - 60) \times 1000] \approx 65.7$ m³/h。

76. 槽面管理要注意哪些事项?

(1)控制锌酸比为 3.1~3.3。

(2)控制槽温在 34~39℃。每列槽子温差≤4℃。

(3)按要求连续、均匀加入骨胶和碳酸锶。将骨胶加入溶胶槽用蒸汽加热溶化,均匀加入混合槽内。将碳酸锶加入搅拌槽内,加水搅拌均匀后加入混合槽内。

(4)勤巡查槽面,对不导电板、发热导电头进行处理。

(5)槽面巡检次数不得低于 1 次/h,在不取槽的时候每班提板 2 次观察剥锌片。

(6)分析人员必须时刻注意新液成分变化。

(7)定时清除分配管、溢流管结晶,保证各电解槽供液均匀。

(8)取明槽电解液和电解废液进行酸锌测定,并根据酸锌含量、电解电流强度和新液含锌情况计算新液加入量,同时按实际情况作相应调整,均匀加入新液。新液加入量必须均匀、稳定,实际加入量波动小于 5 m³/h。

77. 装槽过程要注意哪些事项?

在装槽过程中要注意做到:"一平、二光、三消灭、四不下槽"。

一平:阴极板板平梁直;二光:阴极板面光、导电头光;三消灭:消灭阴阳极碰电、消灭不导电、消灭返溶;四不下槽:未经平刷极板不下槽，酸板残锌板不下槽，导电头黑、脏、松不下槽，阳极错牙、阴极掉套不下槽。

78. 清槽岗位的作业程序是什么？

清槽岗位按以下程序作业：

（1）作业前的准备。检查确认真空泵正常；检查确认所需工具清洁。

（2）横电操作。在生产班组起完槽后，清槽工开始清槽。将要清理的电解槽的两块导电母板用导电片相连接导通。

（3）抽液及清理阳极泥。连接好导电母板，清槽工将槽内电解液抽出，待露出阳极泥后，用真空管把阳极泥抽走，将槽内杂物和阳极泥块清出槽外，然后把电解槽清理干净，检查所清槽子有无裂纹。

（4）清刮阳极板。吊车工吊出阳极板后，刮板工将阳极板放在阳极架上，用刮耙清理干净阳极泥，更换破损阳极板，并用木榔头敲打阳极梁及板面，做到梁直板平、护套完好，清刷导电头使导电头光亮呈现本色。废旧阳极分类堆放。

（5）灌液和装槽。待电解槽内灌入的电解液距槽面 300～350 mm 高时，停止灌液，清槽工装槽，先装入清理干净的阳极板，调整极间距，装入 20～25 块阴极，拆除导电母板上的导电片。然后全部装上阴、阳极板进行正常电解。

（6）真空罐放阳极泥。先打开底流阀门放出阳极泥，再打开真空盖；开启阳极泥泵，送阳极泥到中性浸出阳极泥桶；用废液冲洗阳极泥，放完阳极泥后把泵和真空盖关闭。

79. 如何控制比锌更负电性的杂质对锌电积生产的影响？

比锌更负电性的钾、钠、钙、镁等的硫酸盐总量可达 20～25 g/L，其中镁为 3～17 g/L，它们含量过多时，会增大溶液黏度，增大电阻，增加电能消耗。钙、镁含量过高时，易析出结晶，阻塞管道，影响操作。

目前有效的控制措施是定期保持这些元素开路，定时抽出部分电解液排出这些杂质。

80. 如何抑制氟氯对锌电积的危害？

电解液中的氯和氟离子是腐蚀阴、阳极的阴离子杂质。氯离子在阳极氧化成氯酸盐，严重腐蚀阳极：

$$3Pb + 6H^+ + ClO_3^- = 3Pb^{2+} + Cl^- + 3H_2O \qquad (6-51)$$

还会增加溶液铅含量，使析出锌含铅增加，降低锌的品级，同时缩短阳极寿命。

当有二氧化锰存在时，可抑制 Cl^- 的有害作用：

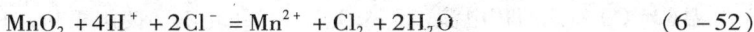

$$MnO_2 + 4H^+ + 2Cl^- = Mn^{2+} + Cl_2 + 2H_2O \qquad (6-52)$$

为改善氯对生产的影响，可以提高溶液中的锰含量。

氟离子能破坏阴极铝板表面的氧化铝膜，使析出锌与铝板新鲜表面形成锌铝合金，发生锌铝黏接，致使锌片难于剥离。同时也造成阴极铝板消耗增加。

为改善剥锌情况，往电解液中加酒石酸锑钾，发生如下反应：

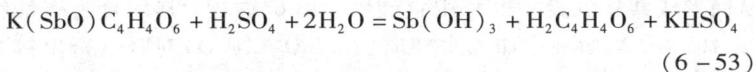

$$K(SbO)C_4H_4O_6 + H_2SO_4 + 2H_2O = Sb(OH)_3 + H_2C_4H_4O_6 + KHSO_4 \qquad (6-53)$$

反应后生成的氢氧化锑胶状物质略带正电性，附着在阴极铝板表面，使锌析出时避免与铝板表面形成铝锌合金。

81. 锌片主要杂质元素的来源是什么？控制措施是什么？

析出锌中镉、铜主要来自电解液，为了提高电锌质量，必须降低溶液中杂质含量并严格控制生产条件。实践证明，溶液中杂质含量可以通过深度净化降低至要求限度以下。铜还可能来源于含铜物料（$CuSO_4$ 等）进入电解槽中，冲洗铜导电头（板）的水也含铜等，因此应保持槽面清洁并尽可能避免冲洗水进入电解液。

析出锌中铅的来源主要是电积过程中铅银阳极的铅。溶解于电解液中的 Pb^{2+} 在阴极上析出及从阳极表面脱离的 PbO_2 粒子在阴极锌中夹杂从而极大地影响了电锌品级。悬浮于电解液中的 PbO_2 粒子易吸附 H^+ 带正电荷，随电解液的定向流动而黏附于阴极，一部分被析出锌包裹，一部分先被还原成 Pb^{2+}，而后再在阴极上放电析出。另外，铅在析出锌中的含量随溶液中铅离子、氯离子、硫酸浓度及温度的增加而增加，随面积电流的增加及含有一定的锰离子而降低。

降低阴极锌含铅量，提高电锌质量，可采取如下措施：

（1）控制适当的电解条件。实践证明，提高电解液含锌量及面积电流、降低电解液酸度及温度，有利于降低析出锌含铅量，但这些条件受到电流效率及电能消耗的限制。当溶液中有一定的锰离子时，可以阻止阳极腐蚀，抑制氯的有害作用，减少 PbO_2 移向阴极的数量，从而减少进入溶液及包裹在析出锌中的铅含量。在不降低电流效率的条件下，电解液中含适量钴，可降低阳极电势，阻止阳极铅的腐蚀。

（2）阳极镀膜。在正式电解之前，将新阳极或经刷洗后的阳极置于低温（25℃）和低面积电流（20～30 A/m^2）下电解，使阳极析出的氧与铅反应，在阳极表面形成较致密的 PbO_2 薄膜，从而保护阳极不易被腐蚀。

（3）使用特殊添加剂。为了降低电解液中的 Pb^{2+}，加入适量的碳酸锶（$SrCO_3$），一般为每吨锌加 0.5～2 kg。在电解液中，碳酸锶转变为溶解度更小的硫酸锶（$SrSO_4$），由于硫酸锶与硫酸铅晶格大小相近，从而形成共晶沉淀。也可用碳酸钡代替碳酸锶，其用量为碳酸锶的 1～1.5 倍。电解液中加入水玻璃（$Na_2SiO_3 \cdot nH_2O$）对降低析出锌含铅也有一定作用。

（4）定期洗刷阳极。随着电积时间的延长，阳极板上黏附的阳极泥厚度增加，为了避免其脱落造成电解液中阳极泥悬浮量增加，一般需定期洗刷阳极板。各工厂洗刷周期视阳极板制造工艺不同而不同，一般为 9～10 d 一次，也有的为 26～30 d 一次。

（5）洗刷阳极板有机械法和溶蚀法两种。我国各厂家目前普遍采用机械刷洗。日本彦岛电解厂采用 $FeSO_4$ 溶液溶解阳极表面的 MnO_2，所得溶液返回浸出用。这样做既不损坏阳极表面膜，还延长了阳极板使用寿命。

（6）定期掏槽。为了避免电解槽内阳极泥过多而漂浮于电解槽中，一般 30～40 d 清洗电解槽一次。清洗方法有人工清洗和机械清洗，大多数工厂采用真空吸滤法掏槽。

（7）保证供电稳定，加强铸型管理。由于阳极面积电流的波动易引起阳极膜疏松而脱落，故应保证供电稳定；熔铸时，将含铅较高的碎片、飞边及树枝状结晶与整片清洁锌片分开熔铸。

82. 阴极锌析出结构与哪些因素有关？如何控制？

影响阴极沉积物结构的主要因素有以下几个方面：

（1）电流密度。低电流密度时，一般为电化学步骤控制，晶体生长速度远大于晶核形成速度，故产物为粗粒沉积物。若在确保离子浓度的条件下，增大电流密度以提高极化，能得到致密的电积层。然而过高的电流密度会造成电极附近放电离子的贫化，使产品成为粉末状，或者造成杂质与氢的析出。由于氢的析出，电极附近溶液酸度降低，导致形成金属氢氧化物或碱式盐沉淀。

（2）温度。升高温度能使扩散速度增大，同时又降低超电位，促进晶体的生长，因此升高温度导致粗粒沉积物形成。对于某些金属电解过程，如锌、镍等电解过程，升温会使氢的超电位降低，从而导致氢的析出。

（3）搅拌速度。搅拌溶液能使阴极附近的离子浓度均衡，使极化降低，极化曲线有更陡峭的趋势，导致形成晶粒较粗的沉积物。在另一方面，搅拌电解液可以消除浓度的局部不均衡与局部过热等现象，提高电流密度而不会发生沉积物成块和不整齐现象。即提高电流密度，可以消除由于加快搅拌速度引起的粗晶粒。

以上分析说明，当采用高的电流密度，必须提高电解液的搅拌速度，即加强电解液的循环，才能得到致密的阴极沉积物。

（4）氢离子浓度。氢离子的浓度或者说溶液的 pH 是影响电结晶晶体结构的重要因素。在一定范围内提高溶液的酸度，可以改善电解液的电导，使电能消耗降低。若氢离子浓度过高，则有利于氢的放电析出，在阴极沉积中氢含量会增大。生产实践表明，在氢气大量析出的情况下，将不可能获得致密的沉积物。只有在采取了有利于提高氢的超电位，防止氢析出的措施时，才能适当提高电解液的酸度。

但是氢离子浓度也不能过低，过低时会形成海绵状沉积物，不能很好地黏附到阴极上，有时甚至从阴极上掉下来。

（5）添加剂。为了获得致密而平整的阴极沉积物，常在电解液中加入少量胶体物质，如树胶、动物胶或硅酸胶等，一般常用动物胶。各种添加剂对阴极沉积物质量的有利影响，在于胶质主要是被吸附在阴极表面的凸出部分，形成导电不良的保护膜，使这些凸出部分与阳极之间的电阻增大，使阴极表面上各点的电流分布均匀，产出的阴极沉积物也就较为平整致密。

控制措施有：

（1）控制合理的电流密度。24 h 电解周期，控制在 480 ~ 520 A/m^2，而 48 h 电解周期控制在 420 ~ 460 A/m^2。

（2）控制合理的电解温度。24 h 电解周期，控制在 38～41℃，而 48 h 电解周期控制在 36～39℃。

（3）控制合理的电解循环流量。24 h 电解周期，控制电解槽进出口锌降在 4～6 g/L，而 48 h 电解周期控制在 3～4 g/L。

（4）控制电解液的酸度合理。24 h 电解周期，控制电解槽进口酸在 170～190 g/L，而 48 h 电解周期控制在 165～180 g/L。

（5）合理加入牛胶。24 h 电解周期控制胶量在 0.25～0.4 kg/t，而 48 h 电解周期在 0.25～0.35 kg/t。

第7章 锌的熔铸

1. 锌熔铸的流程是什么？

某厂采用的锌熔铸流程见图7－1。

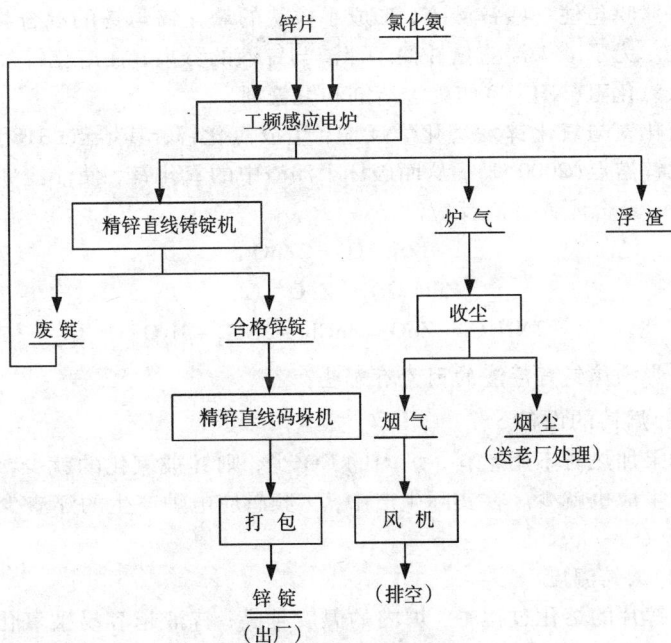

图7－1 锌熔铸工艺流程图

2. 锌熔铸的基本理论是什么？

电解沉积产出的阴极锌片，虽然化学成分已达标准，但物理规格不符合要求，且运输和储存甚为不便。因此，阴极锌片要进行熔化铸锭才可作为成品出厂。

锌的熔点是419.505℃，控制温度略高于其熔点使阴极锌片熔化，液态锌在模具中重新冷却成所需要的物理形状，同时还可通过不同化学成分的锌片在液态下混合，产出化学成分符合要求的锌锭。

锌熔铸一般是在工频感应电炉中进行的，电流通过设置在炉体内的线圈，将电能转换为热能，使锌片熔化，通过对电流的控制，可实现对感应电炉温度的控制。

在锌的熔化过程中，由于锌的金属性较强，会与空气中的氧(O_2)及二氧化碳(CO_2)等物质发生化学反应，生成氧化锌(ZnO)，生成的氧化锌薄膜包住一些锌液滴，形成小粒状的氧化锌与锌的混合物，形成浮渣。为了减少浮渣量并便于浮渣与锌液的分离，在熔化锌片时一般加入氯化铵(NH_4Cl)作为澄清剂和覆盖剂。

氯化铵与氧化锌发生化学反应，生成氯化锌，其熔点(318℃)低于氧化锌熔点(2000℃)，从而破坏了浮渣中的氧化锌，使浮渣中的锌露出来，聚合成锌液。反应为：

$$2Zn + O_2 = 2ZnO \tag{7-1}$$
$$Zn + CO_2 = ZnO + CO \tag{7-2}$$
$$2NH_4Cl + ZnO = ZnCl_2 + 2NH_3 + H_2O \tag{7-3}$$

3. 影响熔铸锌浮渣的因素有哪些？

(1)熔铸的设备

如果加热时不用燃料，炉内的CO_2少，则锌被氧化的就少，因而浮渣的生成也就少。在实际生产中，工频感应电炉产生的浮渣少于反射炉。

(2)熔铸温度

在锌片的熔化过程中，炉内的温度越高，锌液越容易被氧化，产生的浮渣就越多。但如果温度过低，在搅拌和扒渣时会使浮渣中的锌液量增加，含锌增加。故在实际生产中，熔化温度一般控制在450~550℃。

(3)锌片的质量

结构致密的锌片比结构疏松的锌片在熔铸时产生的浮渣少，有"烧板"现象的锌片在熔铸时产生的浮渣多。

4.锌熔铸原料及辅助原材料有哪些?

（1）原材料

锌熔铸用的原料为湿法电积生产的阴极锌，化学成分和物理要求应符合阴极锌技术条件要求：$w_{Pb} \leqslant 0.0030\%$；$w_{Cd} \leqslant 0.0010\%$；$w_{Cu} \leqslant 0.0010\%$；水分$< 0.3\%$；无污染物、夹杂物。

（2）燃料

锌熔铸感应电炉烘炉所用的燃料为柴油，其质量标准应满足下列要求：C 86%，H 13%，S $< 0.20\%$，其他 0.80%。

（3）辅助材料

氯化氨：为了降低浮渣率和浮渣含锌，锌熔铸时需要加入氯化氨。消耗量为 1~1.3 kg/t 锌，其化学成分、物理规格应满足 GB 2946—1992 要求。NH_4Cl 含量 $\geqslant 99.0\%$，水分 $\leqslant 1.0\%$，$w_{Fe} \leqslant 0.003\%$，灼烧残渣 $\leqslant 0.4\%$。

钢带：钢带用于锌锭产品包装，应满足 GB 4713—1984 包装用钢带要求。

5.锌锭的产品质量有什么要求?

锌锭的化学成分、物理规格应符合 GB 470—1985《锌锭》要求，见表 7 - 1。

表 7 - 1　锌锭的化学成分要求

元素	Zn	Pb	Cd	Fe	Cu	Sn	杂质总合
0#	99.995	0.003	0.002	0.001	0.001	0.001	0.005
1#	99.99	0.005	0.003	0.003	0.002	0.001	0.010
2#	99.95	0.02	0.02	0.010	0.020	0.001	0.5

6.锌熔铸的技术操作条件是什么?

某厂熔铸车间主体设备为 45 t，960 kW 的熔锌感应电炉，技术操作条件如下：

加料量：7.23 t/h·台；

熔池温度：470±20℃；

工作电压：约380 V；

电流强度：1000 A；

熔池液面：800±100 mm。

7.锌熔铸的主要经济指标有哪些？

主要经济指标包括金属直收率和辅助材料的消耗、电耗。某厂要求：金属直收率：97%；氯化氨单耗：1~1.3 kg/t 电锌；电消耗：100~120 kWh/t 电锌。

第8章　竖罐炼锌

8.1　生产工艺及条件

1. 竖罐炼锌主要分为哪几个过程？

竖罐炼锌主要分为氧化焙烧、制酸、制团、焦结、蒸馏、精馏等过程。

2. 制团的目的是什么？

制团就是利用团压法对矿粉进行造块的过程。其目的是将作为原料的疏松矿粉和洗煤、返回物等其他物料，加入黏合剂经加工制成块状产品，以满足冶炼要求。

3. 制团的工艺流程是什么？

制团的工艺流程图见图 8 − 1。

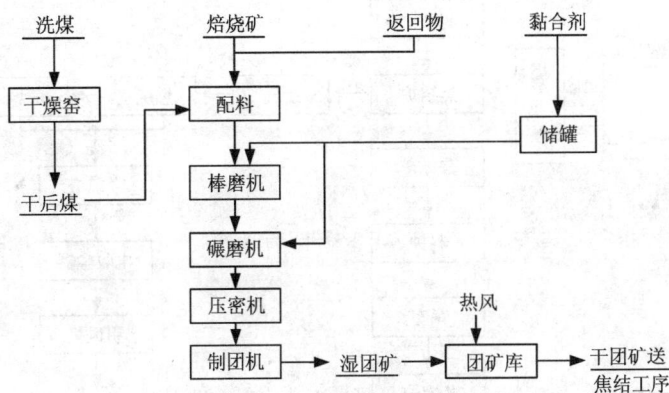

图 8 − 1　制团的工艺流程图

4. 为什么要对生团矿进行焦结?

干燥后的生团矿机械强度低,而且含有 7% ~ 10% 的挥发物及 2% 左右的水分,如直接加入蒸馏罐内,气体在高温下急剧膨胀会使罐口及上延部压力剧烈增大,冲淡和污染锌蒸气,恶化冷凝条件,团矿本身也会破碎,降低透气性,不利于蒸馏过程的进行。因此,生团矿在加入蒸馏罐前要进行焦结。

5. 生团矿是怎么进行焦结的?

生团矿焦结是在高温条件下,使其内部水分和挥发分蒸发的同时,利用还原煤在 390 ~ 450℃ 液化性能较高的特点,凭借煤中液相胶体的黏度把焙烧矿和其他黏结性的组分均匀有效地包裹起来,从而形成坚实多孔的骨架,既增加了团矿的机械强度,又改善了其冶炼性能。

焦结在中性气氛中进行,以防团矿中的氧化锌被还原造成锌的损失。

6. 焦结工序生产工艺流程图是什么?

焦结工序的工艺流程图见图 8 - 2。

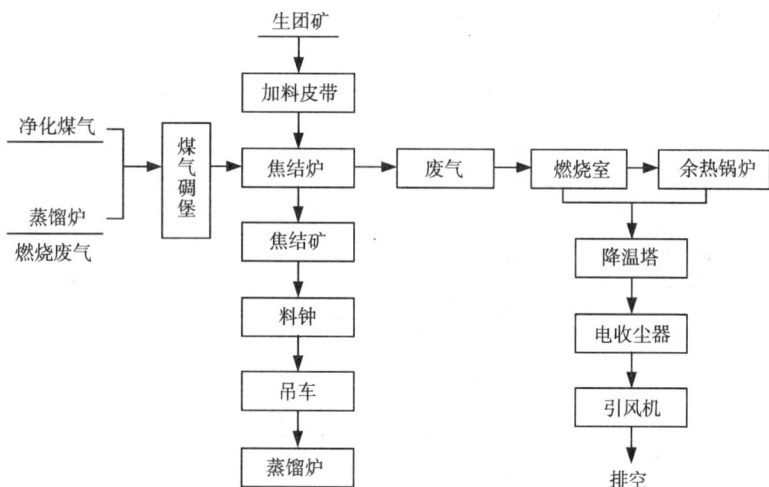

图 8 - 2　焦结工序的工艺流程图

7.冷凝系统工艺流程是什么?

冷凝系统的工艺流程图见图 8－3。

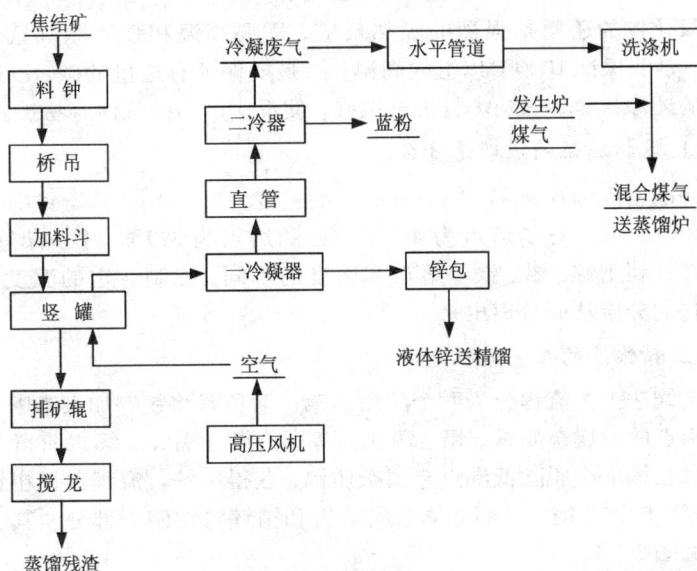

```
焦结矿
  │
┌────┐         冷凝废气 ──→ ┌────────┐ ──→ ┌──────┐
│料 钟│              ↑      │水平管道│     │洗涤机│
└────┘         ┌──────┐    └────────┘     └──────┘
  │            │二冷器│ ──→ 蓝粉      发生炉 ↗  ↑
┌────┐         └──────┘              煤气 ╱
│桥 吊│              ↑                    ↗
└────┘         ┌──────┐                      ↓
  │            │直 管 │                 ┌──────────┐
┌────┐         └──────┘                 │ 混合煤气 │
│加料斗│             ↑                   │ 送蒸馏炉 │
└────┘         ┌────────┐ ──→ ┌──────┐ └──────────┘
  │            │一冷凝器 │     │锌包│
┌────┐         └────────┘     └──────┘
│竖 罐│              ↑             │
└────┘              │        液体锌送精馏
  │              空气
┌────┐              ↑
│排矿辊│        ┌────────┐
└────┘         │高压风机│
  │            └────────┘
┌────┐
│搅 龙│
└────┘
  │
蒸馏残渣
```

图 8－3　冷凝系统的工艺流程图

8.飞溅式冷凝器工作原理是什么?

飞溅式冷凝器的转子安装在冷凝器前端的倾斜面上。转子头埋在锌液中,在电机带动下以 400 r/min 左右的速度旋转,将锌液扬起形成锌雨,把冷凝器内整个断面封住,炉气通过时被锌雨洗涤冷却形成锌液留在锌池中。飞溅式冷凝器的效率一般为 95% 左右。

9.粗锌精馏的基本原理是什么?

粗锌中的杂质主要是铅、镉、铁等,它们的沸点分别是:锌907℃,镉767℃,铅1525℃,铁3235℃,铜2360℃。利用锌和其他杂质沸点不同,控制温度,经过多次蒸馏,多次分凝回流,将锌中的杂质与锌分离,最终得到高纯度的金属锌。

10.蒸馏炉内氧化锌的还原反应方程式及反应条件是什么?

蒸馏炉内氧化锌的还原反应可用下列方程式表示:

$$ZnO + CO = Zn + CO_2 \uparrow \qquad (8-1)$$
$$CO_2 + C = 2CO \uparrow \qquad (8-2)$$
$$ZnO + C = Zn + CO \uparrow \qquad (8-3)$$

氧化锌的还原是强烈的吸热反应，需要高温和强还原气氛。因此，一是要保证1000℃以上的高温；二是要保证有过量的碳，以造成强烈的还原气氛；三是炉料透气性好，使反应产出的气体容易扩散。

11. 熔析精炼的原理是什么？

锌的密度为6.9~7.2 g/cm³，铅的密度为11.34 g/cm³，铁的密度为7.87 g/cm³，锌的熔点为419℃，铅的熔点为327℃，铁的熔点为1530℃。利用锌、铅、铁等熔点和密度的不同，控制一定的温度，可以使它们分层从而分离出来。

12. 精馏法的工艺流程是什么？

精馏法工艺流程分为两个阶段。第一阶段是将粗锌加入铅塔中脱除高沸点的金属杂质铁、铅、铜和锡等，获得含镉锌。第二阶段是将含镉锌在镉塔中脱除低沸点金属杂质镉，获得精锌。流程包括粗锌熔化、液体粗锌分馏、无镉液体金属熔析和精锌铸锭四个部分。其工艺流程见图8-4。

13. 热传递方式有几种？竖罐蒸馏炉主要靠哪种方式传热？

热传递方式主要有：

（1）传导传热。物体内部相邻部分的热量传递。

（2）对流传递。只能在气体和液体间实现。由于各部温度不同而引起液体搅动和混合而实现热量传递。

（3）辐射传递。以电磁波的形式实现的传递方式。

竖罐蒸馏炉主要靠辐射和传导传热。

14. 精馏锌的冶炼回收率怎样计算？

$$精馏锌回收率 = \frac{产出精锌含锌量}{A \pm B - C} \times 100\% \qquad (8-4)$$

式中：A——加入的总锌量；

B——期末、起初塔内存锌量差额；

C——各种返回品锌量（包括氧化锌、硬锌、锌渣、高镉锌、粗铅等）。

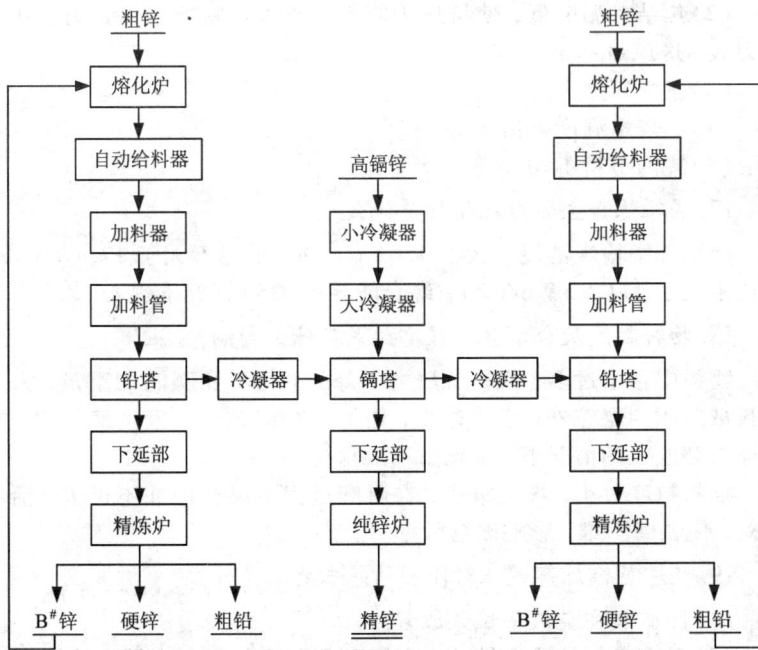

图 8 - 4　锌精馏工艺流程图

15. 影响精馏冶炼回收率的主要因素有哪些?

（1）在无收尘或者收尘效率低的时候，压密砖损坏或者燃烧室上盖灰缝不严密，压密砖锌漏入燃烧室损失掉。

（2）在无收尘或者收尘效率低的时候，塔裂漏损失。

（3）熔化炉、精炼炉烟囱温度超高，造成锌蒸发损失或者在扒渣时飞扬损失。

（4）处理塔顶或者冷凝器放炮等事故、扫除回流塔、冷凝器和下延部等部位、更换加料器加料管等操作以及冷气底座放气等造成金属锌跑冒损失。

（5）锌渣和氧化锌等含锌物料倒运过程中损失。

16. 渣含锌高的原因是什么?

（1）原料含硫高，团矿碳倍数低，粒度不符合要求。

（2）焦结矿温度低，使抗压力降低，造成炉料透气性不好，送风阻力大，送风量不足。

（3）罐内压力大。

（4）燃烧室温度合格率低。

（5）罐内下料不均。

17. 竖罐炼锌主要能耗指标是什么？

蒸馏锌中块煤消耗不大于 1.03 t/t Zn，水耗不大于 17.1 t/t Zn，电耗不大于 237.5 kWh/t Zn。综合能耗 1.9358 t(标准煤)/t Zn。

18. 物料粒度及含水量对碾磨效果有什么影响？

物料中含水过多，物料抗压力下降，承受不住碾砣的重量，大量物料被挤压到碾砣外；水分过少，增加了物料粒子之间的摩擦力，在同样碾磨遍数的情况下，堆比重增加得少。

物料粒度过小，堆比重小，在碾磨过程中黏合剂加不进去，活动性差，使碾磨困难，影响碾磨效率。

19. 竖罐蒸馏炼锌过程对团矿的基本要求是什么？

（1）团矿能在空气中长久放置。

（2）具有良好的冶金性能：高温下热稳定性好，焦结后多孔使其透气性和导热性能良好。锌品位稳定，使锌能较快地还原，残渣含锌低。

（3）化学成分适合冶炼要求，具有良好的还原性能。

（4）具有良好的机械性能。

（5）具有合适的形状和尺寸，不应有尖角尖边。

（6）较低的水分含量。

20. 影响湿团矿质量的因素有哪些？

（1）团压物料的水分。水分适量、均匀，料干时可适当多加。

（2）物料的密度。

（3）团压物料的粒度组成。

（4）黏合剂的种类和用量。黏合剂比重大，对提高生团矿抗压力有好处。

（5）团矿成型压力的选择。一般来说，增加制团机压力能提高团矿的强度。生产中一般选择 180 ~ 250 kg/cm²。

21. 物料粒度对团矿质量有什么影响？

团矿的聚合是由于被团压物料的粒子间存在着摩擦力引起的。物料粒子越细，表面积越大，粒子间的结合力越大。因此物料粒度越细对团矿强度越有利。同时，粒度越细，吸水性越强，粒度细的物料可加入较多的黏合剂，也对团矿强度有好处。再者，物料粒度细，反应物之间接触界面大，能促进晶体的活化，促进扩散，这样可加速反应的进行。物料粒子的形状对团矿强度也有一定的影响。由板型和楔形粒子交叉形成的团矿强度大大超过由球形粒子所堆积起来的团矿强度。在生产实践中，既要保证物料有足够细的粒度又要保持粒度的不均匀性。

22. 热补炉使用的材料和器具有哪些？

热补炉用的材料有碳化硅灰，要求含 $w_{SiC} > 85\%$，粒度大于 60 网目，其作用是与罐壁同材质结合；黏土要求含 SiO_2 为 52%，Al_2O_3 31%，粒度 < 60 网目，其作用是在高温下结合；水玻璃要求 $w_{SiO_2} : w_{NaO}$ = 3:1，用水稀释至 8 ~ 12 波美度，其作用是在低温下增加黏结力。

补炉灰浆的配比为：碳化硅 90%，黏土 10%，用适量水玻璃调匀。

补炉使用的工具有灰浆罐、补炉枪、灰浆筛、枪嘴、钎子等。

23. 开炉升温过程为什么要有几次恒温过程？

蒸馏炉开炉升温过程中，要求在 260℃、500 ~ 580℃、820 ~ 940℃和 940℃以上时保持一段时间的恒温。这是因为：在 260℃ 时保持恒温有利于新砌炉体中的水分蒸发排出，防止温度急速升高、水蒸气散发较快，炉体裂缝增大，损坏炉体。在后两个温度点保持恒温，是因为它们是硅砖的低、中温晶体转化点，使硅砖稳定地膨胀，这样可以保持炉墙不裂或少裂纹。在 940℃ 以上恒温一段时间，则是为了提高下底部温度，缩小上下温差，使温度均衡。

24. 影响炉体寿命的主要原因是什么？

(1)炉体砌筑质量，包括耐火材料质量。

(2)升温过程中温度控制是否得当，主要是上、下与左、右温度是否均衡。

（3）处理悬矿时升温、降温速度及机械力对炉体的打击。

（4）日常热补维护与保养。

25.罐壁积铁是如何形成的?

蒸馏炉炼锌是在强还原气氛下进行的,除氧化锌被还原外,其他金属氧化物也有可能被还原。罐内积铁的形成是由于铁的氧化物被还原成海绵铁,然后与矿粉沉积在罐壁上(也有人认为,氧化亚铁和矿粉沉积在罐壁后铁被还原出来,其他成分呈渣状流向下部)。如炉料中含铁较高,则被还原的铁逐渐在罐壁上黏结积存形成积铁,厚度可达到 10 ~ 20 mm 以上。积铁形成铸铁和熔矿,含铁为 50% ~ 70%,含二氧化硅 5% ~ 8%,含锌 1% ~ 3%。当温度波动较大时(如处理悬矿排空)很容易自动脱落。如正常生产时脱落,则随炉料进入排料装置,容易造成不能正常排料的事故。

预防罐内积铁的主要措施首先是降低炉料中的含铁量。其次是保持较高的配煤比,增加碳对熔结物的吸附。此外,提高焦结矿强度和蒸馏残渣完整率,保持均匀下料,都有利于减少积铁的形成。

26.蒸馏炉供热为什么要对气体燃料、空气进行预热?

预热能够显著提高气体燃料、空气的物理显热,降低排出废气带走的热量,从而提高燃料的利用率。一般情况下,空气预热温度 >850℃,煤气预热温度 >650℃。

27.罐体裂漏的原因是什么?

罐体是由碳化硅砖砌筑的,在生产过程中承受着高温下的热应力、砖自重压力和炉料的侧压力,还受摩擦和腐蚀作用。生产实践证明,温度急剧变化和罐内压力波动是造成罐体裂漏的主要原因。

罐体裂漏多发生在激烈热交换的罐体上、中部。裂纹有沿砖缝方向的,也有沿炉体纵向的,宽度达 1 ~ 5 mm,个别漏损成孔状,直径 10 ~ 20 mm。正常情况下,开炉 150 ~ 180 d 后开始出现罐体裂漏现象。

28.罐体温度分布状况如何?

罐内温度是靠调整燃烧室温度控制的,而罐内温度又是通过罐外的温度测量得知的。罐内中心平均温度应控制在 1150℃以上,罐内外温度差应为 80 ~ 150℃。从加料口往下算,上延部范围内的温度分布一般以 50℃/100 mm 的梯度升高,罐口温度为 790 ~ 830℃,上部罐本体部分锌还原反应激烈，温度在950℃左右。中、下部温度逐渐升高到1200℃。到下延部经水套排矿辊排出，残渣温度1000℃左右，经水封搅龙排出。

29.影响燃烧室温度的因素有哪些？

（1）燃气成分是否符合要求。

（2）煤气管道压力是否达到规定要求。

（3）负压是否符合要求。

（4）换热室换热效率和空气、煤气预热温度是否达标。

（5）废气排出压力大小。如阻力大，则要扒杂质、扫过道或总道。

（6）罐裂漏影响。

（7）炉体系统漏气，冷空气进入。

（8）炉体损坏情况。常检查炉体，发现异常及时处理。

（9）仪表指示是否正确。要检查电偶或仪表，进行校对。

30.二冷工接班后为什么要拉大刷？

大刷子是保证直管不堵塞的扫除工具，经过上一班的生产，直管内很容易结疙瘩，如不及时处理，越积越多，越多越硬，影响炉气流通，严重时堵满，最后被迫停产处理。接班后，拉大刷子可对炉体状况心中有数，有利于正确判断生产中的问题。

31.排出挡板开启的原则是什么？

开启原则是"两边大、中间小"。两边大是因为炉料在下降过程由于受到罐头两边的阻力，下降速度慢，中间小是为确保炉体下料均匀。

32.料面深是什么原因引起的？有什么危害？

料面过深的原因是：

（1）下料快。排料频率过快；排矿辊挡板开得过大；和排矿辊电机连接的排矿辊大拐子偏心距过大。处理方法是控制排料速度。如果下料仍过快，要及时找排出工调整排矿辊偏心距。如果偏心距已经很小，则关小挡板。

（2）料量波动大。控制料量速度，并通知调度查明原因，采取措施处理。

料面过深的危害：

（1）上延部对炉气的过滤作用减弱，炉气中的尘粒进入一冷器，恶化了冷凝条件，降低了冷凝效率，使锌粉量增加，扫除周期缩短。

（2）高温炉气与冷炉料的热交换减弱，提高进入一冷器的炉气温度和直管温度，降低冷凝效率，同时还影响蒸锌质量。

（3）造成罐内热负荷小，罐壁出现局部高温，使罐壁积铁脱落，容易造成被迫停炉事故。

（4）加快上沿部悬矿生成。

33. 下延部送风有什么作用？

在蒸馏锌生产中须从下延部往罐内适量送风，目的是强制炉气向上流动，使蒸馏还原过程生成的锌蒸气从团矿表面迅速扩散，这样可降低渣含锌，提高炉日产量。同时，空气还可以在下延部与团矿中的碳燃烧，提高下部温度。

34. 控制罐口压力的原因是什么？

罐口压力是保证蒸馏效率、冷凝效率的一个重要指标。如罐口压力过大而燃烧室压力较小时，罐内锌蒸气则由罐头砂封或漏裂处进入燃烧室迅速燃烧，不仅造成锌的损失，而且造成局部高温，加速罐体损坏。如罐口压力过低，则燃烧室废气进入罐内，冲淡炉气，使锌蒸气氧化，降低冷凝效率。另外，罐口压力大，会使锌蒸气上行困难，渣含锌增高。所以，控制罐口压力，对降低渣含锌、提高冷凝效率、延长炉体寿命都有重要作用。

35. 制团工序使用的物料及其质量要求有哪些？

焙烧矿：$Zn \geqslant 55\%$，$Pb < 1.5\%$，$Cd < 0.05\%$，$Cu < 0.065\%$，$S \leqslant 0.6\%$，$Fe \leqslant 10.5\%$，磨后粒度 + 60 目 < 5%，– 200 目 45% ~ 65%。

洗煤：对竖罐炼锌用的洗煤要求同时具有焦结性强、固定碳高、灰分低、熔点高、含硫少、挥发分适量等特性，配料前要求经过干燥、破碎，具体为：固定碳 > 60%，挥发分 25% ~ 30%，灰分 < 12%，硫 < 1%，熔点 > 1300℃；干燥后含水分 < 1%，粒度 – 200 目 25% ~ 35%。

返回物：水分 < 10%，不含明锌、砖块、瓦片等杂物。

黏合剂：生产实践表明，竖罐炼锌制团用纸浆黏合剂较好。具体要求为：比重 1.25 ~ 1.29 之间（25℃），pH 5 ~ 6，灰分 15% ~ 23%，水分 45% ~ 50%，含氯 < 8 mg/L。

36. 对焦结矿质量要求主要有哪些？

抗压力大于 450 kg/cm²，储矿室温度 780 ~ 820℃，团矿表面不烧、不乌、完整。

37. 蒸馏炉点火升温的操作过程及注意事项有哪些？

开炉准备：

（1）空气、煤气进口，炉体各部扫除口全部密封。各层挡板关闭。

（2）安装好测温热电偶及仪表。

（3）打开升温孔。点火时先开热风机形成负压 50 ~ 60 mm H₂O，让煤气先在炉外燃烧，借抽力把燃烧废气引进煤气横道后进入燃烧室。

点火升温：

（1）点火前在煤气嘴处点燃火源，开煤气闸门，待煤气完全燃烧后撤掉火源。

（2）随燃烧室温度升高逐步增加煤气量，同时抹缝增加抽力，使燃烧后废气中 CO 过剩，延长煤气燃烧部位，使炉温按规定升高。

（3）升温要求：600℃ 以下每小时升 5℃，600℃ 以上每小时升 10℃，在 260℃、540℃、860℃、1100℃ 时适当恒温一段时间。升温时力求温度平稳，上、中部温差小于 50℃，中、下部温差小于 50℃。中修炉子升温需 10 天，大修炉子需 12 天。

换大煤气和通废支：

（1）换大煤气：燃烧室温度低于 900℃ 时用净化煤气在炉外燃烧，用燃烧后的高温废气加热炉体。当温度达到 900℃ 时即换大煤气。操作方法是：拉开煤气拉砖，关小预热室煤气。在煤气进口放火源，开煤气大闸门。当煤气着火后，废气赶走煤气洞的空气。封闭进口门，逐步开大煤气。当生产煤气来后，关死预热煤气，撤掉中、下、底部的煤气管，根据情况调节煤气量大小。

（2）通废支：拉开废支插板，装好蝶形挡板，拆掉预热废气管道，停热风机。根据温度情况调节蝶形挡板。

注意事项：

（1）升温热源除了在五节向炉内供给外，一般在三节、四节部位添加火管补充热源，旨在消除炉体各部温差。

（2）开炉供热气体燃料要在炉外燃烧，以防燃烧室内温度低于燃点，燃气在炉内发生爆炸。

38. 团矿送风应遵循什么原则？

送风到头、均匀、不着火、不过火，干燥层在 8～12 mm。

湿团矿堆满一段后即送风，以延长干团冷却时间。

由低温到高温送风。风温 75～125℃。

送风温度、风量应随季节、气候变化作适当调整。冬季气候潮湿可适当提高风温，增大风量。

39. 配料时碳倍数的计算方法是什么？

碳倍数是指团矿实际含碳量与理论上还原其中的锌量所需碳量的比值。例如，按配料比知，混合料中焙烧矿为 53%，煤 32%，黏合剂（干量）6%，返粉 6%，蓝粉 3%。其中，焙烧矿含锌 60%，返粉含锌 45%、含碳 15%，蓝粉含锌 70%，煤含碳 60%。

物料中锌品位为：

$$53\% \times 60\% + 3\% \times 70\% + 6\% \times 45\% = 36.6\%$$

物料中含碳量为：

$$32\% \times 60\% + 6\% \times 15\% = 20.1\%$$

则碳倍数为：

$$20.1\% / (36.6\% \times 0.184) \approx 2.98$$

（式中 0.184 是根据用碳还原锌反应式求得，即 $12/65.37 \approx 0.184$）。

40. 影响团矿锌品位和碳倍数的因素是什么？

（1）原料锌品位波动。

（2）配料岗位操作误差。

（3）煤、矿秤不稳定。

（4）取样不及时或无代表性。

（5）返回物加入不均匀，煤、矿的加入量不稳定。

（6）洗煤含碳量波动大。

41. 焦结炉温度调整原则及技术条件是什么？

焦结炉调整以保证焦结矿质量为目的，以控制炉温为中心，是通过调整烟气量来满足炉处理量需求的。具体的调整方法有：调整进、出口温度，进、出口压力，燃料投入量及炉进口含氧等。炉温指标一般控制范围：进口温度 950～1050℃，出口温度 200～350℃，燃烧室温度 >800℃，进口含氧 <2.0%，进口压力 -300～-450 Pa，出口压力 -600～-850 Pa。

42. 焦结炉的温度指标为什么控制在 780～820℃？

焦结温度正常控制在 780～820℃。如温度过低，团矿焦结过程不完全，抗压力低，加入蒸馏炉后使罐口压力和排出压力增大，影响蒸馏效率和蒸馏锌产量，渣含锌高。如温度过高，团矿表面的碳被燃烧，使表面脱落，返粉率增加，团矿单耗升高。同时，过高的焦结温度还会使锌还原蒸发造成损失。另外，焦结温度过高，使部分物料烧结，在焦结室易形成炉疤。

43. 焦结烟气的性质是什么？收尘方法有哪些？

焦结室出来的烟气温度为 200～450℃，其中含有大量的挥发分、焦油和含锌矿尘。焦结烟气的处理一般湿式和干式两种。湿式收尘就是在焦结炉后设洗涤收尘室，采用喷淋降废气温度，并将其中的烟尘收集下来作为含锌物料返回利用，烟气排空。干式收尘就是将焦结烟气引入燃烧室燃烧，温度达 950～1050℃，送入锅炉回收余热，粗颗粒尘在锅炉沉降室沉降，细粉尘由锅炉后的布袋、电收尘器等设备收集，余气排空。

8.2　主要设备选型及配置

44. 制团工序主要设备及其性能参数是什么？

制团工序主要设备有干煤机、球(棒)磨机、碾磨机、压密机、制团机等。国内某厂选用设备参数见表8-1至表8-4。

表 8-1　国内某厂干煤机性能参数

长度/m	直径/m	电机功率/kW	斜度/(°)	转速/(r·min^{-1})	干燥强度/(kg·H$_2$O·m^{-3}·h^{-1})	生产能力/(t·台$^{-1}$·h^{-1})	排风机			烟气量/(m^3·h^{-1})	烟气含水/(g·m^{-3})
							电机功率/kW	流量/(m^3·h^{-1})	压力/mm H$_2$O		
13.5	1.45	28	5	5	77.5	10~20	100	31600	425	8720	170

表 8-2　球磨机性能参数

长度/m	直径/m	转速/(r·min^{-1})	电机功率/kW	装球/t	球耗/(kg·t^{-1}矿)	球径/mm	单机重/t	机体材质	衬板材质	生产能力/(t·台$^{-1}$·h^{-1})
6.026	1.75	23	280	14~17	0.077	60~100	52	50$^{\#}$锰钢	锰钢	14~16

表 8-3　压密机性能参数

型号	规格/mm	对辊间隙/mm	碗数/个	转数/(r·min^{-1})	产量/(t·台$^{-1}$·h^{-1})	电机功率/kW	密球尺寸/mm	料比重
对辊回转式	559×340	15	8×44	12.5~14	14.5~15	22	40×40×30	1.88

表 8-4　制团机性能参数

型号	规格/mm	对辊间隙/mm	碗数/个	转数/(r·min^{-1})	产量/(t·台$^{-1}$·h^{-1})	电机功率/kW	团矿尺寸/mm	团矿单重/kg
对辊回转式	559×214	2~3	2×22	10.5	13.5~14	22	105×78×41	0.5

45. 焦结系统主要设备及其参数有哪些?

焦结系统主要设备如表 8-5 所示。

表 8-5 焦结系统主要设备

序号	名称	数量	规格型号	质量 /t	处理量 /(t·h⁻¹)	产出量 /(t·h⁻¹)
1	加料大皮带	2 条	B650×80	10	40	
2	加料小皮带	3 条	B650×20	2.5	40	
3	废热焦结炉	3 座	H5000	300	10.5	8.37
4	降温塔	3 座	φ4000×12000	70		
			φ6000×12000	100		
			φ8000×12000	100		
5	引风机	3 台	Yg-37-5	10	21.8 m³/h	
6	静电除尘器	1 台			18.0 万 m³(标)/h	

46. 竖井焦结炉的主体结构及各部分作用是什么?

竖井焦结炉主体结构包括储料室、焦结室、分料器、储矿室、燃烧室等部分,其中,分料器的作用是使中间部分的物料下降速度减慢,保持与两侧下料速度平衡,从而使团矿的焦结时间趋于一致;储矿室在加料时有密封作用,可保持系统压力稳定,同时生团矿在此部位预热;焦结室是焦结炉的主体部分,生团矿在此处同蒸馏炉废气发生热交换而焦结;储矿室的作用是均衡焦结后的团矿,并保护排矿辊;燃烧室的作用是使焦结过程中的挥发物充分燃烧,升高废气温度进行余热发电,并沉降废气中的烟尘。

47. 竖罐蒸馏炉的基本结构包括哪些?

竖罐蒸馏炉共分为四部分,即竖罐、冷凝器、加料与排料装置、燃烧室及换热室。竖罐按其各部分的作用可分为:上延部、罐本体、下延部三部分。上延部位于罐本体上部,与加料装置连接,前端接通冷凝器,在工艺上承受罐料与炉气的热交换和有害杂质过滤等任务。

蒸馏炉按结构分三种类型:Z40-8、Z60-12、Z100-12。各炉型的主要技术经济指标比较见表 8-6。

表 8 - 6　Z40 - 8、Z60 - 12、Z100 - 12 炉型的主要技术经济指标比较

指标	单位	炉型		
		Z40 - 8	Z60 - 12	Z100 - 12
燃料种类		净化混合煤气	净化混合煤气	粗煤气
受热面积	m	40.06	58.96	100.68
炉日产量	t(炉·日)	7 ~ 9	10 ~ 14	19 ~ 23
渣含锌	%	<1	<1	<1

蒸馏炉结构(Z60 - 12)见图 8 - 5。

48. 一冷凝器的结构是什么?

一段冷凝器外壳用钢板焊接而成,内衬一层石棉板,再砌筑一层保温砖,内壁用黏土砖或高铝砖砌筑。中间为底部略有倾斜的贮锌池。在锌池内设有一石墨桥式挡墙,将锌池分为前后两池,其作用是将浮在锌液表面的锌粉挡在后室,以减少转子的磨损。在靠近废气排出端装有电动石墨转子。在冷凝器一侧设有贮锌池,底部与冷凝器相通。锌液中设有蛇形冷却水管。在冷凝器另一侧设有扫除门,用于定期扒除锌粉。一冷凝器的结构见图 8 - 6。

49. 二冷凝器的结构及各部分的作用是什么?

蒸馏炉二冷器实质是洗涤器,其作用是对一冷器过来的炉气洗涤收尘,同时提供输送烟气的动力,对罐内压力进行控制。二冷器由直管、扫除装置、斜管、洗涤塔、蓝粉槽、沉淀箱、水力喷射器等部分组成,均为钢板及铸铁制作。在二冷器后部还装有洗涤机,以进一步净化废气和提高输送压力。

各部分作用:

(1)直管。其作用是将一冷器出来的烟气经斜管导入二冷器。

(2)二水封。将炉气与高压水在其内部接触洗涤出蓝粉。

(3)水力喷射机。高压水通过水嘴喷出,在喷射机内形成抽力,借此将罐内炉气经倾斜部、一冷器、方箱、直管抽至二冷器,经洗涤后送到水平管道。水喷机产生的抽力是控制罐内压力的主要动力。

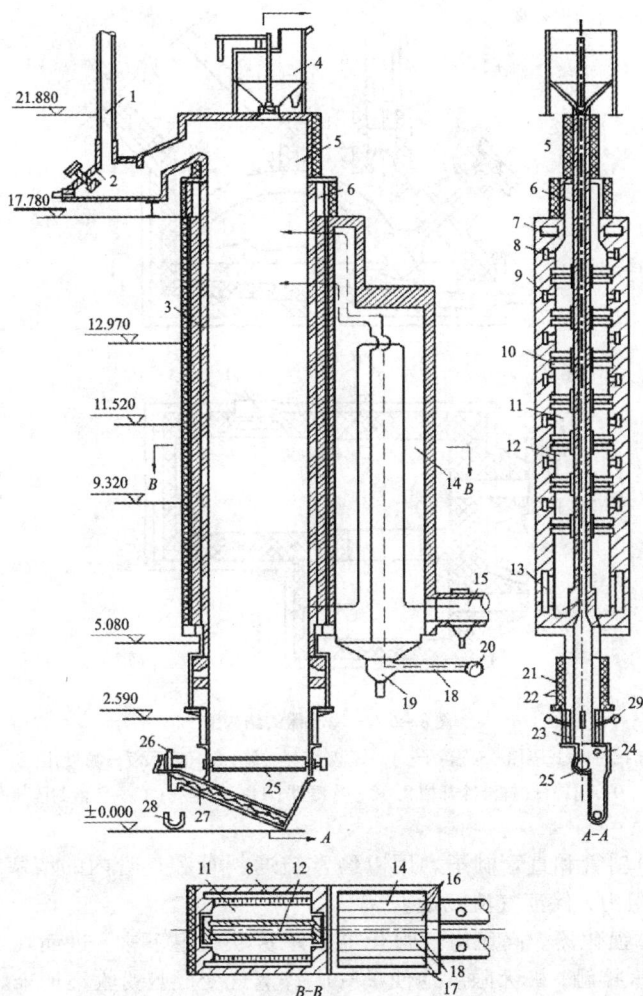

图 8 - 5　蒸馏炉结构(Z60 - 12)

1—直管；2—冷凝器；3—蒸馏罐头；4—加料斗；5—上延部；6—小燃烧室；7—煤气总道；
8—空气道；9—空气总道；10—顶砖；11—燃烧室；12—蒸馏罐；13—燃烧室废气道；
14—换热室；15—废气出口；16—废气；17—空气；18—煤气；19—废气漏斗；
20—净化(混合)煤气；21—下延部砖套；22—扫除孔；23—水套；24—排料挡板；
25—排矿辊；26—电动减速机；27—排料螺旋输送机；28—冲渣水沟；29—送风管

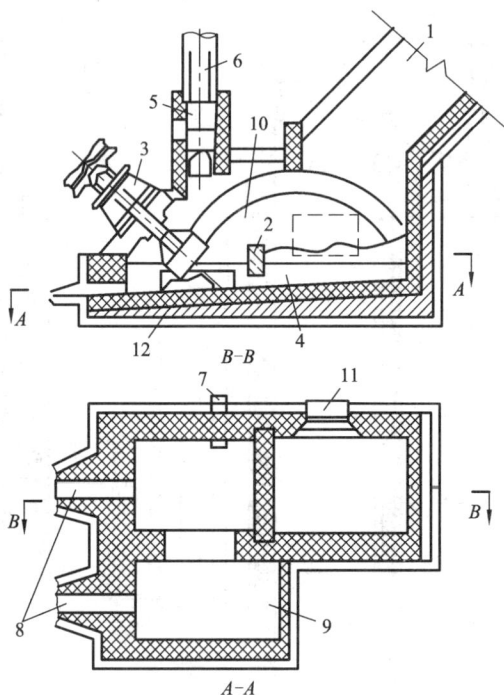

图 8-6 一冷凝器的结构图

1—倾斜部；2—桥式隔墙；3—转子；4—锌液；5—方箱；6—直管；7—测量孔；8—出锌孔
（放锌孔）；9—出锌槽（锌液冷却槽）；10—冷凝器；11—扫描孔；12—锌液封隔清孔道

（4）斜管和直管刷子。用以经常疏通斜管和直管内的堵塞物，减少气体阻力，保证气流畅通。

（5）强化器。高压水经强化器后呈雾状喷淋下来，进而在二水封内与炉气接触，极大限度地使炉气中锌蒸气变成蓝粉收集下来。

（6）蓝粉槽。承装二水封内产出的蓝粉和强化器水，并对二水封起封闭作用。

（7）沉淀箱。承装各水喷机及双水封、三水封内沉淀下来的蓝粉和水喷机水，同时起隔绝一、二水喷机气体的作用。

（8）立通。将冷凝废气导入水平管道。

（9）双水封及三水封。导通废气，喷雾洗涤。

50.精馏塔的结构及附属设备有哪些？

铅塔：包括塔本体、熔化炉、燃烧室、换热室、冷凝器、精炼炉、加料器等。镉塔：包括塔本体、燃烧室、换热室、大冷凝器、小冷凝器、纯锌槽等。

51.精馏过程使用的主要机械设备有哪些？

电动葫芦(单轨吊车)和铸锭机。

52.锌精馏塔的结构示意图是什么？

锌精馏塔结构示意图见图8-7。

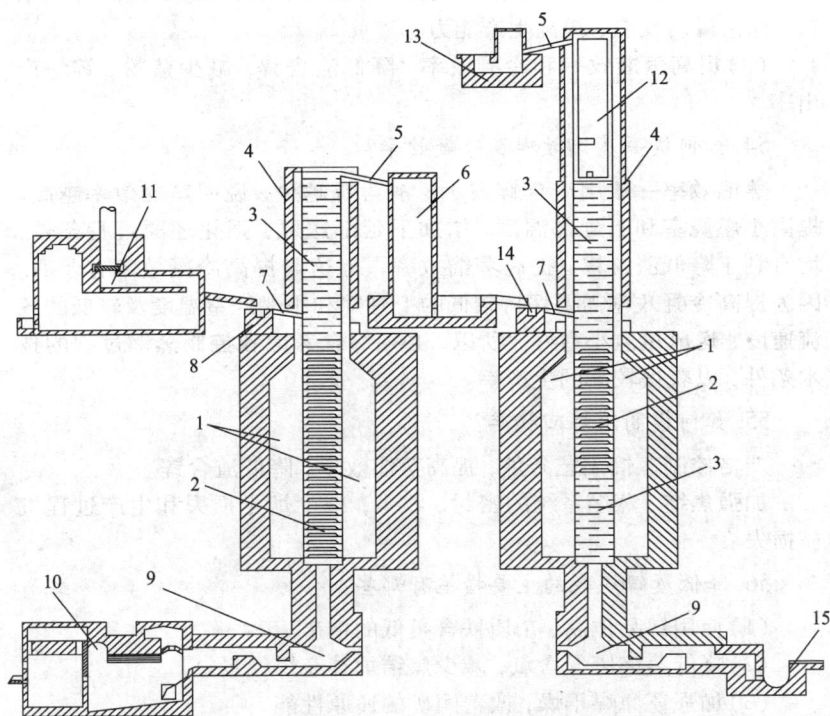

图8-7 锌精馏塔的结构示意图

1—燃烧室；2—蒸发盘；3—回流盘；4—回流塔保温套；5—溜槽；6—铅塔冷凝器；
7—加料管；8—铅塔加料器；9—下延部；10—熔析炉；11—熔化炉；
12—镉塔大冷凝器；13—镉塔小冷凝器；14—镉塔加料器；15—纯锌槽

8.3 主要过程控制

53. 如何提高炉子生产率?

(1)提高生团矿和焦结矿质量。严格控制焙烧矿成分、粒度、配料比和制团、干燥、焦结工序技术条件,为蒸馏炉提供强度好、冶金性能好的炉料。

(2)确定合理的热工制度,选择适当的换热室结构,提高废气与空气、煤气的换热效率和燃烧室温度;改进罐壁砖质量,提高传热系数,加快罐内反应,提高生产能力。

(3)提高蒸馏效率和冷凝效率,降低渣含锌,减少蓝粉、锌粉产出率。

54. 如何提高蒸馏效率及冷凝效率?

蒸馏效率一般用渣含锌表示。渣含锌越少,说明蒸馏效率越高。提高小燃烧室和上延部温度,增加下延部送风,强化还原过程条件,均有利于降低渣含锌,提高蒸馏效率。但这与提高冷凝效率有矛盾。因为提高冷凝效率需要保持较低的上延部和小燃烧室温度及较低的气流速度,送风量愈小愈好。所以,必须综合考虑和控制蒸馏过程的技术条件,以获得较高的生产率。

55. 如何提高冶炼回收率?

严格控制蒸馏工艺条件,提高蒸馏效率,降低渣含锌。

加强焦结、蒸馏系统的密封、收尘,减少烟尘损失和生产过程机械损失。

56. 降低蒸锌煤耗的主要措施有哪些?

(1)使用锌品位高、杂质铁含量低的精矿。

(2)降低蒸馏废气含氧,减少焦结炉补充煤气量。

(3)加强还原煤干燥,改善团矿的还原性能。

(4)提高炉、窑的运转率。

(5)加强能源的综合利用和回收,如蒸馏残渣和冷凝废气等。

57. 精馏过程如何降低煤耗?

(1)严格控制燃烧室、熔化炉、精炼炉温度,杜绝大煤气操作。

（2）纯锌槽、方井、自动给料器、含镉锌溜槽等锌液外露部分加强保温，不用或少用煤气。

（3）加强燃烧室、换热室、熔化炉、精炼炉外壁保温，减少热损失。

（4）调整燃烧室、熔化炉、精炼炉抽力挡板，防止因抽力过大而使废气带走热量。

（5）加强对煤气管道、各扫除口等部位的堵漏工作，防止煤气外泄损失，冷空气从漏缝处进入炉内，降低炉内温度而使煤气消耗增加。

58. 焦结炉开、停炉应做哪些准备？

对使用过的焦结炉开炉前要进行清理，对水冷却设备进行给水检查，确保不漏水。检查加、排料设备是否运转正常。全部检查结束后即可开炉。

新建或大修后的焦结炉开炉前要进行烘炉，排出砌体中的水分。其方法是开进口挡板少量送气，使炉温 16 h 内缓慢升到 200℃，恒温 24 h。然后加入焦炭至炉栅底部，加入生团矿转入正常生产。

停炉前必须做好换炉准备工作，待新炉正常加料后方可停止加料，并陆续排出炉内焦结矿，关闭废气进出口挡板和煤气闸门。停料后不允许长时间不排料，防止焦结矿黏结造成悬料。

59. 焦结炉开、停炉的操作顺序是什么？

开炉操作顺序：

（1）检查炉体，清理炉内杂物。确认排矿辊、上下搅龙、加料皮带等设备试车正常。

（2）排矿辊站正，排料炉门打开，加焦炭到合金棒底排管。

（3）炉栅打压试水查漏。

（4）密闭所有炉门，各部漏斗，排料水封封水，关好上、下炉门。

（5）提全进口挡板，适当提出口挡板。

（6）加满料，出口挡板提到正常生产位置。

（7）3 ~ 4 h 后，视团矿焦结程度排焦炭，并检查炉体下料情况。

停炉操作顺序：

（1）开炉料加满后 1 h，待停炉停止加料。

（2）待停炉料至焦结室出现空层，闸出口挡板位于一半位置。

（3）待停炉料排至储矿室处，闸死进口挡板，出口挡板带微负压。

（4）料排空后，出口挡板闸死，打开炉体各扫除门。

60. 热工调整的操作原则是什么？

调整时应低压大量，多稳少动，燃烧室负压和煤气压力在保证生产的前提下尽量低，维持燃烧室内充满大量气体，实现热饱和，温度才能稳定。温度分布上高下底，空气分布上大下小。具体为：

（1）严格控制好两个总条件，即煤气压力和系统负压，并做到分炉压力调配均衡。

（2）单炉空气调整应遵循挡板开、关上大下小原则，最底层空气不超过2寸；动下层空气先检查上层空气，每次开动不超过2寸。

（3）遵守"三保"关系：即燃料充分燃烧，保证废气量和废气温度；废气热量保证预热空气温度；空气预热充分以确保燃烧室温度。

（4）因某种原因总条件受到限制时，则应保持上部温度高于中、下、底部温度。

61. 燃烧室温度指标及调整方法是什么？

燃烧室温度指标及调整见表8-7。

表8-7　燃烧室温度指标及调整

序号	温度变化情况	原因	调整方法			
			煤气挡板	废气挡板	空气挡板	沙封挡板
1	燃烧室上、中、下侧温度全低	总给热量不足，抽力小	—	开大	—	—
2	上侧温度超指标，中、下部温度低	给煤气不足	开大	—	—	—
3	上侧温度低，中、下部温度正常	上部空气量不足	—	—	开大一层或关小下部各层	—
4	上侧温度低，中、下部温度超指标	给煤气量过多	关小	—	—	—
5	燃烧室温度全高	总给热量过多	—	关小	—	—

续表 8 – 7

序号	温度变化情况	原因	调整方法			
			煤气挡板	废气挡板	空气挡板	沙封挡板
6	上高侧低,其他温度正常	空(煤)气在上部前部分布不均	—	—	—	关小
7	上低侧高,其他温度正常	进入上部空气量不足	—	—	—	开大
8	中部温度低,其他温度正常	进入中部空气量不足	—	—	开大三、四层	—
9	中部温度高,其他温度正常	进入中部空气量过多	—	—	关小三、四层	—

62. 热补炉的方法和操作程序是什么?

竖罐补漏是高温和正常生产条件下进行的,故称为热补炉。其方法是:将补炉材料按比例混合做成灰浆装入密封灰浆罐。灰浆罐用压缩空气加压,灰浆在高压下由喷枪嘴喷出涂在罐漏处堵住漏位。

操作程序:

(1)准备好补炉材料、工具。

(2)通知调整工关煤气。

(3)打开补炉门确定罐体裂漏位置,选择长、短喷枪进行喷补。

(4)补后补炉门抹好,做好补炉位置、时间等记录。

(5)通知调整工开煤气调温。

63. 处理悬矿时如何调整温度?

停止加料后,燃烧室温度会逐步提高,可采用挡空气道、减少煤气、关抽力等方法降温。

提温时与上述操作相反,给煤气、开抽力、最后打开空气道升温。

温度指标控制:停料 1~2 h 温度保持 1300℃(以上部为准),3~6 h 以 10℃/h 的速度降温至 1260℃,7~10 h 以 20℃/h 降温至 1180℃。

处理悬矿期间的温度保持 1150~1200℃,下底温度 <950℃。

加焦前 8 h 排出要密封好,以 20℃/h 的速度提温,5 h 后达到

$1300 \sim 1340℃$，恒温 3 h，下底部温度必须 $>1200℃$。最后加焦保持正常生产温度指标。

64.调整工与扫除工、调整工与补炉工及补炉工和扫除工如何配合?

调整工与扫除工配合:调整工应及时判断换热室、空气道堵塞位置和程度，通知扫除工处理。扫除工应尽快处理，消除堵塞，保证热工调整顺利进行。

调整工与补炉工配合:调整工应及时发现炉子裂漏情况，并通知补炉工。在补炉时调整工要关小煤气，或根据需要开抽力。补炉后马上提温，大给煤气，大开抽力和空气挡板提温。补炉工在补炉时要做到快、准、好、省:快——补炉动作要快，时间越快越好，以减少炉体温度波动;准——补炉位置找准，既省时间又省灰量;好——补炉质量要好;省——用灰量要少。

补炉工与扫除工的配合:补炉和扫除操作不应同时在一座炉子上进行。因为，补炉和扫除都要往燃烧室和换热室内吹入压缩空气，而且打开炉门多，易造成炉外喷火。

65.扫方箱的操作方法及注意事项是什么?

扫方箱由一冷工操作，具体方法为:

(1)在接到二冷工通知后准备好工具和黄泥等。

(2)在二冷工准备就绪后，正压情况下打开方箱门，着火后通知二冷工开负压。

(3)先扫方箱直管根，再扫除方箱下眼，扫除完后封闭扫除门。二冷工恢复正常生产条件。

注意事项:

(1)切勿在负压情况下打开扫除门。

(2)扫除时人一定要站在侧面操作。

66.如何检查排除二水封发生爆炸?

先通知二冷工处理压力，停风，罐口压力保持 0 mm H_2O。将水封盖子揭起来即可打门。打门后必须等着火后方可进行检查。如果长时间不着火可钩一下红料，确定不能着火后就可检查了。

注意事项:

（1）检查时必须从下边打门。

（2）人必须站在侧面，必要时戴防毒面罩。

（3）必须有两人以上同时操作。

67.小漩涡什么情况下凝锌？

一般情况下，经过一冷器未冷凝下来的锌蒸气以蓝粉的形式部分降落在小漩涡内。但是，如果发生停转子时间过长，或转子头过小、断转子等情况，使锌蒸汽大量进入小漩涡及二冷器内凝聚，又没有及时放净蓝粉，就会造成小漩涡凝锌。此时直管温度很高，一般为550~700℃。

68.一冷工的操作要点是什么？

（1）接班后准备好操作工具，尤其要干燥好。

（2）勤掏隔墙。

（3）按时出锌，锌液面不能过高或过低。

（4）确保一冷水管冷却效果，避免冷凝室温度过高或过低。

69.加料工的操作要点是什么？

（1）每小时给每炉加料一次。

（2）加料前、后均要测定料面深度。

（3）加料过程中不停止排料，正常情况下排料要均匀稳定。

（4）每次操作后做好记录。

70.扒锌粉操作顺序及注意事项是什么？

操作顺序：

（1）二冷工处理好压力，停止送风和加、排料。根据温度情况决定是否关冷却水管。

（2）扫除时先扫下边，然后逐步向上边扫。

（3）扫除后即可打开扫除口扒锌粉。扒锌粉时一般要停转子，如炉内锌粉过多，可扒一段时间后开动一次转子。

（4）扒净锌粉后即可封闭扫除门。然后通知二冷工恢复压力、送风，正常排料。

注意事项：

（1）扫除和扒锌粉时人必须站侧面操作，防止烫伤。

（2）二冷工随时观察二冷条件，但不能随意变动，同时对操作做好监护。

（3）二冷工要操作时，必须通知一冷工先停止作业并躲开。

71. 洗涤机开、停车操作方法是什么？

开车前准备：

（1）与值班调度和二冷岗位联系好。

（2）对设备进行详细检查后，向运转方向盘车2~3周，关闭入口阀门2/3，打开出口阀门，关水。

（3）轴瓦口注油，安装好温度计。

（4）检查电源系统，按电器操作顺序启车。

开车：

（1）按电器操作顺序合上电源开关，按启动按钮启车。

（2）打开入口阀门，保持适当的压力指标。

（3）打开冷却水管，进行喷雾，调整压力。

停车：

（1）与有关单位联系好。

（2）关冷却水阀门。

（3）关入口阀门。

（4）按电器操作顺序停车。

（5）关好进出口阀门。

72. 如何延长悬矿周期？

延长悬矿周期的措施有：

（1）定期检查，及时清理罐内悬挂物。

（2）严格控制罐内均匀下料，防止料面过深。

（3）加强堵漏，保证上延部不漏气。

（4）做好上延部保温。

73. 如何更换加料管？

操作顺序是：

（1）准备工具，预热新加料管。

（2）燃烧室温度降至1050℃以下，在微正压下更换。

（3）打开加料器盖板，敲掉旧的加料管。

（4）清理加料管槽，并打底抹灰。

（5）安装预热后的加料管。

（6）捞出加料器内浮渣，盖好盖板，加料管及加料器刷缝抹严。

（7）燃烧室逐渐升温至正常。

（8）清理现场，工具归位。

操作时注意事项：

（1）加料管必须预热再安装。

（2）不能用碳化硅灰和黄泥作为加料管槽底灰，应使用耐火灰，避免烧结，给下次更换操作造成困难。

（3）操作要快，更换时间小于 20 min。

74. 调整岗位在开炉升温时应注意什么问题？

（1）当燃烧室温度在 600℃ 以下时，小时升温速度为 5℃，在 600℃ 以上时小时升温速度为 10℃，降温速度为每小时 10℃。

（2）燃烧室温度必须大于 800℃，换热室进口温度（直升墙）大于 500℃，换热室废气出口温度大于 350℃ 时，方可换送大煤气。

75. 调整岗位在停炉降温时应如何操作？

（1）停炉降温时，采用逐步减少燃烧室煤气量的办法降低炉内温度。先减空气，后关煤气。

（2）停炉降温速度为 10℃/h，上部温度达到 800℃ 时，将煤气阀门及废气挡板关死，进行自然降温。

（3）停止对燃烧室的煤气供应后必须将炉体各部位密封。

（4）当燃烧室上部温度大于 700℃，不能按计划指标降温时，可打开燃烧室上盖煤气观察孔；当温度大于 400℃，不能按计划指标降温时，可打开燃烧室下部入孔和炉门；当温度大于 200℃ 时，可打开换热室废气支道扫除门。

76. 开炉升温时，换大煤气如何操作？

（1）换大煤气前先准备好工具和材料。

（2）操作时先在煤气阀门方箱扫除口插入燃着的油布火把，然后调整抽力，使扫除口呈微正压。如抽力过大，可先关抽力后点油布。

（3）当火把和木材燃烧 5～10 min 后可给煤气，待煤气稳定着火后撤出火把和木材，将扫除口封闭抹严。

（4）点燃煤气时应严格控制温度。一般可先开煤气阀门三圈，使小煤气升温口呈微负压，然后快速封闭小煤气升温孔。调整工在接到扫除岗位通知后，按升温计划调整燃烧室温度。

8.4 主要故障处理

77. 如何减少蓝粉的形成？

通过一冷器但未冷凝的锌蒸汽随同炉气中夹带的烟尘进入二冷器，接触洗涤水而形成蓝粉，其大部分是微细锌粒，含锌量为70%。降低炉内气流速度及冷凝室温度，可减少蓝粉生产量。

78. 焦结炉生产过程中主要的漏风部位有哪些？对生产有什么影响？如何处理？

（1）烟气管网漏风：增大系统烟气量，影响生产负压指标，导致系统排风能耗增加。

（2）炉体进口管道漏风：降低进口温度，提高炉内含氧，造成焦结矿表面爆皮，焦结返粉增加。

（3）炉体排料部位漏风：焦结矿表面燃烧，氧化锌还原损失，严重时造成焦结矿团黏结，影响炉体下料。

处理方法：做好对各漏风部位的日常检查，强化系统密闭，日常采用的密封方式有料封、水封、泥封、沙封等。

79. 焦结炉炉栅结疤的原因及处理办法是什么？

结疤原因有：焦结炉出口温度低，团矿中挥发出来的焦油状物质糊在炉栅上；入炉的生团矿破碎，且净化不好，堵塞炉栅；蒸馏罐漏，产出的氧化锌堵塞进口炉栅；对炉栅堵塞处理不及时。

处理方法：控制出口温度 >250℃；净化好加入炉的生团矿；及时处理炉栅堵塞。

80. 焦结炉出口温度高的原因及处理办法有哪些？

焦结炉出口温度偏高的主要原因是总给热量过多。如超出指标范围过多（高出100℃）时，多是以下几方面影响：进口部位漏气严重、炉体半面下料、料面过深导致烟气跑直通、排料时间间隔过长。处理方法：减少废气量，强化进口堵漏抹缝，处理悬料或半面下料；强化炉体加排料管理。

81. 焦结炉出口温度低的原因及处理办法是什么?

原因是总给热量不够,抽力不够,或漏气。处理方法:增加废气量,当废气含氧高时补煤气消氧,彻底抹缝。

82. 焦结系统在停电掉闸时如何操作?

(1)停止燃料供给,如在停电情况下送燃料容易发生爆炸。

(2)全开副烟道,全开排风机进口挡板,使用自然抽力。

(3)停止加、排料操作。

(4)若停电时间长,可开放管道扫除门,以减少爆炸危险。

83. 降低焦结返粉率有哪些措施?

(1)加强堵漏抹缝,降低进口废气含氧,保证含氧 <2.0%。

(2)控制焦结炉进口温度 950~1050℃,出口温度不能过高。

(3)做好排料口各部位密封,防止漏气,减少团矿表面氧化。

(4)控制生团矿质量,保证净化效果。

84. 停电掉闸时热工调整的操作方法是什么?

(1)停止一切作业,炉体及管道保持密封状态。

(2)管道保持正压 0~5 mm H_2O。

(3)听从调度指挥,来电后按指标的一半开煤压,再按指标的一半开负压,后将煤气、负压指标恢复正常。

当停电时间超过 3 h 以上,必须把炉顶的大闸关死,往煤气管道内送蒸汽。恢复生产时重新按点火顺序升温。

85. 定期扫除换热室的原因及方法有哪些?

罐漏产生的氧化锌黏性很大,黏附在砖壁上,使废气通道面积变小,排出阻力增大,影响燃烧室温度和换热效率。为保证废气畅通增加抽力,必须对废气通道进行定期扫除。

扫除的方法:由上往下打开一个门扫一个门,过道和换热室积存的氧化锌可用风管吹掉。二节上升道积存的氧化锌和杂质用扁铲和钎子清除。废气"脖子"处用风管和短铲、短钎扫除。

86. "打杂质"要注意什么问题?

"打杂质"的目的是使燃烧室废气排出畅通。其方法是用铁钎、耙子等工具扒出二阶杂质门内的熔融杂物。"打杂质"时注意:耙杆不准放在潮湿有水的地方，以防爆炸伤人；使用后的耙杆把口不准对人，以防热气烫伤；停电掉闸时停止操作。

87. 停电时洗涤机应如何操作？

（1）关死洗涤机出口闸门，关水。

（2）保持系统正压。如果压力过大，要打开放散口（水封盖），但严禁将分炉的放散管同时打开。

88. 什么叫超差？如何处理？

当罐口与二水封两点间的压力差超过规定指标 10 mm H_2O 时称为超差。这被认为是危险的信号。因为超差不仅仅影响系统炉气的畅通，降低冷凝效率，还会由于抽入空气过多而发生爆炸事故。

处理方法是：

（1）检查压力指示是否有误。

（2）拉斜管，如压力差仍降不下来，则扫方箱。

（3）如倾斜部堵塞、疙疤厚、锌粉过多，则进行扫除、扒锌粉。

（4）直管根凝锌。需更换直管根。

89. 二水封爆炸的原因是什么？如何处理？

二水封爆炸的实质是 CO 气体燃烧造成很大的压力将二冷水封盖子崩起。CO 气体与空气混合，当浓度达到一定值时（按体积比下限达 12.5%，上限达 75%），遇到明火或温度达到燃点时就会发生爆炸。在正常生产状态下，二冷器内 CO 浓度较高，一般达不到爆炸极限。当二水封与罐口之间有堵塞部位，炉气又不能顺利进入二水封，二水封或其他部位又漏气时，二水封内 CO 气体和空气的混合浓度就有可能达到爆炸极限，如遇明火或温度高时就会发生爆炸。

二水封发生爆炸事故时，首先关掉强化器和水喷机水。停风、停止加排料，扎死废气，揭开加料器大砣。以上操作完成后，查找原因并处理，恢复生产：先将蓝粉槽加满水，然后盖二水封，慢慢盖大砣，通废气，开强化器水，开风，正常排料。

90. 停电时如何操作？

（1）立即关锌槽冷却水，以保持锌液温度。

（2）经常疏通斜管，注意蓝粉槽内蓝粉沉积量不能过多。

（3）根据锌液温度情况经常盘转子，以免被锌液凝住。

（4）如停电时间过长，储锌槽应采取保温或升温措施。

91. 直管温度高的原因及处理方法是什么？

直管温度高的原因：

（1）锌粉过多，使冷凝室容积减小。

（2）转子磨损严重或转速不够，冷凝效率低。

（3）一冷水管冷却效率不好。

（4）料面深，气流速度快，使冷凝效率低。

（5）排出风量大，冲淡炉气，影响冷凝效率。

（6）锌液循环不好，冷凝室内温度超高。

处理办法：

（1）及时掏隔墙、扒锌粉，增大冷凝室容积及散热量，使锌液良好循环，降低锌液温度。

（2）及时换转子。

（3）勤洗刷水管，提高一冷水管冷却效率。

（4）稳定料面，均匀下料，适当送风，减少炉气量。

92. 蒸锌含铁高的原因是什么？如何降低蒸锌含铁？

蒸锌含铁高的原因：

（1）冷凝室（或直管）温度高。

（2）冷凝室锌粉多，且温度高。

（3）原料含铁高。

（4）料面过深，过滤杂质效果不好。

降低蒸锌含铁的办法：

（1）严格控制冷凝系统温度。直管温度小于 420℃，锌液温度小于550℃。

（2）出锌前升温时间尽可能短。

（3）及时扒锌粉。

（4）稳定罐内料面，保持加料口筛子不堵。

93. 直管温度低的原因及处理方法是什么？

直管温度低的主要原因是由于接头处堵塞，造成罐内气体不能或少部分进入一冷凝器。其次，可能还有以下原因：

（1）二水封水进入直管，降低直管温度，且会出现二冷压力增大的现象。

（2）仪表指示有误。

（3）大、中修后期要停的炉子罐漏严重，使冷凝器内气体量减少。

处理方法：

（1）及时扫除处理接头堵塞部位。

（2）如直管进水，应关小强化器水，对二水封内进行检查处理。

（3）对热电偶及线路、仪表进行检查。

（4）罐漏的炉子要适当减少罐口压力，及时补炉。

94. 精馏熔化炉煤气正压及温度升不上去是什么原因？如何处理？

原因：

（1）炉门关不严，进冷空气过多，煤气给不进去。

（2）废气过道堵塞。

（3）废气拉板开得小或堵死。

（4）烟囱堵塞。

处理方法：

（1）处理炉门，使其关严。

（2）扫除废气过道，扒出氧化锌。

（3）调整或扫除废气挡板。

（4）扫除烟囱，使其畅通。

95. 铅塔加料器方井锌液面突然过低或抽干是什么原因？如何处理？

原因：

（1）加料量突然增大。

（2）煤气故障、扫除及补塔等操作时燃烧室温度下降过多。

处理方法：

（1）调节加料器使之均匀加料。

（2）加强铅塔加料器的保温。

（3）与二熔化岗位和班长联系，确保燃烧室扫除、补塔操作时按规定降温。遇有特殊操作应加强联系，注意保温。

96. 镉塔不产或少产高镉锌是什么原因？如何处理？

原因：

（1）燃烧室及大冷凝器温度低。

（2）小冷凝器内锌渣多。

（3）小冷凝器溜槽堵塞。

（4）回流塔堵塞。

处理方法：

（1）调整燃烧室或者大冷凝器温度，使之达到规定指标。

（2）扫除小冷凝器，扒出锌渣。

（3）扫除小冷凝器溜槽及回流塔，使其畅通。

97. 停煤气时一熔化岗位应如何操作？

（1）停电掉闸时，如果煤气压力 >200 Pa，则可开大煤气，关小抽力，维持炉温。待恢复煤气后调整煤气和抽力至正常。

（2）如果煤气压力 <200 Pa，则应关闭煤气和抽力，闷炉维持炉温，并加强各附属部位的保温。恢复煤气后，调整抽力挡板，先明火后给煤气，逐步升温至正常。

98. 停煤气时二熔化岗位应如何操作？

（1）关闭小冷凝器储槽保温煤气，加强保温。

（2）关大冷凝器保温窗及铅塔冷凝器保温窗。

（3）对加料器和加料管进行保温。如停煤气时间较长，可对外露锌液面及加料管、加料器用木材燃烧保温。

（4）恢复煤气后，先明火后给煤气。加料管、加料器待温度正常后再逐渐撤去燃烧的木材。

99. 铅塔冷凝器"鼓开"是什么原因？如何处理？

原因：

（1）燃烧室或者冷凝器温度长时间超高或突然升高。

（2）加料器"涨潮"、"抽风"。

（3）加料量突然变化，忽大忽小。

（4）冷凝器底座锌粉过多，冷凝效率低，塔内气体压力过大。

处理方法：

（1）调整燃烧室温度及冷凝器温度。

（2）加料器"涨潮"、"抽风"及时处理。

（3）调整料量，防止忽大忽小。

(4)扫除冷凝器，扒出锌粉。

100.镉塔加料器"鼓开"是什么原因，如何处理？

原因：

(1)燃烧室及冷凝器温度长时间超高，或突然升高。

(2)加料器"涨潮"、"抽风"。

(3)冷凝器溜槽堵塞及小冷凝器内锌粉过多。

(4)料量突然变化，忽大忽小。

处理方法：

(1)调整燃烧室及冷凝器温度，防止超高。

(2)加料器"涨潮"、"抽风"要及时处理。

(3)扫除堵塞部位。

(4)调整料量，避免忽大忽小。

101.精锌含铅高的原因是什么？如何处理？

精锌含铅高的原因有：

(1)原料粗锌含铅高。

(2)回流塔保温套堵塞，铅塔塔顶盖板开得小。

(3)加料不均匀，勒料严重。

(4)燃烧室直升墙及下部温度超高。

处理方法：

(1)降低蒸锌及 B$^{\#}$锌含铅量。

(2)扫除回流塔保温套及调整铅塔塔顶空气盖板。

(3)加料要均匀准确，不断料。

(4)调整燃烧室温度，使直升墙和燃烧室温度差低于30℃。

102.精锌含镉高是什么原因造成的？如何处理？

原因：

(1)原料含镉高。

(2)燃烧室及大冷凝器温度超高或过低。

(3)小冷凝器溜槽堵塞、小冷凝器内锌渣多。

(4)镉塔回流塔保温套不畅通或回流塔堵塞。

处理方法：

(1)控制原料含镉。

（2）调整燃烧室及大冷凝器温度，使其在指标范围。

（3）扫除小冷凝器及溜槽。

（4）扫除镉塔回流塔及保温套，清除氧化镉渣。

103.燃烧室正压是什么原因造成的？如何处理？

原因：

（1）煤气给得过量。

（2）废气出口、直道、直升墙、换热室、废支等导出废气的通道有堵塞部位。

（3）抽力小。

（4）塔漏严重。

处理方法：

（1）调整煤气量及抽力，使煤气、空气比例适度，呈微正压操作。

（2）及时扫除堵塞部位。

（3）及时补塔。

104.停煤气时调整岗位如何操作？

（1）停煤气后，立即关闭各炉废气拉砖或各塔废支挡板及抽力。

（2）保持煤气总道压力大于 200 Pa，最低不能小于 50 Pa。当煤气发生炉不能供应煤气有产生负压的危险时立即全部关死煤气，以防回火爆炸。

（3）如煤气压力大于 200 Pa，可开大煤气，适当关抽力。

（4）如停煤气时间较长（在 1 h 以上）时，应闷炉操作，并对有关部位进行保温。

（5）来煤气后逐步增加煤气压力时，先开抽力后给煤气。当煤气压力达到 400 Pa 时，将各废气挡板恢复到原来位置。

（6）燃烧室升温要均匀，不可太快。同时注意冷凝器温度上升情况及加料器"涨潮"情况，防止塔顶及冷凝器放炮崩开。

8.5　主要产物的成分、产率和技术经济指标

105.蒸馏粗锌的质量标准是什么？

蒸馏粗锌的质量标准见表 8－8。

表 8-8　蒸馏粗锌的质量标准

牌　号	化 学 成 分 / %								
	杂质含量(不大于)								
	Pb	Cd	Fe	Cu	Sn	Al	As	Sb	总和
Zn 99.5%	0.3	0.07	0.03	0.002	0.002	0.005	0.005	0.01	0.50
Zn 98.7%	1.0	0.2	0.07	0.005	0.002	0.005	0.01	0.02	1.30

106. 精馏锌的质量标准是什么?

精馏锌的质量标准见表 8-9。

表 8-9　精馏锌的质量标准

牌　号	化 学 成 分 / %							
	Zn 不小于	杂质含量(不大于)						
		Pb	Cd	Fe	Cu	Sn	Al	总和
Zn 99.995	99.995	0.003	0.002	0.001	0.001	0.001	0.001	0.005
Zn 99.99	99.99	0.005	0.003	0.003	0.002	0.001	0.002	0.01
Zn 99.95	99.95	0.030	0.01	0.02	0.002	0.001	0.01	0.05
Zn 99.5	99.5	0.45	0.01	0.05	—	—	—	0.5
Zn 98.5	98.5	1.4	0.01	0.05	—	—	—	1.5

107. 蒸锌生产过程的主要产物及比率是什么?

(1)蒸馏锌。蒸馏产出蒸锌品质一般符合国家商品锌四级以上标准,需送精馏车间进一步精炼提纯。蒸锌产出率83% ~92%,蒸锌化学成分实例:Zn 99.5%,Pb 0.3%,Fe 0.1%,Cu 0.002%,Cd 0.07%,Al 0.005%,In 0.006%,其他 0.007%。

(2)蓝粉。蓝粉是锌蒸气在冷凝室内形成的微细金属颗粒,随冷凝废气中机械夹带的烟尘进入二冷凝器。降低气流速度和冷凝室温度可降低蓝粉产量。蓝粉产出率为 2.5% ~5.0%，是影响冷凝效率的主要因素。蓝粉含锌 70% 以上，经干燥后返制团工序。

（3）锌粉。锌粉是在冷凝过程中形成的由氧化锌包围的锌颗粒，含锌 65% ~80%。降低炉气中的 CO_2、O_2 和水分，可减少金属锌氧化，也就能减少锌粉的产出率，提高冷凝效率。锌粉产出率为 1% ~2%，筛出其中的明锌后可作为返回物料供制团工序。

（4）氧化锌。氧化锌是在焦结、蒸馏生产过程由金属锌氧化生成，经过锅炉、管道沉降和布袋回收所得的产物。其锌含量随收集部位变化较大，布袋尘含锌 50% ~60%，锅炉尘稍低，加料口尘含锌大于 50%，管道尘含锌 30% ~50%。氧化锌产出率为 1.5% ~3.0%。布袋氧化锌化学成分实例：Zn 48.08%，Pb 5.8%，Fe 1.64%，Cd 5.28%，SiO_2 2.08%，In 0.38%，水溶 Cl 2.09%。

加强系统密闭，防止罐壁裂漏可降低其产出率。焦结系统收集的氧化锌可作为提铟原料。

（5）蒸馏残渣。蒸馏残渣含锌 2% ~4%，还有大量的剩余碳和多种有价金属，是综合利用的重要原料。其产出率与团矿锌品位及渣含锌有关，一般为 0.9 ~1.2 t/t 蒸锌，约为入炉团矿量的 30% ~35%。蒸锌残渣成分实例：Zn 0.3% ~1.5%，Pb 0.5% ~0.6%，Fe 10% ~17%，Cu 0.5% ~1%，Cd 0.05%，Ag 0.01%，In 0.0006%，C 30% ~35%，S 0.9% ~1.2%，SiO_2 15% ~22%，CaO 2.2%，Al_2O_3 3.5%，MgO 2.4%，Ag >0.01%。

（6）冷凝废气。其含 CO 60% ~80%，是高热值燃料，产量为 250 ~350 m^3/（h·炉），送入煤气管道与发生炉煤气混合供蒸馏炉燃烧室使用。冷凝废气的成分及发热值实例：CO >65%，CO_2 <1%，O_2 <1%，H_2 7% ~10%，CH_4 及 C_nH_m 3% ~4%，N_2 18% ~22%，发热值 2210 ~2530 kcal/m^3。

（7）蒸馏炉燃烧室废气。温度为 780 ~800℃，气量为 3000 ~6000 m^3/（h·炉）。用于焦结炉加热和余热锅炉发电。

蒸馏炉燃烧室废气的成分实例：O_2 24%，H_2 7 ~10%，H_2O 8.5%，N_2 73%，ZnO 0.02%，SO_2 0.015%。

108. 精馏的主要产物及成分是什么？

锌精馏的主要产品是精锌，中间产物有 $B^\#$ 锌、粗铅、硬锌、锌渣及高镉锌等，见表 8 - 10。

表 8 - 10   精馏产物化学成分实例/%

名称	Zn	Pb	Fe	Cd	Cu	Sn	As	Sb
精馏锌	99.99 ~ 99.997	0.002	0.0015	0.0018	0.0015	0.0008	—	—
B#锌	98 ~ 98.9	0.8 ~ 1.8	<0.03	<0.0001	0.003 ~ 0.005	<0.005	<0.01	0.04 ~ 0.1
硬锌	90 ~ 95	2 ~ 3	2 ~ 4	<0.01	0.044	0.0015	0.0015	0.14
高镉锌	80 ~ 85	<0.002	<0.001	15 ~ 20	<0.0005	<0.001		
粗铅	1 ~ 5	约98						
锌渣	70 ~ 80	0.45 ~ 0.92	0.05 ~ 0.08	0.01 ~ 0.03		0.01 ~ 0.06		

109. 蒸馏锌主要技术经济指标是什么？

蒸馏锌主要技术经济指标见表 8 - 11。

表 8 - 11   蒸馏锌主要技术经济指标

项目	单位	指标
锌回收率	%	≥95.5
渣含锌	%	≤1.5
直产率	%	≥84
炉体寿命	月	≥22 个月

110. 制团工序各岗位主要生产技术指标有哪些？

(1)洗煤：固定碳 >60%，灰分 <12%，干燥后含水 <1%。

(2)破碎后洗煤粒度：全部通过 14 网目筛子，+ 60 目 < 5%，- 200 目 25% ~ 35%。

(3)碎后混合料粒度： + 60 目 < 5%，合格率 70%， - 200 目

45% ~65%，合格率80%。

（4）配料误差：每5 t煤配入混合矿，对比规定配料量上、下波动量 <150 kg。

（5）黏合剂加入：棒磨加入3% ~4%，根据料量及时调整黏合剂加入量，要求混匀，调合料外观干湿均匀，无小球。碾磨加入约2%。

（6）返回物加入量 <15%，含水约10%。

（7）湿团矿质量：水分4.5% ~5.5%，抗压力 >2.8 MPa，抛高度1次/2 m不碎，合格率80%，表面光滑、不裂。

（8）干团矿质量：抗压力 >24 MPa；抛高度4次/1 m不碎，合格率80%；表面光滑、不裂，如有裂纹，宽 <1 mm，长 <30 mm；干燥层8 ~12 mm；Zn 34% ~36%，C 18% ~22%（碳倍数2.8 ~3.1），水分1.5% ~2.5%。

第9章　密闭鼓风炉炼锌

9.1　生产工艺

1. 烧结系统主要工艺流程是什么？

按一定配比配好的混合精矿干燥后与返粉混合、制粒，然后经烧结机烧结脱硫。合格烧结块送熔炼，不合格烧结块破碎成返粉返回配料，二氧化硫烟气送制酸。

烧结系统工艺流程图见图9－1。

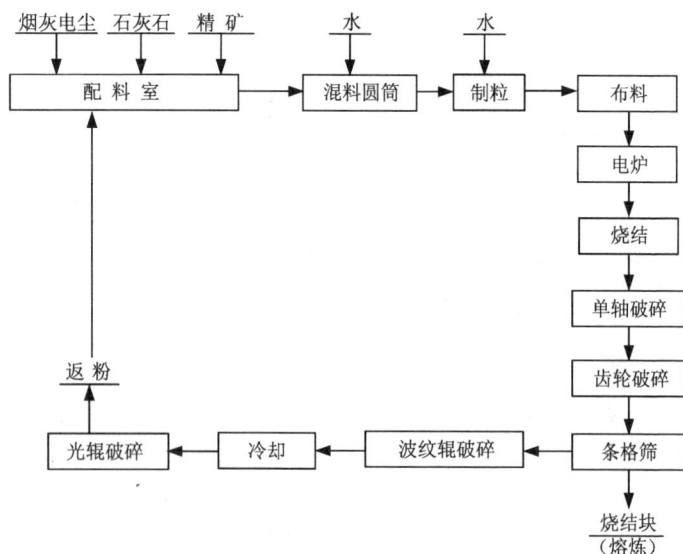

图9－1　烧结系统工艺流程图

2. 备料系统主要工艺流程是什么?

冷焦炭经炉顶加料装置加入预热器预热,合格的热焦炭经排料称量加入料罐。

烧结块由烧结车间送到备料系统烧结块仓内,多余的烧结块进入转运仓。

热烧结块经筛分称量加入料罐。细小的烧结块送回烧结车间。

鼓风炉煤气经过洗涤塔、洗涤机旋流板塔净化后由升压机加压送到煤气用户。洗涤水经24 m浓密机和19 m澄清池浓缩后的蓝粉送到烧结车间18 m浓密机。清水进入循环水池,由泵供给煤气洗涤设备。

鼓风炉煤气与空气混合在热风炉内燃烧加热格子砖,再由热的格子砖加热冷风,送入鼓风炉。热风炉烟气一部分进入换热器加热鼓风炉煤气和助燃空气。

3. 鼓风炉系统主要工艺流程是什么?

ISP鼓风炉工艺是用热焦作还原剂,还原烧结块中的ZnO、PbO,使ZnO形成锌蒸气,在铅雨冷凝器内富集,在分离器内铅锌分离,Pb随炉气进入前床,利用密度不同实现渣铅分离。炉气经过洗涤收尘后,形成低热值煤气。煤气送各用户利用。

4. 炉渣烟化及余热锅炉系统主要工艺流程是什么?

鼓风炉前床炉渣主要成分为氧化钙、氧化亚铁和二氧化硅,还有少量的三氧化二铝,它们来自精矿的脉石和焦炭成分,炉渣含锌6%~8%,含铅<1%,此外有的渣还含有锗等有价金属。处理炉渣可直接水淬,水淬渣送往堆场进一步处理或送烟化炉,回收渣中的铅锌锗等有价金属。该工艺的第一步作业是粉煤的制备与输送,第二步作业是炉渣入烟化炉吹炼。第三步作业是烟气通过余热锅炉,锅炉受热面吸收烟气中的热熔传递给工质水,生产蒸汽,第四步作业是烟气从锅炉尾部进入收尘系统。

5. 热风炉换热原理是什么?

备料系统的热风炉属于霍戈文式内燃热风炉。

低热值煤气和助燃空气经列管式换热器加热后,进入矩形陶瓷燃烧器,两者在燃烧器内混合燃烧。燃烧的废气经炉的顶帽进入蓄热室加热格子砖,最后废气经烟道排出。切断煤气和空气,打开冷风阀,冷风进入炉子被格子砖加热后送入鼓风炉(送风期)。当温度降低时再用煤气和空气加热格子砖(燃烧期)。

为了向鼓风炉连续不断地送热风,三台炉子实行"两烧一送"的操作制度。

热风炉排出的废气中的一部分作为换热器的热源,用来加热鼓风炉煤气和助燃空气。

6. 焦炭预热器的工作原理是什么?

焦炭刚进厂时,水分、强度、温度等指标都达不到鼓风炉的生产要求,需要进入预热器进行预热。焦炭预热器分为燃烧室和加热室两部分。

煤气和空气经烧嘴在燃烧内燃烧,产生高温烟气,烟气经气体分配箱进入加热室,加热其中的焦炭,废气经洗涤净化排除。

为了控制燃烧室和烟气温度,需要将冷却后的烟气返回燃烧室一部分。合格的热焦炭经排料称量进入料罐。

为了减少焦炭燃烧损失,烟气残氧量要控制在 0.5% 以下。

7. 备料系统的主要任务是什么?

备料系统为鼓风炉工序的辅助系统,主要任务有:

(1)把冷焦预热到一定温度。

(2)将热焦、烧结块、杂料按一定要求加入鼓风炉进行熔炼。

(3)洗涤冷凝器出来的废气,为用户提供合格的煤气。

(4)由热风炉向鼓风炉提供热风。

(5)维护浊循环系统,提供蓝粉泥浆,为洗涤塔等烟气净化设备提供冷却水。

(6)为鼓风炉喷淋系统、冷却流槽和烟化炉提供冷却水。

8. 鼓风炉熔炼的主要原理是什么?

铅锌密闭鼓风炉熔炼是用冶金焦炭作还原剂,以铅锌氧化烧结块为原料,以热风为燃风的还原熔炼过程。

冶金焦炭作还原剂与铅鼓风炉熔炼相似,也与炼铁高炉相似。为了使炉料中的锌尽量被还原,又要防止炉料中的铁被还原成金属铁,造成炉缸积铁和放渣困难,在整个熔炼过程中控制的还原气氛比炼铅鼓风炉要强,比炼铁高炉要弱,即炉料中的铁最终只能被还原成 FeO,

使其进入炉渣。炉料中的氧化锌约有40%在固态中被还原,60%在液态还原形成锌蒸气随炉气进入冷凝分离系统。氧化铅被还原成铅随炉渣进入前床,利用炉渣与铅的密度不同分离。

在熔炼过程中的化学反应为:

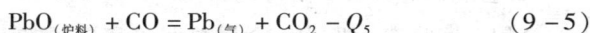

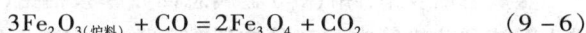

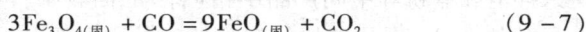

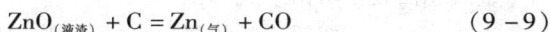

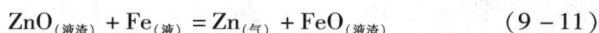

$$2C + O_2 = 2CO + Q_1 \qquad (9-1)$$
$$2CO + O_2 = 2CO_2 + Q_2 \qquad (9-2)$$
$$CO_2 + C = 2CO + Q_3 \qquad (9-3)$$
$$ZnO_{(炉料)} + CO = Zn_{(气)} + CO_2 - Q_4 \qquad (9-4)$$
$$PbO_{(炉料)} + CO = Pb_{(气)} + CO_2 - Q_5 \qquad (9-5)$$
$$3Fe_2O_{3(炉料)} + CO = 2Fe_3O_4 + CO_2 \qquad (9-6)$$
$$3Fe_3O_{4(固)} + CO = 9FeO_{(固)} + CO_2 \qquad (9-7)$$
$$ZnO_{(液渣)} + CO = Zn_{(气)} + CO_2 \qquad (9-8)$$
$$ZnO_{(液渣)} + C = Zn_{(气)} + CO \qquad (9-9)$$
$$FeO_{(液渣)} + C_{(固)} = Fe_{(液)} + CO \qquad (9-10)$$
$$ZnO_{(液渣)} + Fe_{(液)} = Zn_{(气)} + FeO_{(液渣)} \qquad (9-11)$$

9. 锌蒸气的冷凝分离原理是什么?

在熔炼过程中,气态锌随炉气进入铅雨冷凝器,冷凝器以铅为介质。铅雨吸收炉气中的锌和热量,使铅液温度上升,同时溶解的锌量也升高。随后用铅泵泵入冷却分离系统,温度下降,锌从铅液中析出,并因密度不同而分离。铅液重新回到冷凝器中,而锌液则进入贮锌槽加热成为产品粗锌。

10. 鼓风炉炉渣烟化过程原理是什么?

烟化过程是一种还原挥发过程,即把空气和煤吹入烟化炉的熔池,使化合物和游离的氧化锌及氧化铅还原成铅和锌蒸气,遇到 CO_2 和空气再氧化成氧化锌和氧化铅以烟尘状态收集。炉膛中一部分铅也以硫化铅及氧化铅的形态挥发。若熔渣中含锡,则在反应过程中还原成锡及氧化锡或硫化锡而挥发,锡及硫化锡在炉子上部再氧化成二氧化锡。所收集的烟尘大部分为氧化锌和氧化铅,此外,含有少量的氧化锡和硫化锡及铅和锡的硫化物,还有易挥发的稀有元素,烟化炉烟尘含铅8%~10%,锌50%~60%,此烟尘俗称"次氧化锌",次氧化锌大部分送烧结配料回收铅锌,同时可回收其中的金属和稀有金属。

烟化过程可以归纳为两类反应：

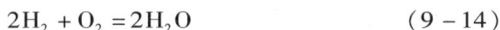

$$2C + O_2 = 2CO \qquad (9-12)$$

$$C + O_2 = CO_2 \qquad (9-13)$$

$$2H_2 + O_2 = 2H_2O \qquad (9-14)$$

以及金属氧化物的还原反应：

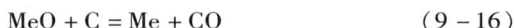

$$MeO + CO = M + CO_2 \qquad (9-15)$$

$$MeO + C = Me + CO \qquad (9-16)$$

11. 金属的总回收率如何计算？

金属总回收率：铅（锌）金属总回收率包括铅（锌）的直收率以及进入浮渣和蓝粉等中间产品中铅（锌）的回收率。生产中炉渣的含金属量及其产出率是影响铅（锌）回收率的主要因素。

金属总回收率可由下式算出：

$$铅的回收率 = \frac{粗铅中的铅量(t) + 其他物料中铅量(t)}{入炉物料中的铅(t)} \times 100\%$$

$$(9-17)$$

生产中用下式计算：

$$铅的回收率 = \frac{粗锌中的铅含量(t)}{入炉物料中的铅(t) - 其他物料中的铅(t)} \times 100\%$$

$$(9-18)$$

其他产物的铅量包括浮渣、蓝粉、粗锌等的含铅量。上式中入炉料的铅量应包括加入的补充铅量。

$$锌的回收率 = \frac{粗锌中的锌量(t) + 其他物料中锌量(t)}{入炉物料中的锌(t)} \times 100\%$$

$$(9-19)$$

在实际生产中用下式计算：

$$锌的回收率 = \frac{粗锌中的锌含量(t)}{入炉物料中的锌(t) - 其他物料中的锌(t)} \times 100\%$$

$$(9-20)$$

其他产物的锌量指浮渣和蓝粉的含锌量。

密闭鼓风炉铅回收率93%～96%，锌回收率90%～95%。

12. 金属的直收率如何计算？

铅（锌）金属的直收率是指进入粗铅（锌）中的铅（锌）占炉料中铅

（锌）的百分数。金属直接回收率可由下式算出：

$$铅的回收率 = \frac{粗铅中的铅量(t)}{入炉物料中的铅(t)} \times 100\% \tag{9-21}$$

例：某天鼓风炉处理含 Pb 为 20.0% 的烧结块 600 t，产出含铅为 97.5% 的粗铅 105 t，请计算铅直收率为多少？

解：$\dfrac{97.5\% \times 105}{20.0\% \times 600} \times 100\% = 85.31\%$

$$锌的回收率 = \frac{粗锌中的锌量(t)}{入炉物料中的锌(t)} \times 100\% \tag{9-22}$$

例：某天，鼓风炉投入的含锌 40% 烧结块 600 t，含锌 80% 硬锌 10 t。产含锌 98% 的粗锌 215 t。求锌直收率为多少？

解：$\dfrac{98\% \times 215}{40\% \times 600 + 80\% \times 10} \times 100\% = 84.96\%$

密闭鼓风炉的铅直收率为 86% ~ 89%，锌直收率为 84% ~ 87%。

13. 砷在熔炼过程的走向是怎样的？

加入鼓风炉的砷来源于烧结块和熔剂浮渣。

（1）一部分还原成砷及挥发性的 As_2O_3 被炉气带入冷凝器内。

（2）一部分砷化物（Fe_2As、Fe_3As_2、$NiAs$、$CoAs_3$、$SbAs$、Ca_3As_2）溶解于粗铅和炉渣中，砷高时，则生成砷铜锍，它是铁、镍、钴和其他金属的砷化合物的合金，即黄渣。黄渣溶解铅、银和金，它的生成对金、银富集于粗铅是不利的。

进入冷凝器的砷与锌反应生成 Zn_3A_3，在分离系统中，砷化锌从铅液中分离，在剂槽内加 NH_4Cl 后，大部分砷进入黏性浮渣。砷化锌与水接触后，会发生水解作用，生成有剧毒的砷化氢：

$$Zn_3As_2 + 6H_2O = 3Zn(OH)_2 + 2AsH_3$$

浮渣和蓝粉中的砷呈氧化状态，送烧结配料。

14. 鼓风炉熔炼过程中砷对冷凝分离系统的影响是什么？

（1）加入鼓风炉的砷，来源于烧结块和熔剂浮渣，熔炼时一部分被还原成砷及挥发性的 As_2O_3 被炉气带入冷凝器内，使浮渣增加并恶化冷凝分离过程。

（2）进入冷凝器的砷与锌反应生成 Zn_3As_2，在分离系统中，砷化锌从铅液中分离，在溶剂槽内 NH_4Cl 加入后，大部分砷进入黏性浮渣。

（3）砷化锌与水接触后，会发生水解作用，生成剧毒的砷化氢。

（4）浮渣和蓝粉中的砷是氧化物状态，送烧结配料。

（5）少量砷进入锌中。

15. 什么是返粉？

返粉是烧结产生的块状物筛分后的筛下物及部分合格烧结块经破碎后的返回物。

16. 返粉水分对烧结工艺有何影响？

返粉水分对烧结制粒有影响，返粉水分适当才能使烧结 1 号 2 号圆筒水分容易控制，制粒效果良好；对烧结生产也有影响，返粉水分适当才能使炉料透气性适当。

17. 返烟烧结制备返粉采用几段破碎？分别是什么？

一般采用四段破碎：一段采用单轴破碎机；二段采用齿辊破碎机；三段采用波纹辊破碎机；四段采用光面辊破碎机。

18. 什么是烧结配料？配料目的是什么？

烧结配料就是根据烧结块的产量和质量要求，将烧结的各种炉料按一定比例进行配制的工序。

配料目的是获得烧结机给料稳定的化学成分。

19. 烧结系统配料方法一般有哪几种？

有三种方法：①堆式配料；②电子秤皮带配料；③圆盘配料。

20. 什么是烧穿点？

烧结炙热带从料层下部逐渐上移到达料面，最后在料层表面烧穿，此料层表面被烧穿的位置叫烧穿点，此点温度测量显示为最高点。某烧结机的 15 个方箱，烧穿点一般在 11# 方箱，温度正常为 700 ~ 900℃。

21. 混合料制粒成球的机理是什么？

制粒过程必须在适当的温度下才能黏结成球，通过润湿过程使已形成的小球长大和更坚固，这种球粒是由"核心"—返粉"覆盖层"—精矿、熔剂、烟灰、蓝粉、浮渣等细物料组成。

22. 鼓风炉对烧结块的要求是什么？

（1）化学成分、造渣成分必须适宜。

（2）较大的机械强度、孔隙度和还原性。

（3）较强的热强度，还原熔炼时，烧结块更应具有较高的软化和熔化温度。

23. 水分在混合制粒过程中的作用是什么？

水分在混合制粒过程中的作用是使炉料润湿，制粒过程必须在适当的湿度下才能黏结成球，通过润湿过程使已形成的小球长大变硬。

24. 返粉粒度过粗或过细对烧结生产有什么影响？

如果大粒度返粉（$\phi > 6$ mm）占比例过大，会在混合料、制粒时使返粉与精矿的接触面积减少，并且炉料各组分很难混合均匀，导致精矿自行造球，若返粉小粒度（$\phi < 1$ mm）占比例太多，则会减弱烧结层的透气性，出现烧不透、夹生料（中间夹有未深烧的炉料）等现象，而使生产率降低。粒度应控制在 $2 \sim 6$ mm。

25. 烧结混合料的燃料量对哪些因素有影响？

烧结混合料燃料量影响下列各项因素：

（1）烧结混合料中的返粉与新混合料之比。一般来说，燃料量越多，则返粉与新混合料之比越低。

（2）硫酸产量。燃料量越多，脱硫量也越高，会产出较多的酸。

（3）烧结块产量。燃料量增高，烧结块产量也增高。

（4）烧结块硬度。生产实践证明，烧结块硬度一般随燃料量的增加而增加。

26. 炉料的水分对透气性有何影响？

炉料的堆比重随炉料含水量的变化而变化，当炉料的堆比重最小时，炉料的透气性最佳。当炉料湿度适当时，混合料中的精矿就能以一定粒度的返粉为核心而形成均匀的团粒，使炉料的堆比重降低，透气性升高。反之，当炉料含水不足或过湿时，影响制粒效果，炉料的堆比重上升，透气性变差。

27. 炉料中加入适量 SiO_2 的作用是什么？

（1）加硬剂，使产出的烧结块有理想的强度和硬度。

（2）吸热料，起着调节焙烧过程热量的作用。

（3）生成硅酸铅，能减少铅的挥发损失。

（4）给鼓风炉造渣。

28. 烧结垂直焙烧速度的定义是什么？

烧结焙烧速度是烧结焙烧时间与料层厚度之比（$V_1 = h/t$）。

29. 什么是硫化铅锌精矿的烧结焙烧？

硫化铅锌精矿的烧结焙烧是在鼓入大量空气和高温（1000 ~ 1200℃）条件下的氧化过程，使铅锌物料脱硫成块，并具有足够的强度（包括冷、热强度）和孔隙度。

30. 适量加入石灰石熔剂的作用是什么？

（1）对烧结过程起调节热的作用，防止炉料过早结块，减少铅在烧结时的挥发损失。

（2）可提高炉料的透气性，提高烧结块的孔隙度。

（3）为鼓风炉造渣。

31. 返粉对烧结生产有什么作用？

（1）炉料制粒的核心是影响透气性的重要因素之一。

（2）调节炉料的含硫量。

32. 返烟是什么？

将烧结机部分低浓度 SO_2 烟气作为部分气体返烟使用，这种由烟气供给焙烧和烧结炉内的方法叫做返烟。

33. 烧结生产过程中，出现恶性烧结特征有哪些？原因是什么？

恶性烧结主要特征：①二氧化硫浓度过低；②烧穿点温度过低；③结块率低并夹有生料块残留或泛粉含硫过高。

造成原因：①配料事故；②点火效果不好；③炉料水分过干或过湿；④炉箅大面积堵塞或调炉箅条；⑤台车布料不均匀或跑空。

34. 影响烧结块的因素有哪些？

影响因素有：混合物化学成分，混合料的组成，炉料点火温度，料层厚度，台本速度，风量控制，炉料垂直燃烧速度。

35. 提高风温为什么能降低焦率？

因为：①鼓风物理显热代替焦炭燃烧热；②提高风温后热量集中

于炉缸，可改善间接还原，降低直接还原度；③焦炭带入的灰分减少，渣量降低，炉渣带走的热量减少。

36. 密闭鼓风炉炼铅锌对入炉焦炭有何要求？

(1) 化学成分要求见表 9 - 1。

表 9 - 1　焦炭化学成分要求

成分	固定碳	挥发分	灰分	硫
含量/%	>83	<1.5	<14	<1

(2) 要有足够强度，转鼓率 >80% 。

(3) 块度要求均匀合适，40 ~ 100 mm。

(4) 低反应性。

37. 鼓风炉加料方式有哪些？

(1) 分别加料法。

(2) 连续加料法。又分正向连续和反向连续。

(3) 延时加料法。

(4) 混合加料法。

38. 鼓风炉炼锌的冷凝为什么采用铅作冷凝剂？

(1) 鼓风炉炼锌产生的炉气含锌浓度低，为 5% ~ 7% ，CO_2 浓度高，这种气氛下，锌蒸气极易氧化。

(2) 在操作温度下(550℃)，铅的蒸气气压低，挥发很少。

(3) 铅的熔点低，且随温度升高，对锌的溶解度急增。铅雨对锌蒸气的吸收效果很好。

(4) 铅的密度大，少量的铅可得到大的热容量。

(5) 铅的导热性好。

(6) 铅雨的表面积大和对炉气的相对速度高，使铅雨具有对炉气"骤冷"的能力。

39. 密闭鼓风炉炼铅锌的技术特点是什么？

(1) 鼓风炉内焦点区要保持很高的温度，提高氧化锌的还原程度，降低渣含锌，但又要避免铁还原成金属铁。

（2）炉顶要保持高温和一定的还原气氛，防止锌再氧化。

（3）采用铅雨冷凝器冷凝锌蒸气。

40. 鼓风炉调节风温有何作用？

调节风温可以迅速改变炉内熔炼情况，控制还原气氛和炉温。

（1）当炉内还原气氛弱、渣含锌高、温度偏低时，应提高风温。

（2）当炉内还原气氛强、渣含锌低、温度过高、出现铁还原时，应降低风温。

（3）风温调节只是在短时间内采取的应急措施，如果炉况需要较长时间和较大幅度的调节，则应调整焦率，稳定风温在适宜的操作范围。

41. 焦炭在鼓风炉熔炼过程中的作用是什么？

（1）热源；（2）还原剂；（3）料柱构成或骨架。

9.2　主要设备选型及配置

42. 烧结系统主要设备有哪些？

（1）干燥窑：35 kg/m^3·h（干燥强度）。

（2）鼠笼破碎机：40~60 t/h。

（3）烧结机：1.6 t/m^2·d（脱硫能力）。

（4）圆筒混合机：处理料量 155 t/h。

（5）圆筒制粒机：处理料量 155 t/h。

（6）圆筒冷却机：处理料量 118 t/h。

（7）0$^#$点火吸风机：风量 27960 m^3/h。

（8）1$^#$新鲜风机：风量 25614 m^3/h。

（9）2$^#$新鲜风机：风量 41917 m^3/h。

（10）3$^#$返烟风机：风量 54505 m^3/h。

（11）4$^#$返烟风机：风量 98480 m^3/h。

（12）单轴破碎机：排料粒度≤200 mm，处理能力 210 t/h。

（13）齿辊破碎机：排料粒度≤100 mm，处理能力 210 t/h。

（14）波纹辊破碎机：排料粒度≤25 mm，处理能力 200 t/h。

（15）光面辊破碎机：排料粒度≤7 mm，处理能力 160 t/h。

43. 鼓风炉系统主要设备有哪些?

(1) 铅锌密闭鼓风炉:炉身断面积 $18.5 \ m^2$。

(2) 铅锌冷凝器:中间有两段挡板,使其分成三段,第一段有四台转子,第二段有两台转子,第三段有两台转子。扬铅能力 $480 \sim 500 \ t/h$。转子叶轮分左旋、右旋。

(3) 铅泵:能力 $3000 \ t/h$ 和 $4000 \ t/h$。

(4) 冷却流槽:钢板外壳,侧墙底部打耐火材料,备有 15 组冷却管组。

(5) 分离槽:$L7000 \times B1800 \ mm$ 的砌砖槽子。

(6) 粗锌圆盘铸锭机:$\phi 4000 \ mm$,电机 $Y132M - 47.5 \ kW$。

(7) 电热前床:面积 $17.5 \ m^2$ 三相电极。

(8) 粗铅圆盘铸锭机:$\phi 4000 \ mm$。

(9) 浮渣冷却圆筒:$\phi 1000 \times 10500$,$\delta = 20$,转速 $3.25 \ r/min$,电机 $6/8 \ kW$,物料停留时间 $5 \sim 8 \ min$。

(10) 双梁桥式吊车:$Q = 20 \ t$,$LK = 22.5 \ m$,$H = 22 \ m$。

(11) 双梁桥式抓斗吊:$LK = 10.5 \ m$,$H = 12 \ m$。

(12) 5 t 双梁桥式吊车:$LK = 19.5 \ m$,$H = 25 \ m$,$Q = 5 \ t$。

44. 粉煤制备与输送系统主要设备有哪些?

(1) 球磨机:$210 - 260$ 型 $\phi 2100 \times 2600 \ mm$,容积 $9.01 \ m^3$,转速 $22.81 \ r/min$,球装量 $8 \sim 10 \ t$,能力 $4 \ t/h$。

(2) 离心通风机:$H = 3407 \ Pa$,$Q = 3215 \ m^3/h$。

(3) 排粉机:$H = 6747 \ Pa$,$Q = 21100 \ m^3/h$。

(4) 排风机:$H = 1844 \ Pa$,$Q = 26378 \ m^3/h$。

(5) 粉煤空气输送泵:$P = 0.35 \ MPa$,$Q = 10 \ t/h$。

(6) 布袋收尘器:LDMC 型 $405 \ m^2$。

45. 炉渣烟化及余热锅炉系统主要设备有哪些?

(1) 中间仓:$\phi 2400 \ mm$,容积 $8.5 \ m^3$。

(2) 烟化炉:床面积 $8 \ m^2$。

(3) 螺旋给料机:$HLG - 200 \times 1800$ 型,功率 $4 \ kW$。

(4) 脉冲布袋收尘器:NMC36 型。

(5) 离心鼓风机:$Q = 300 \ m^3/min$,$H = 98.06 \ kPa$。

（6）低压脉冲布袋收尘器：DM－Ⅱ－4－300 型，功率 1.5 kW。

（7）无油空压机：$Q = 20$ m^3/min，$H = 2.5$ MPa。

（8）锅炉给水泵：$H = 450$ m，$Q = 25$ t/h，$H = 108$ m，$Q = 5$ t/h。

（9）清水离心泵：$H = 80$ m，$Q = 25$ t/h。

（10）盐液泵：$H = 25$ m，$Q = 28.8$ t/h。

（11）蓄热器：$V = 120$ m^3。

（12）离线清灰脉冲收尘器：$F = 2160$ m^3。

（13）收尘风机：$Q = 62127 \sim 75397$ m^3/h，$H = 1310 \sim 3880$ Pa。

（14）刮板输送机：MS315×18000，功率 7.5 kW。

46. 浓密机的作用是什么？

（1）将污水中不溶物沉降，并将清水循环使用。

（2）回收污水中有价金属。

（3）保证外排水合格。

（4）底流用来冷却返粉。

47. 转子的作用是什么？

（1）把熔融铅液扬起，形成铅雨，布满冷凝器，起冷凝和吸收锌蒸气的作用。

（2）搅拌作用，使铅珠表面可能生成的氧化锌熔膜剥裂并使铅液温度分布均匀。转子的运转情况是和提高冷凝效率紧密相关的。

48. 冷凝器挡板的作用是什么？

（1）改善气流方向和分布。

（2）改善铅雨或循环铅液的方向和分布。

49. 缓冲仓的作用是什么？

缓冲仓可使返粉流量便于均匀控制，起缓冲设备的作用。

50. 烧结机篦条压辊有何作用？

烧结机篦条压辊避免突起的篦条刮坏加料斗刮板，使点火料层厚度均匀一致。

51. 烧结机梭式布料机有何优点？

布料均匀，料粒偏析现象较少。

52.烧结机篦条振打器的作用是什么？

烧结机篦条振打器的作用是清理篦条间物料，篦条的松紧、宽窄、篦条间隙相差不大，保证鼓风均匀。

9.3　产品成分及渣成分

53.鼓风炉半成品质量的标准是什么？

鼓风炉半成品质量的标准见表9－2。

表9－2　鼓风炉半成品质量的标准

项目名称	物理规格	化学成分/%			
		Zn	Pb	Sb	Cd
粗锌液	500~500℃表面无浮渣	≥97	<1.9		<0.4
长条锌	常温无凸起浮渣，无飞，边重约450 kg/条	≥97	<1.9		0.4
粗铅锭	表面无铜锍、炉渣等杂物，钩完整，约1000 kg		>97	0.8~1.2	

54.次氧化锌的标准是什么？

物理规格：粉状，不夹带其他杂物。

化学分析：Pb 6%~9%，Zn 55%~60%。

55.炉渣成分的标准是什么？

炉渣成分的标准见表9－3。

表9－3　炉渣成分的标准/%

Pb	Zn	Fe	SiO$_2$	S	CaO	w_{CaO}/w_{SiO_2}	w_{Fe}/w_{SiO_2}
<1	7~12	25~30	18~23	<0.3	16~20	0.7~1.0	>1

56. 烟化渣的标准是什么？

烟化渣含铅 <0.25%，含锌 <1%。

57. 蓝粉的标准是什么？

蓝粉的标准见表 9 – 4。

表 9 – 4 蓝粉的标准

物理规格	化学成分/%
不夹带杂物	$w_{Pb} + w_{Zn} > 70\%$

58. 黄渣的标准是什么？

黄渣的标准见表 9 – 5。

表 9 – 5 黄渣的标准/%

PbO	ZnO	Fe	As	Sb	Cu	SiO$_2$
0.15 ~ 6.5	0.65 ~ 6.5	43 ~ 74	6.9 ~ 26	2.5 ~ 4.3	0.3 ~ 1.3	1.2 ~ 2.8

59. 浮渣的标准是什么？

浮渣的标准见表 9 – 6。

表 9 – 6 浮渣的标准

成分 产物	Pb	Zn	S	As	FeO	SiO$_2$	Cl
	%	%	%	%	%	%	%
冷凝器浮渣	34 ~ 35	33 ~ 43	0.5 ~ 2.0	0.1 ~ 1.5	0.1 ~ 1.5	0.5 ~ 2.0	—
铅泵池浮渣	28 ~ 50	28 ~ 44	1.0 ~ 3.0	0.1 ~ 0.5	0.1 ~ 0.5	1.5 ~ 3.0	—
含砷浮渣	10 ~ 30	40 ~ 50	—	1 ~ 1.3	—	—	5 ~ 11

9.4 主要作业控制

60. 鼓风炉系统主要能耗指标及其影响因素是什么？

（1）原辅材料的单耗

鼓风炉补充铅：64.37 kg/t 粗铅锌

焦炭消耗：718 kg/t 粗铅锌

石灰石：0.105 t/t 块

氯化铵：12 kg/t 粗铅锌

恩德炉煤气：218.4 m^3/t 粗铅锌

水：153 m^3/t 粗铅锌

电：285 kWh/t 粗铅锌

蒸汽：75 kg/t 粗铅锌

（2）影响因素

原材料等品位决定了烧结块的化学成分及转鼓率。通过对原材料等的配料，产出的烧结块必须满足如下要求，方可保证鼓风炉的正常运转。

烧结块要有均匀的化学成分，铅含量不大于22%，硫含量小于1%，一般使用的烧结块成分 Pb 16% ~ 21%，Zn 38% ~ 42%，S < 1%，$w_{CaO}/w_{SiO_2} = 1.2\% ~ 1.8\%$，$w_{Fe}/w_{Si} > 2.0\%$，$w_{Cd} < 0.2\%$，$w_{Sb} = 0.15\% ~ 0.2\%$，块度40 ~ 100 mm（最大≤120 mm，最小≥25 mm）。

烧结块应有足够的机械强度和热强度。机械强度必须保证烧结块在输送及入炉过程中不破碎，为了保证固体炉料和炉气之间有充分的接触时间，烧结块在高温状态下不致被料柱重量压碎，并避免在到达风口区前过早软化，确保炉内具有良好的透气性，烧结块应有较高的热强度和较高的软化点，一般要求转鼓率为80%以上。

烧结块的粒度要合适，粒度范围要小。块度过小的块料及粉料使炉料的透气性变坏，助长炉结的形成，增大烟尘率和浮渣量，恶化冷凝器系统的操作，降低锌的冷凝分离效率。块度过大，则易形成炉内"串气"等现象，减少反应接触面积，不利于铅锌的还原。

烧结块应具有良好的孔隙度，以保证炉内有良好的透气性。烧结块孔隙度大于20%。

热烧结块应采取良好的保温措施保证入炉烧结块有较高的温度，以减少焦炭消耗，提高炉顶温度，减少入炉水分和强化熔炼过程。

焦炭在熔炼过程中起三种作用：热源、还原剂和构成料柱。密闭鼓风炉生产对焦炭的要求较之其他生产方法更高。

要求焦炭含固定碳越高越好，一般大于83%，并要求尽量低的水分、灰分和挥发分。焦炭中的灰分直接影响固定碳含量。一般灰分为13.5%左右，灰分高造成渣量大，还影响消耗熔剂和热源。挥发分的多少标志着焦炭的成熟程度，一般是0.6%~2.0%；若太低，则说明焦炭过熟，脆性大，在鼓风炉内炉料间摩擦时易产生粉末；若挥发分太高，则说明焦炭未烧透，有黑头，机械强度低，在冶炼过程中，产生大量碎焦和焦粉。这不仅损失焦炭，同时也恶化冷凝器条件和料柱透气性；另一方面，由于焦粉是不熔化的，若渣中夹有焦粉，将使炉渣流动性大大变差。

焦炭要有足够的强度，以减少运输过程中的碎裂，避免碎焦被炉气流带入冷凝器和在炉顶部位燃烧，另外碎焦对炉内的透气性也有不良的影响。一般要求转鼓率大于80%，块度要求均匀合适，粒度愈均匀，料柱透气性愈好，焦炭块度要求为40~100 mm。

焦炭具有低反应性，反应性是指在一定温度下，焦炭中的碳与CO_2反应，生成CO的反应速度。若焦炭的反应性高，则在炉子上部与炉气中的CO_2剧烈反应，参加反应的这部分焦炭，既不能起还原剂的作用，又不能为炉内提供有效的热量，增加了焦炭的消耗。同时焦炭强度下降，影响炉内透气性。因此，要求焦炭的反应性要低，这是密闭鼓风炉对焦炭的特殊要求。

焦炭的孔隙度大，其反应性也大。

61. 渣含锌影响因素是什么？

鼓风炉渣含锌要求：≤9%。渣中含锌量高说明炉内还原气氛弱，熔炼温度变低，炉渣过热不足，则使炉渣黏度增大。这时应提高风温或提高焦率进行调整。

62. 炉瘤生成的主要原因是什么？

(1)炉料的质量

① 配料不准。

② 软化温度低。

③ $SiO_2 + Pb$ 高。

④ S 高，在风口区 $1 \sim 3\ m$ 处形成炉结。

⑤ 焦炭或块的块度小和强度低。

（2）操作控制不当

① 料面波动大，炉气分布不均，生成氧化锌蒸气。

② 料面过高。

③ 频繁休风。

④ 高料线休风。

⑤ 长时间休风。

（3）漏水

① 风口水套。

② 料钟下部漏斗。

③ 物料带入水分。

④ 空气带入水分。

（4）炉型结构

63.炉前放渣出铁的原因是什么？

炉内还原能力过强，使炉料中铁氧化物还原成金属铁。金属铁的熔点高，在鼓风炉熔炼条件下，使炉渣的流动性变坏，因此给放渣操作带来极大困难，炉渣难放，结死流槽等。

64.炉前放渣出铁的处理办法是什么？

这时应迅速将风温降低 $50 \sim 100℃$，并减小入炉风量，或减少焦炭量，降低还原能力。

65.料钟之间存料的原因及处理办法是什么？

原因：

（1）入炉料块度过大。

（2）杂物加入料钟后卡住料钟。

（3）底钟周围结瘤严重使底部开度不够而使炉料下不去。

（4）炉顶结瘤严重。

（5）操作失误，未开底钟或开底钟时间太短。

处理方法：

（1）加强管理，使入炉料符合技术条件要求。

（2）周清理时坚持清理底部中周围结瘤。

（3）用手动控制反复多次开启底钟。

（4）还不能解决，则休风处理。

66. 提高冷凝效率的措施有哪些？

（1）提高炉气中锌的浓度。

（2）减少进入煤气中的锌气体量。

（3）适当控制冷凝条件。

（4）适当控制分离系统。

67. 长时间休风后如何送风？

长期休风后复风的关键是热量与顺行，只有热量充足，炉况顺行，才能尽快恢复正常生产水平，应做到：

（1）休风前所加底焦的数量和位置要适当。所谓热量充足，是指正常冶炼所需的热量能得到补充，并不是越多越好。实践证明，过热、过凉都会妨碍顺行，延长恢复时间。

（2）复风前要细心检查经过检修的设备，确认可靠安全后，才可复风，防止复风初期因设备故障再休风。

（3）根据休风时间、休风性质、休风前炉缸热度等因素选择好复风的风压与风量，一般是休风时间短，炉内损失少，自然吸入空气形成的低温熔解物也少，复风时风压与风量可以大一些。反之亦然。

（4）安排好长期休风后的出渣工作。复风后的第一炉渣比正常生产时的出渣要困难得多，休风时间越长，越困难。复风后能否顺利排放渣，也是整个复风操作成败的关键之一。要经常观察风口状况。

68. 电热前床结壳的原因是什么？如何处理？

原因：当前床内黄渣积累较多时，前床温度稍有降低，黄渣会凝结成半熔融状态或坚硬的隔层，严重影响前床内渣铅的分离或减小炉膛的容积，若黄渣进入虹吸口，则结死虹吸口。

处理：

（1）加大工作电流，升高熔渣温度来熔化黄渣结壳。

（2）加入黄铁矿以降低黄渣的熔点。

$$2FeS_2 = 2FeS + S_2 \qquad (9-23)$$

$$S_{2(气)} + 2Fe_{(渣)} = 2FeS_{(渣)} \tag{9-24}$$

分解和化合生成的 FeS 进入黄渣，使其铁的含量降低，改变了黄渣的成分，降低了黄渣的熔点。

（3）加萤石。

（4）避免炉前出铁。

（5）排黄渣。

69. 鼓风炉高压停电时，炉前的应急措施是什么？

（1）立即打开放渣口，尽量放尽炉内渣、铅，若风口已灌渣，立即向风口内插入钢钎。

（2）打开 1～2 个风口盖，以防煤气向煤气送风系统倒流，造成送风管道及风机爆炸。

（3）若停水，立即打开事故水，节约用水。

70. 密闭鼓风炉内发生哪些主要的化学反应？

（1）风口区：

$$C + O_2 = CO_2 \tag{9-25}$$
$$ZnO + CO = Zn + CO_2 \tag{9-26}$$

（2）还原带：

$$ZnO + CO = Zn + CO_2 \tag{9-27}$$

（3）再氧化带：

$$CO_2 + C = 2CO \tag{9-28}$$
$$PbO + CO = Pb + CO_2 \tag{9-29}$$
$$PbSO_4 + 4CO = PbS + 4CO_2 \tag{9-30}$$
$$PbS + Zn = ZnS + Pb \tag{9-31}$$

（4）预热带：

$$Zn + CO_2 = ZnO + CO \tag{9-32}$$

71. 冷却流槽内产生牙膏状氧化锌的原因是什么？

（1）炉况不正常。

（2）降料线过程炉顶气氛控制不当，炉气中 CO_2 含量高，蒸汽再氧化量大。

（3）炉气中含砷高，砷进入铅液后将加速锌的氧化。

（4）铅泵池铅液温度过高，进入冷却流槽后又采取急冷措施，大量锌析出也会形成牙膏状物质。

72. 什么是炉渣的熔化温度？它对鼓风炉冶炼有什么影响？

炉渣的熔化温度指炉渣完全熔化为液相的温度，或液态炉渣冷却时开始析出固相的温度。单一晶体具有确定的熔点，而炉渣没有确定的熔点，炉渣从开始熔化到完全熔化是在一定的温度范围内完成的。

（1）熔化温度高，表明它难熔，难熔炉渣在炉内温度不足的情况下，可能黏度高，影响成渣带以上的透气性，不利于鼓风炉的顺行。成渣带低，进入炉缸温度高，增加炉缸热量，有利炉况。

（2）熔化温度低，表明它易熔。与上相反。

73. 密闭鼓风炉使用热风的优点有哪些？

（1）提高了熔炼温度，有利于锌的还原蒸发。

（2）燃烧的燃烧速度和完全燃烧程度提高。

（3）强化了熔炼过程，提高了炉子的生产率。

（4）炉顶使用二次风，使锌蒸气顺利进入冷凝器。

（5）通过迅速调节风温，可有效地调节炉内温度，控制还原能力。

74. 冷凝分离的原理是什么？

（1）使用铅雨冷凝器"骤冷"锌蒸气。

鼓风炉冶炼锌蒸气的浓度低，CO_2/CO 比值高，为了减少冷凝器过程中锌的氧化，要求锌蒸气冷凝成液体锌的时间愈短愈好，而且冷凝后的液体锌最好是与某种金属并存，以便降低锌的浓度。铅雨能满足以上要求。

（2）从含锌的铅液体中分离锌的原理，是液体锌在液体铅中的溶解度随温度的变化而不同。

当含锌铅液温度下降后，锌便从铅液中析出，上层为含有少量铅的锌液，下层为含少量锌的铅液，上层锌液的含铅量和下层铅液的含锌量，均随温度的下降而减少。

75. 密闭鼓风炉正常生产时，主风口、二次风、料钟风、周边风各控制多少量？热风总管压力正常范围是多少？

主风口　　　35000 m^3/h 左右

二次风　　　2000～4000 m^3/h

占主风口　　8%～12%

料钟风 　　200～300 m³/h

周边风 　　250～350 m³/h

热压 　　　＜50000 Pa

76. 鼓风炉炉内悬料的原因是什么?

(1)内结瘤使有效体积减小,以致炉料下行困难。

(2)炉料质量差使炉料透气性变坏。

(3)入炉焦炭不足,炉温低,熔化的炉料过热不足而熔结成大块阻碍炉料下降。

(4)炉子休风时间长,炉内熔融的物料冷凝后黏结成一体。

(5)高料线休风。

(6)复风初期加料过多或过早都易使炉料透气性变坏导致悬料发生。

77. 鼓风炉炉内悬料的处理方法有哪些?

(1)出现悬料时,采用"座料",即先放干净炉渣,打开1～2个风口盖,迅速开放空阀,放空入炉主风量,使炉料靠自身重量向下塌落。同时可结合加料增加座料效果。放风速度要快。

(2)出现悬料预兆时,应适当减小鼓风量,料面低控或停止加料,这种方法处理早期悬料是有效的。

78. 冲洗管组如何操作?

(1)将需要清理的管组从槽中提升离开铅液面,不超过三组。

(2)断开这组的供水。

(3)将该组降入流槽铅液中保留5 min左右。

(4)从流槽中提取冷却管组。

(5)固定停留10 min后,恢复冷却管组供水。

79. 降料线或休风前,炉顶、流槽、炉前等岗位如何操作?

炉顶:

(1)探测料线,保证停止加料前料面平衡。

(2)接仪表室通知关二次风总阀,全关后反方向开一点。

流槽:

(1)休风前冲洗干净流槽管组。

(2)尽量扒干净氧化物浮渣。

（3）控制好温度使降料线顺利进行。

炉前：

（1）控制好最后两炉放渣时间，利于降料线。

（2）休风前必须使下渣口放尽渣，喷风数分钟。

（3）休风前检查各风口是否有渣，用钢钎捅进去判断。

（4）当风量减到 10000 m^3/h 时，按仪表室通知打开炉前放空阀。

80.降料线休风后，流槽、炉前、转子、铅泵等岗位如何操作？

流槽：

（1）休风后提起管组，清理管组及四周结渣。

（2）推干净流槽氧化物渣，清干净分配箱浮渣。

（3）通知停流槽水，或关流槽水。

炉前：

（1）休风后打开 1~2 个风口盖，当煤气不外喷，且没有风口漏水时，各风口用黄泥堵塞严密。

（2）休风后清理渣坝，更换流槽，清理布水器。

（3）根据具体情况确定是否更换铜水套或过滤器等。

（4）检查炉壳或修补挤压层。

转子铅泵：

（1）休风后吊出铅泵，四小时内可不吊。

（2）扒干净铅泵渣。

（3）更换转子，扒干净冷凝器渣。

81.前床、流槽、炉顶、炉前岗位常见故障有哪些？怎么处理？

前床：

（1）放不出铅。因为黄渣沉底容易堵塞，造成虹吸口不畅。要预防经常出铁，可通过及时排黄渣，不高渣面压铅等方面预防。可采取加大电流，捅式烧虹吸口过道等方式处理。

（2）放不出渣。因为漏水或其他原因造成渣温低。采取加大电流，升高温度，检查漏水设备，更换或用烟化进渣槽在冲渣口冲渣等方式解决。

（3）结壳。加大电流，加萤石等，排黄渣。

（4）电器故障。

（5）渣口跑渣。

（6）底部漏铅。

流槽：

（1）管组漏水。

（2）出氧化物浮渣。

炉顶：

（1）大钟打不开，因为气压不够或炉喉、下部漏斗等处结瘤造成。通知调度要求加气压或手拉，否则只有休风清炉结。

（2）料钟烧红，因为大钟关不严。可采取延时或清扫时更换。

炉前：

（1）放不出渣。渣温低或操作失误，加强操作可预防，采取关铜水套水或放地下的方法可临时解决。

（2）烧穿炉壳，原因有多方面：①热负荷；②上渣口长时间；③出铁；④材质；⑤腐蚀。针对原因采取措施可预防处理。

（3）风口水套漏水，原因是水小或断水。休风堵住或更换。

82. 泵池液面控制多少？控制铅液面的作用是什么？

泵池液面控制 650 mm ± 20 mm。主要是为了控制冷凝器的铅液面。因为冷凝器的铅面与铅泵池的铅面是连通的。当铅泵全开起来时，保证冷凝器内的铅面与转子爪上沿平，形成最佳铅雨。

83. 密闭鼓风炉炼铅锌对入炉烧结块有何要求？

（1）要有均匀的化学成分，见表 9 - 7。

表9－7　密闭鼓风炉对烧结块的化学成分要求/%

元素	Pb	Zn	S	Cd	Sb	SiO_2	Fe	$\dfrac{w_{Fe}}{w_{SiO_2}}$	As	$\dfrac{w_{CaO}}{w_{SiO_2}}$
含量	17 ~ 21	38 ~ 42	<1	<0.2	0.2 ~ 0.3	<4.0	0 ~ 12	>2	0.3	1.4 ~ 1.7

（2）应有足够的机械强度和热强度。转鼓率 >80%。

（3）较高的软化点，>1000℃。

（4）粒度要合适，40～100 mm。

（5）良好的孔隙度，以保证良好的透气性，＞20％。

（6）良好的保温措施。

84.风口常见的故障有哪些？

（1）风口烧坏漏水。

（2）风口发暗，无光亮，热风压力上升。

（3）风口挂渣，上渣甚至堵死。

85.炉前岗位如何进行复风操作？

（1）清理、烘干渣坝及放渣流槽。

（2）检查、调节喷淋炉壳，风口渣口水套等冷却水，使其正常。

（3）准备好氧气管、黄泥、大锤等工具、材料。

（4）送风前炉前放空阀处于开启位置。

（5）按仪表室通知，捅掉风口中的黄泥、盖板、风口盖。

（6）送风后，确认风口已经进风，并按仪表室通知关炉前放空阀。

（7）经常检查风口，保持风口明亮畅通，观察炉内熔渣情况，按时放出炉内渣铅。

86.虹吸原理是什么？

虹吸是直接利用大气压力与落差势能作为运行的总动力。前床的虹吸原理是两端的大气压力一样，靠炉渣的重力作用而下沉，由于两边存在势能差，故底部的铅由虹吸道流出。

87.哪些情况调度通知关二次风？

（1）计划降料线休风停止加料时。

（2）热压高，控制加料或停止加料时。

（3）加料吊车、转运车等设备故障影响长时间不能加料时。

88.炉前放渣、观察风口等应注意哪些安全问题？

（1）流槽、工具等应保持干燥。

（2）渣口水套等漏水应仔细检查，切断水源，排干水后再处理。

（3）撑钎人与打锤人不能站同一侧，打锤人不戴手套。

（4）观察风口时不能正对风口。

（5）严格执行烧氧安全规定。

89.大中修开停炉前后要做哪些工作?

(1)停炉前准备工作

① 电热前床尽可能排尽黄渣。

② 准备好放底铅的溜子、模子及清扫用的工具。

③ 停炉前清理干净熔剂槽、分离槽、贮锌槽结渣等。

(2)停炉后工作

① 及时吊出铅泵、转子、扒渣机。

② 大修要尽快放冷凝器、分离槽内底铅,中修视具体情况而定。

③ 发生炉煤气系统停用煤气后,联系堵盲板,排除管道内残余煤气。

④ 大修时前床放尽渣,停电,待表面结壳后,放尽底铅。

⑤ 进行现场卫生清扫,为检修创造条件。

(3)开炉前工作

① 鼓风炉、冷凝器、供风系统、煤气系统、设备仪表、检修调适完毕。

② 鼓风炉、冷凝器用热风烘炉,几槽泵池用煤气烘烤,冷却流槽用木材木炭烘烤。

③ 冷凝器底先烤炉一周,装好底铅,再继续烘烤化铅,旧炉底先装底铅后烤炉。

④ 开洗涤塔放空阀或直升烟道顶部清理孔。

⑤ 风口水套、探料气套、喷淋炉壳送水。

⑥ 化铅阶段,高温时盘动转子。

⑦ 注意炉体膨胀情况,漏气、漏铅及时处理。

⑧ 前床具备受渣条件。

⑨ 水、电、压缩空气、煤气具备条件。

⑩ 工具、材料、易耗品具备条件。

(4)开炉操作

按开炉操作。

90.精矿仓经常塌仓的原因是什么? 如何处理?

原因:供料带过来的配好矿水分较大,仓位较高,水分应保持在6%～10%为宜。

处理:①精矿仓保持低料位,仓位不高于1/3;②配好矿放置一段时间或走干燥窑脱水。

91. 皮带跑偏如何处理？

皮带跑偏可用调节活动托辊将皮带调回正确位置。

92. 烧结分离系统各槽的温度应控制多少？

铅泵池	510～530℃
回铅槽	430～445℃
直升烟道	440～460℃
贮锌槽	500～600℃

93. 返粉过粗的原因有哪些？如何控制返粉过粗？

原因：

(1)四破油压退油压。

(2)四破辊距不适当。

(3)四破辊皮不合格。

控制措施：

(1)经常检查四破油后保证下压正常。

(2)根据返粉粒度检测结果及时调整辊距。

(3)定期车销辊皮。

94. 分析烧结焙烧好而结块不好的特征及原因是什么？

主要特征：烧结块强度大残硫高。

造成原因：

(1)炉料配硫过高，熔结严重，影响脱硫。

(2)点火温度太高，造成过早结块。

(3)炉料含 SiO_2 和铅高，形成大量的易熔相，结果使烧结块强度大脱硫不好。

(4)物料熔点较低，易发生过早烧结现象。

95. 分析焙烧和结块都不好的主要特征及原因是什么？

主要特征：烧结块块度小，强度低，残硫高。

原因：

(1)配料不准。

(2)粒度过细，床层阻力大。

(3)风量控制不合理。

(4)炉料水分控制不当。

(5)料层厚度和车速搭配不当。

96.造成烧结烟气 SO_2 浓度低的原因是什么?

原因:

(1)炉料配硫偏低。

(2)炉料过干或过湿,或细粒物料多,床层阻力升高。

(3)台车没铺到料,跑空车。

(4)烟罩负压控制过大。

(5)鼓风量大。

97.烧结机生产率低的原因是什么?

原因:

(1)配料成分控制不当。

(2)风机运转不正常,风压低,风量不足,影响烧结焙烧过程进行的速度。

(3)漏风严重,使透过料层的空气量少。

(4)小车速度和料层厚度与焙烧速度不相适应。

98.真空泵抽灰作业时出现输灰管路堵塞时应怎样处理?

此时应立即停止输送烟灰,然后确认被堵路段,逐段清理。

99.真空泵排水中含有大量粉尘时,可能发生了什么情况?

此时圆筒式收尘器内可能出现了掉袋、烂袋现象。

100.真空泵正常作业时突然发生电气跳闸应如何操作?

发生跳闸要立即打开联通大气阀,关闭真空进气阀,防止水冲上收尘器浸湿布袋。然后上报,通知调度室请电气维修工处理。

101.真空泵正常作业时排水含尘浓度高的原因是什么?如何处理?

原因:滤袋破损或掉袋,收尘器内花板穿洞漏风,收尘器壳体或管道漏风太大。

办法:修补、更换滤袋,检查漏风部位并焊补。

102.炉料在鼓风烧结时,要经过哪几个过程?

炉料在鼓风烧结要经过五个过程:脱水、干燥、预热、烧结、冷却。

103. 烧结过程有哪两种操作法，其作用是什么？

烧结过程有两种操作法：

厚料层慢车速操作法。作用是使点火时间延长，由于料层较厚，热的利用率较好，从而可提高焙烧反应带的温度使焙烧及烧结过程良好，能提高烟气 SO_2 浓度；

薄料层快车速操作法。作用是减少料层的阻力，使空气容易鼓入，同时防止炉料的过早结块，能提高烧结过程的脱硫率和改善烧结块质量。

104. 炉料的物理性质对硫化物焙烧反应速率有何影响？

炉料的物理性质指精矿颗粒的大小和制粒炉料颗粒的大小。因为多相反应过程发生在两相接触的界面上，因此粒度小、表面积大与空气接触良好，容易着火燃烧，有利于氧化反应进行。精矿颗粒越细，氧化越快。但精矿必须与返粉制粒，才能保证透气性，制粒后的粒度 3~6 mm 的越多，氧化越快。若制粒后的粒度大于 10 mm 或小于 1 mm 的颗粒越多，则氧化越慢。

105. 烧结床层阻力突然上升的原因是什么？

（1）混料水分偏干，制粒效果不好，料层透气性差。

（2）电尘、烟灰配入量增多。

106. 冒尘的可能原因有哪些？

（1）收尘器故障。

（2）收尘管道堵塞。

（3）收尘管道破损。

（4）收尘管造上清扫孔未关闭。

（5）返粉水加不当返粉过干。

107. 烧结系统计算包括哪些？

·（1）已知烧结 $2^{\#}$ 新鲜风机风量为 23000 m^3/h。试计算其鼓风强度。

鼓风强度 = 风量/风箱面积 = 23000/(7.5×3×60) ≈ 17.04 m/min

（2）已知烧结块产量为 17500 t，烧结机车速为 1.5 m/min，主料层厚度 350 mm，炉料堆密度为 2.3 t/m³，烧结机作业时间 700 h。试求烧结机有效块率。

烧结机有效块率 = 烧结块产量/总处理量 × 100% = 17500/(60 × 2.3 × 3.5 × 1.5 × 700) × 100% = 13.085%

（3）已知投入干精矿含硫量为 4522 t，投料时间 672 h，烧结块产量 18300 t。块残硫 0.78%。试计算烧结机脱硫能力（流程返粉保持平衡，返粉含硫不变）。

烧结机脱硫能力 = 脱硫量/(有效烧结面积 × 作业天数)
$$= (4522 - 18300 × 0.78\%)/(110 × 672/24)$$
$$≈ 1.42 \ t/(m^2·d)$$

（4）已知烧结机台车速度 $v = 1.5$ m/min，烧结主料层厚度 369 mm，从点火到烧穿点长度为 30 m。求烧结机垂直烧结速度。

$$v_1 = hv/L = 369 × 1.5/30 = 18.45 \ mm/min$$

（5）已知某月计划作业时数 720 h，计划检修 18 h，故障停机 4 h 56 min。试计算烧结机作业率。

作业率 = [720 - 18 - (4 + 56/60)]/(30 × 24) × 100% ≈ 96.92%

（6）已知某月烧结块产量 19103 t，烧结机投料时间 663 h 14 min。试计算烧结机作业小时产量。

作业小时产量 = 烧结块产量/投料时间 = 19103/(663 + 14/60) ≈ 28.80 t/h

（7）已知烧结块产量为 18000 t，作业天数 28 天。试求烧结机利用系数。

烧结机利用系数 = 烧结块产量/(有效面积 × 作业天数)
$$= 18000/(110 × 28) ≈ 5.84 \ t/(m^2·d)$$

（8）已知干精矿含 SiO_2 3.5%，CaO 为 0.8%，石灰石含 SiO_2 1.2%。含 CaO 5% 要求炉料 w_{CaO}/w_{SiO_2} 为 1.4。求每吨干精矿加入石灰的量。

解：设每吨干精矿中加入石灰石量为 X

w_{CaO_2}/w_{SiO_2} = (干精矿含 CaO 量 + 石灰石含 CaO 量)/(干精矿含 SiO_2 量 + 石灰石含 SiO_2 量)

$$1.4 = (1000 × 0.8\% + 50\%X)/(1000 × 3.5\% + 1.2\%X)$$

$$X ≈ 84.85 \ kg$$

（9）某月投入干炉料共 100000 t，含硫 6.4%，产出返粉 78000 t，含硫 2.0%，烧结块 16000，含硫 1.2%，求脱硫率。

脱硫率 = 脱硫量/投入炉料含硫量 ×100%
= （100000 ×6.4% −78000 ×2.0% −16000 ×1.2%）/
（100000 ×6.4%）×100%
= 72.625%

（10）已知铅精矿、锌精矿、混合矿含 S 分别为 25%、32%、30%。杂料不含 S。铅精矿、混合矿、锌精矿、杂料的配比为 1:4:1:1（质量比）。求配料后干精矿含 S 量。

设铅精矿为 a t，则锌精矿 4a t、混合矿 a t，杂料 a t。

干精矿含 S 量 = （25%a +32% ×4a +30%a）/（a +4a +a +a）≈ 26.14%

（11）已知干精矿含 S 28.5%，返粉含 S 1.8%。要求进烧结机混合料含 S 6.5%。求返粉、干精矿每小配入量（有关数据：烧结机车速 1.5 m/min，炉料堆比重 2.5 t/m³，主料层厚度 350 mm）。

投入总量 Q =60bhv =60 ×2.3 ×2.5 ×0.35 ×1.5 ≈181 t/h

设投入干精矿每小时配入量为 X t，则返粉每小时配入量为 181 − X t

28.5%X + （181 −X）×1.8% =181 ×6.5%

X ≈31.86 t

181 −X =149.14 t

（12）若进入返粉仓的粉量为 150 t/h。烧结用返粉量 160 t/h，铲产一铲返粉重约 4 t，则生产 8 h 后，要维持原返粉仓料位，需补充多少铲返粉？

解：需进返粉量为

（160 −150）×8 =80 t

折合成铲数为

80 ÷4 =20 铲

（13）生产中通过冷却圆筒的返粉量为 160 t/h，加入的浓密池底流含水为 80%，为控制冷筒的出口水分 2.5%，加入冷筒的浓密池底流为每小时多少？

解：设需加入浓密池底流量为 X t/h，则 X ×80% − （160 +X）×

2.5%

解：$X \approx 5.16$ t/h

108. 鼓风炉系统计算有哪些？

（1）鼓风炉生产现用 35% 焦率，料批单罐烧结块 2000 kg 增加至 2200 kg，请计算需增加的焦炭量。

解：$(2200 - 2000) \times 35\% = 200 \times 35\% = 70$ kg

（2）某月鼓风炉休风四次，平均每次休风时间为 9 h，该月的日历时间为 30 d，问该月的送风率为多少？

解：$(1 - \dfrac{4 \times 9}{30 \times 24}) \times 100\% = (1 - 0.05) \times 100\% = 95\%$

（3）某天鼓风炉处理含 Pb 为 20.0% 的烧结块 600 t，产出粗铅含铅为 97.5%，请计算铅直收率达 84% 时可产出多少吨粗铅？

解：$\dfrac{97.5\% X}{20.0\% \times 600} = 84\% \Rightarrow X = \dfrac{20.0\% \times 600 \times 84\%}{97.5\%} \approx 103.38$ t

（4）某天鼓风炉产出含锌 98% 的粗锌 200 t，当天烧结块含锌 40.0%，请按锌直收率达 85.5% 推算当天鼓风炉吃多少吨烧结块？

解：$\dfrac{200 \times 98\%}{40.0\% x} = 85.5\% \Rightarrow x = \dfrac{200 \times 98\%}{40.0\% \times 85.5\%} \approx 573.099$ t

109. 干燥窑的主要操作要点有哪些？

干燥窑温度控制　　窑头：$\leqslant 850℃$。

干燥窑尾负压 $-10 \sim 30$ Pa。

混合料成分 Pb 16% ~ 18%，Zn 36% ~ 38%，S 5.5% ~ 6.5%，H_2O 4% ~ 6%。

烧结料层厚度　　点火层厚度 35 ~ 45 mm，总料层厚度 300 ~ 500 mm。

台车速度 1.0 ~ 1.4 m/min。

点火温度 950 ~ 1150℃。

返粉水分 > 1.5%。

四破出口粒度 > 6 mm，粒级 < 20%。

110. 焦炭预热器的控制要点是什么？

燃烧室温度：900 ~ 1150℃。

燃烧室出口温度：800 ~ 900℃。

热焦温度：200～700℃。

111. 热风炉的控制要点是什么？

炉顶温度：1050～1250℃。

烟道温度：350℃，最高不大于400℃。

热风温度：800～950℃。

换炉操作时间：10～15 min。

112. 煤气洗涤的操作要点是什么？

煤气洗涤塔压力：0～1000 Pa

洗涤机新水耗水量：100～140 t/h

煤气升压机出口压力：>4000 Pa

113. 鼓风炉的加料方式有哪几种？料批成分是什么？

鼓风炉的加料方式和料批成分见表9－8。

表9－8 鼓风炉的加料方式和料批成分

序号	加料方式		料批组成	
			烧结块/kg	焦炭(Zn/C)
1	连续加料	正装	2×(2000～2400)	0.68～0.85
		倒装	2×(2000～2400)	0.68～0.85
2	分别加料	正向	2×(3000～3300)	0.68～0.85
		倒向	2×(3000～3300)	0.68～0.85
3	单罐加料		2000～3300	0.68～0.85
4	延时加料		2×(2000～2400)	0.68～0.85

114. 鼓风炉的操作要点是什么？

热风温度：800～1000℃。

热焦温度：200～700℃。

正常料柱：5750±250 mm。

底部风量：25000～38000 m³/h。

二次风口风量：为底部风量的 8% ~ 12%。

料钟风：200 ~ 300 m³/h。

周边风：250 ~ 350 m³/h。

炉顶压力：1300 ~ 3000 Pa。

炉顶温度：980 ~ 1080℃。

风口冷却水温差：4℃。

风口冷却水进口压力：> 0.15 MPa。

喷淋炉壳布水均匀，无干点，集水盘进出口温差：5 ~ 8℃。

炉缸渣温：1250 ~ 1350℃。

115. 冷凝器的操作要点是什么?

直升烟道温度：440 ~ 465℃。

铅泵池温度：490 ~ 530℃。

回铅槽温度：430 ~ 445℃。

分离槽温度：435 ~ 445℃。

贮锌槽温度：510 ~ 560℃。

直升烟道压力：600 ~ 1200 Pa。

冷却管组进出口水温差：10 ~ 15℃。

铅泵池液面高度：停泵 880 ± 20 mm，开泵 660 ± 20 mm。

炉喉温度：> 950℃。

116. 电热前床的操作要点是什么?

炉膛总液面高度：不大于 1300 mm。

底铅高度：> 300 mm。

黄渣层高度：< 150 mm。

炉膛温度：1250 ~ 1350℃。

电极密封夹持器冷却水出口温度：40 ~ 60℃。

117. 烟化炉操作主要技术条件是什么?

每炉处理渣量：25 ~ 30 t。

熔池深度：0.9 ~ 1.1 m。

吹炼周期 160 min，其中加料 20 ~ 40 min，吹炼 100 min，放渣 15 ~ 20 min。

鼓风量：13000 ~ 16000 m³/h。

鼓风压力：637.39~735.45 Pa。

一、二次风比：(3:7)~(4:6)。

空气消耗系数：0.6~0.8。

烟化炉气出口温度：1150~1300℃。

布袋室入口温度：70~80℃。

粉煤布出室出口温度：60~65℃。

烟化渣含铅<0.25，含锌<1%。

烟囱排放浓度不大于100 mg/m³(标)。

供蒸汽管网蒸汽压力：0.4~0.6 MPa。

9.5　技术控制及主要技术经济指标

118. 烧结工序主要技术经济指标是什么？

(1)技术指标

　　干精矿含水：6%~8%。

　　返粉含水：<1.5%。

　　混合料含硫：6.5%。

　　混合料含水：4%~7%。

　　烧结块残硫：<2%。

　　成品烟气中 SO_2 浓度：4.5%~7%。

　　烧结脱硫强度：≥1.25 t/(m²·d)。

　　烧结返粉率：<85%。

(2)能源消耗

　　煤气：160 m³/t 块。

　　电：132 kWh/t。

　　水：2.46 m³/t。

　　压缩空气：17 m³/t。

　　蒸汽：60 kg/t。

　　石灰石：0.11 t/t。

119. 冷凝器出口炉气的主要成分是什么？

冷凝器出口炉气的主要成分见表9-9。

表 9 - 9　冷凝器出口炉气的主要成分/%

CO	CO_2	O_2	H_2
18 ~ 23	10 ~ 13	< 0.4	< 1.0

120. 密闭鼓风炉的主要技术经济指标是什么？

锌直接回收率：85%。

锌总回收率：93%。

铅直接回收率：85%。

铅总回收率：96%。

月送风率：92%。

冷凝分离率：>90%。

热焦单耗：760 kg/t 粗铅锌。

送风率：92%。

水单耗：110 t/t 粗铅锌。

电单耗：340×10³ kWh/t 粗铅锌。

高值煤气单耗：400 m³/t 粗铅锌。

补铅单耗：<73 kg/t 粗铅锌。

氯化氨单耗：<15 kg/t 粗铅锌。

121. 烟化炉主要技术经济指标是什么？

铅回收率：80%。

锌回收率：85%。

氧化锌（副产）水单耗：100 t/t 次氧化锌。

氧化锌（副产）电单耗：1000 kWh/t 次氧化锌。

氧化锌（副产）煤气单耗：260 m³/t 次氧化锌。

氧化锌（副产）空气单耗：560 m³/t 次氧化锌。

氧化锌（副产）粉煤单耗：1.5 t/t 次氧化锌。

余热锅炉蒸汽电单耗：20 kWh/t。

水单耗：2 t/t。

第 10 章 安全、职业卫生

10.1 基本概念

1. 什么是安全?

安全是指不受威胁,没有危险、危害、损失,人类的整体与生存环境资源的和谐相处,互相不伤害,不存在危险的隐患,是免除了不可接受的损害风险的状态。安全是在人类生产过程中,将系统的运行状态对人类的生命、财产、环境可能产生的损害控制在人类能接受水平以下的状态。

2. 什么是职业卫生?

职业卫生研究的是人类从事各种职业劳动过程中的卫生问题,它以职工的健康在职业活动过程中免受有害因素侵害为目的,其中包括劳动环境对劳动者健康的影响以及防止职业性危害的对策。只有创造合理的劳动工作条件,才能使所有从事劳动的人员在体格、精神、社会适应等方面都保持健康。只有防止职业病和与职业有关的疾病,才能降低病伤缺勤,提高劳动生产率。因此,职业卫生实际上是指对各种工作中的职业病危害因素所致损害或疾病的预防,属预防医学的范畴。

3. 什么是安全生产标准化?

企业的安全生产标准化是指企业通过建立安全生产责任制,制定安全管理制度和操作规程,排查治理隐患和监控重大危险源,建立预防机制,规范生产行为,使各生产环节符合有关安全生产法律法规和标准规范的要求,人、机、物、环处于良好的生产状态,并持续改进,不断加强企业安全生产规范化建设。

4.我国的安全生产方针是什么?

我国的安全生产方针是"预防为主,防治结合,综合治理"。

5.什么是危险物品?

危险物品是指易燃易爆物品、危险化学品、放射性物品等能够危及人身安全和财产安全的物品。

6.什么是重大危险源?

重大危险源是指长期地或者临时地生产、搬运、使用或者储存危险物品,且危险物品的数量等于或者超过临界量的单元(包括场所和设施)。

10.2 锌冶炼安全、职业卫生

7.锌冶炼主要涉及哪些安全、职业卫生危害?

锌冶炼主要涉及化学伤害、中毒窒息、机械伤害、高温灼伤、生产性粉尘危害、噪音危害、电危害、起重伤害、淹溺、高处坠落、火灾和爆炸、放射性伤害、物体打击、车辆伤害等有害危险因素。

8.化学伤害产生原因及其控制措施有哪些?

产生的主要原因为生产过程中硫酸泄露,设备不防腐,人员误接触或食入硫酸、高锰酸钾,人员吸入含 SO_2 高的锌焙烧烟气、粉尘,镉遇明火或燃烧形成的氧化镉烟雾,安全操作规程不完善,未严格执行安全操作规程,未正确穿戴劳动防护用品等。

其主要的控制措施为严格执行安全操作规程,加强巡检和设备设施维护保养,消除跑、冒、滴、漏,按作业规程进行检修,在可能发生硫酸泄露的区域装设应急冲洗设施,加强安全教育培训提高安全意识,正确穿戴劳动防护用品等。

9.中毒、窒息产生原因及其控制措施有哪些?

产生的主要原因为生产过程中硫酸泄露,人员吸入柴油挥发的有毒蒸汽,人员吸入含 SO_2 高的锌焙烧烟气、粉尘,人员吸入硫酸铜遇高热分解产生的硫化物有毒烟气,镉遇明火或燃烧形成的氧化镉烟雾,人员吸入煤气,安全操作规程不完善,未严格执行安全操作规程,未正确穿戴劳动防护用品等。

其主要的控制措施为严格危险化学品管理、严格安全操作、作业时严格用火、加强安全教育培训、正确穿戴劳动防护用品等。

10. 机械伤害产生原因及其控制措施有哪些？

产生的主要原因为生产过程中人体接触转动部位而造成伤害，检修转动设备过程中未按操作规程进行"停车、断电、挂牌"，设备存在缺陷、控制失灵等。

其主要的控制措施为严格执行安全操作规程，按作业规程进行检维修，悬挂安全警示标志，加强安全教育培训提高安全意识和技能。

11. 高温灼伤产生的原因及其控制措施有哪些？

产生的主要原因为未按操作规程进行操作，高温设备作业时未进行有效的降温冷却，未正确穿戴劳动防护用品等。

其主要的控制措施为加强巡检及时发现隐患并处理，在作业现场悬挂安全警示标志，加强安全教育培训提高安全意识和技能，正确穿戴劳动防护用品等。

12. 生产性粉尘产生原因及其控制措施有哪些？

产生的主要原因为通风不到位，收尘设施失灵，在粉尘浓度超标的区域作业时不戴防尘口罩或无劳动保护用品。

其主要的控制措施为在烟气收尘时采用密闭或半密闭方式，严格执行操作规程制度和巡检制度，进入有粉尘存在的区域穿戴劳动防护用品，加强职工安全教育提高安全素质，严禁违章作业，严格执行劳动防护用品的发放、使用管理制度。

13. 火灾和爆炸产生的原因及其控制措施有哪些？

火灾和爆炸产生的原因主要为未按规定定期对压力设备、容器、管道进行检定和检修，对安全阀、压力表等安全装置未定期校验，在易燃、易爆区域内违章动火、吸烟，电器线路着火，压力设备、压力容器、压力管道本身存在缺陷，未严格执行操作规程，操作不当造成超压、超温，安全装置失效等。

其主要的控制措施为：按规定定期对压力设备、压力容器、压力管道进行检定和检修；对安全阀、防爆装置、压力表等安全装置按期进行检查校验；电器设备设施应符合防爆要求。

10.3 主要危险有害因素识别及处置措施

14. 硫酸对人体的危害有哪些?

硫酸对皮肤、黏膜等组织有强烈的刺激和腐蚀作用。对眼睛可能引起结膜炎、水肿、角膜混浊以致失明;引起呼吸道刺激症状,重者发生呼吸困难和肺水肿;高浓度引起喉痉挛或声门水肿而死亡。口服后引起消化道烧伤以至溃疡形成,严重者可能有胃穿孔、腹膜炎、喉痉挛或声门水肿、肾损害、休克等。慢性影响有牙齿酸蚀症、慢性支气管炎、肺水肿和肝硬化。

15. 硫酸侵入人体的方式有哪些?现场如何急救?

硫酸侵入人体的主要方式是食入或吸入。皮肤接触硫酸后应立即脱去污染的衣服,用清水冲洗至少15 min,或用2%碳酸氢钠溶液冲洗,然后就医;眼睛接触硫酸后应立即提起眼睑,用流动清水或生理盐水冲洗至少15 min,然后就医;呼吸道吸入硫酸后应迅速脱离现场转至空气新鲜处,呼吸困难时应输氧,并给予2%~4%碳酸氢钠溶液雾化吸入,然后就医;食入硫酸后应让患者口服牛奶、蛋清、植物油等,不可催吐,应立即就医。

16. 硫酸职业卫生防护措施有哪些?

呼吸道防护:在可能接触硫酸蒸气或烟雾的地方,必须佩戴防毒面具或供气式头盔。紧急事态抢救或逃生时,建议佩戴正压式呼吸器;眼睛防护:戴化学安全防护眼镜;身体防护:穿耐酸工作服和戴橡皮耐酸手套;其他防护:工作后应淋浴更衣。单独存放被硫酸污染的衣物,洗后再用,保持良好的卫生习惯。

17. 硫酸储运应注意哪些事项?

硫酸应储存于阴凉、干燥、通风处。应与易燃、可燃物、碱类、金属粉末等分开存放。不可混储混运。搬运时应轻装轻卸,防止包装及容器损坏。分装及搬运作业时要注意个体防护。

18. 硫酸泄露时如何处置?

疏散泄露污染区人员至安全区域,禁止无关人员进入污染区,应急处理人员应戴好面罩，穿化学防护服。不要直接接触泄漏物，勿使泄漏物与可燃物（木材、纸、油等）接触，在确保安全的情况下堵漏。喷水雾减慢挥发（或扩散），但不要对泄漏物或泄露点直接喷水。用沙土、干燥石灰或苏打灰混合，然后收集运至废物处理场所处置。也可用大量水冲洗，经稀释的洗水放入废水系统处置。如果硫酸大量泄漏，应利用围堰收容，然后收集、转移、回收或无害化处置后废弃。

19. 锌粉对人体的危害有哪些？

人体吸入锌在高温条件下形成的氧化物烟雾可致金属烟雾热，症状有口中金属味、口渴、胸部紧束感、干咳、头疼、头晕、高热、寒战等。粉尘对眼有刺激性。口服锌粉会损害肠胃。长期或反复接触锌粉对皮肤有刺激性。

20. 锌粉侵入人体的方式有哪些？现场如何急救？

锌粉侵入人体的主要方式是食入或吸入。皮肤接触锌粉后应立即脱去污染的衣着，用流动清水彻底冲洗；眼睛接触锌粉后应立即提起眼睑，用大量流动清水或生理盐水冲洗；呼吸道吸入锌粉后应迅速脱离现场转至空气新鲜处。保持呼吸道畅通。必要时进行人工呼吸，然后就医；食入锌粉后应给患者立即漱口，给饮大量温水，催吐，然后就医。

21. 锌粉职业卫生防护措施有哪些？

呼吸系统防护：作业人员应佩戴防尘口罩，必要时建议佩戴自给式呼吸器；眼睛防护：一般不需特殊防护，必要时戴安全防护眼镜；身体防护：穿工作服和戴防护手套；其他防护：工作场所禁止吸烟、进食和饮水。工作后淋浴更衣。进行就医和定期体检。

22. 锌粉储运应注意哪些事项？

锌粉应储存于干燥清洁的仓库内。相对湿度保持在75%以下。远离火种、热源。防止阳光直射。保持容器密闭。锌粉应与碱类、酸类、潮湿物品、卤类（氟、氯、溴）、氧化剂等分开存放。仓库平时应勤检查（查仓温、查湿度、查混储）。搬运时要轻装轻卸，防止包装及容器损坏。雨天不宜运输。

23. 锌粉泄露时如何处置？

锌粉泄露时，应隔离泄露污染区，周围设置警戒标识，切断电源。

应急处理人员应戴好防毒面罩，穿相应工作服。不要直接接触泄漏物，转移未破损的包装，禁止向泄漏物直接喷水，更不要让水进入包装容器内，避免扬尘。应使用无火花工具将泄漏物收集于干燥洁净有盖的容器中，转移回收。如果大量泄漏，可用塑料布、帆布覆盖，在技术人员指导下清除。

24. 柴油有哪些危险性？

柴油遇明火、高热或氧化剂，有引起燃烧爆炸的危险。若遇高热，容器内压增大，有开裂和爆炸的危险。

人体皮肤接触柴油可引起接触性皮炎、油性痤疮，吸入可引起吸入性肺炎。能经胎盘进入胎儿血中。柴油废气可引起眼、鼻刺激症状、头晕及头疼。

25. 柴油侵入人体的方式有哪些？现场如何急救？

柴油侵入人体的方式主要有吸入、食入和经皮肤吸入。皮肤接触柴油后应立即脱去污染的衣着，用肥皂和大量清水清洗污染皮肤；眼睛接触柴油后应立即翻开上下眼睑，用流动清水清洗，至少 15 min，然后就医；人体食入柴油后应使误服者饮牛奶或植物油，洗胃并灌肠，然后就医。

26. 柴油职业卫生防护措施有哪些？

呼吸系统防护：一般不需特殊防护，但建议特殊情况下佩戴自给式呼吸器；眼睛防护：必要时佩戴安全防护眼镜；身体防护：穿工作服和戴防护手套；其他防护：工作现场严禁吸烟，避免长期反复接触。

27. 柴油储运应注意哪些事项？

柴油应储存于阴凉、通风仓库内。远离火种和热源，防止阳光直射，保持容器密封。柴油应与氧化剂等分开存放。桶装堆垛不可过大，应留墙距、顶距、柜距及必要的防火检通道。罐储时要有防火防爆防雷措施。禁止使用产生火花的机械设备和工具。充装时要控制流速，注意防止静电积累。搬运时要轻装轻卸，防止包装及容器损坏。

28. 柴油泄露时如何处置？

柴油泄漏时，应立即切断火源。应急处理人员戴好防毒面具，穿化学防护服，在确保安全情况下堵漏。用活性炭或其他惰性材料吸收，然后收集运到空旷处焚烧。如果大量泄漏，则应利用围堰收容，然后收集、转移、回收或无害化处置后废弃。

29. 二氧化硫有哪些危险性？

二氧化硫遇高热时，容器内压力增大，有开裂和爆炸的危险。

二氧化硫易被湿润的黏膜表面吸收生成亚硫酸、硫酸。二氧化硫对眼及呼吸道黏膜都有强烈的刺激作用。人体大量吸入二氧化硫可引起肺水肿、喉水肿、声带痉挛而致窒息。人体若发生轻度的急性中毒时，会发生流泪、畏光、咳嗽，咽、喉灼痛等呼吸道及眼结膜刺激症状；人体若发生重度的急性中毒时，可在数小时内发生肺水肿，引起反射声门痉挛而致窒息。二氧化硫慢性中毒者，因长期接触二氧化硫，有头疼、头晕、乏力等全身症状以及慢性鼻炎、支气管炎、嗅觉及味觉减退、肺气肿等，少数人会有牙齿酸蚀症。

30. 二氧化硫侵入人体的方式有哪些？现场如何急救？

二氧化硫侵入人体的方式主要是呼吸道吸入。当人体皮肤接触二氧化硫时，应脱去污染的衣着，立即用清水彻底冲洗；眼睛接触二氧化硫时，应立即提起眼睑，用流动清水或生理盐水至少冲洗 15 min，然后就医；人体吸入二氧化硫后，应迅速将患者转移至空气新鲜处，保持呼吸道畅通。呼吸困难时给予输氧。呼吸停止时，立即进行人工呼吸，然后就医。

31. 二氧化硫职业卫生防护措施有哪些？

呼吸道系统防护：当空气中二氧化硫浓度超标时，必须佩戴防毒面具。紧急事态抢救或逃生时，应佩戴自给式呼吸器；眼睛防护：戴化学安全防护眼睛；身体防护：穿工作服和戴防护手套；其他防护：工作现场严禁吸烟、进食和饮水。工作后淋浴更衣，保持良好卫生习惯。

32. 二氧化硫储运应注意哪些事项？

二氧化硫为不燃性腐蚀气体。应储存于阴凉、通风仓库内，仓库温度不宜超过30℃，远离火种和热源。防止阳光直射，应与易燃、可燃物分开存放。搬运时轻装轻卸，防止钢瓶及附件破损，运输按规定线路行驶，勿在居民区和人口稠密区停留。

33. 二氧化硫泄露时如何处置？

二氧化硫泄漏时，应迅速撤离泄漏污染区人员并将其转移至上风口，隔离。应急处置人员应佩戴正压自给式呼吸器，穿化学防化服。喷水雾减慢挥发（或扩散），但不要对泄漏物或泄漏点直接喷水。切断气源，喷雾状水稀释、溶解，然后抽排（室内）或强力通风（室外）。如有可能，用捕滴器使气体通过次氯酸钠溶液。漏气管道或容器不能再用，要经过技术处理以清除可能残留的气体。

34. 煤气有哪些危险性？

煤气易燃，能与空气形成爆炸性混合气体。如果易燃混合气体扩散至火源处，就会立即回燃。遇火源、高热有着火、爆炸危险。遇氧化剂能剧烈反应，有毒。

煤气中含有一氧化碳、芳烃等，前者能与人体中血红蛋白结合，造成缺氧，使人昏迷不醒。在低浓度煤气下停留，也能产生头晕、心跳加速、恶心以及虚脱等。

35. 煤气侵入人体的方式有哪些？现场如何急救？

煤气侵入人体的主要方式是经呼吸道吸入。人体吸入煤气后应立即使吸入者脱离污染区，转移至空气新鲜地方。如果发生昏迷等症状，需速送医院救治。

36. 煤气职业卫生防护措施有哪些？

在涉及煤气泄漏的地方，必须佩戴防毒面罩。

37. 煤气储运应注意哪些事项？

煤气一般用管道进行输送。钢瓶煤气应储存于阴凉、通风良好的专用库房内。煤气场所应远离热源、火源，防止阳光直射。煤气应与氧化剂、氧气、压缩性空气隔离储运。平时用肥皂水检查钢瓶或管道是否漏气，搬运时戴好钢瓶安全帽和防震橡皮圈。

38. 煤气泄漏时如何处置？

煤气泄漏时，首先应切断一切火源，戴好防毒面具与劳保用品，在泄漏区周围设置雾状水雾进行喷淋。

39. 镉有哪些危险性？

镉的粉体遇高热、明火能燃烧甚至爆炸。人体吸入镉燃烧形成的氧化镉烟雾，可引起急性肺水肿和化学性肺炎。个别病例可伴有肝、肾损害。镉对眼睛有刺激性。用镀镉器调制或贮存酸性食物或饮料，食入后可引起急性中毒症状，有恶心、呕吐、腹痛、腹泻、大汗、虚脱，甚至抽搐、休克等症状。长期吸入较高浓度镉可引起职业性慢性镉中毒。临床表现有肺肿、嗅觉丧失、牙釉黄色环、肾损害、骨软化症等。

40. 镉侵入人体的方式有哪些？现场如何急救？

镉侵入人体的主要方式为呼吸道吸入和食道食入。当人体皮肤接触到镉时，应脱去污染的衣着，用流动清水冲洗；当眼睛接触镉时，应立即翻开上下眼睑，用流动清水或生理盐水冲洗，然后就医；当人体吸入镉时，应迅速脱离现场至空气新鲜处，保持呼吸道畅通，若呼吸困难应给氧，若呼吸停止，立即进行人工呼吸，然后就医；当人体食入镉时，应给饮足量温水，催吐，然后就医。

41. 镉储运与泄露应注意哪些问题？

镉应储存于阴凉、通风仓库内，远离火种和热源。包装要求密封，不与空气接触。应与氧化剂、酸类物质分开存放。搬运时轻装轻卸，保存包装完整，防止洒漏。

42. 硫酸铜有哪些危险性？

硫酸铜对胃肠道有刺激作用，误服可引起恶心、呕吐、口内有铜腥味、胃有烧灼感。严重者有腹绞痛、呕血、黑便，可造成严重肾损害和溶血症状，出现黄疸、贫血、肝大、血红蛋白尿、急性肾功能衰竭和尿毒症症状。硫酸铜对眼和皮肤有刺激性。长期接触可发生接触性皮炎和鼻、眼黏膜刺激并出现胃肠道症状。

43. 硫酸铜侵入人体的方式有哪些？现场如何急救？

硫酸铜侵入人体的主要方式为吸入和食入。当皮肤接触硫酸铜后，应脱去污染的衣着，用大量清水彻底冲洗；当眼睛接触硫酸铜时，应立即翻开上下眼睑，用流动清水或生理盐水冲洗；当人体吸入硫酸铜后，应迅速脱离现场至空气清新处，保持呼吸道畅通；当误食时，应用0.1%的亚铁氰化钾或硫代硫酸钠洗胃，给饮牛奶或蛋清，然后就医。

44. 硫酸铜职业卫生防护措施有哪些？

呼吸系统防护：作业人员应佩戴防尘口罩；眼睛防护：应佩戴安全面罩；身体防护：穿工作服和戴防护手套；其他防护：硫酸铜应避免接触潮湿空气。工作场所应禁止吸烟、进食和饮水。工作后应淋浴更衣。注意个体清洁卫生，实行就业前和定期体检。

45. 硫酸铜储运应注意哪些事项？

硫酸铜应储存于阴凉、干燥和通风良好的仓库内。包装必须密封完整，防止受潮。应与碱类、酸类、潮湿物品等分开存放。搬运时要轻装轻卸，保存包装完整，防止洒漏。

46. 余热锅炉有哪些安全事故？

余热锅炉主要有锅炉爆炸、缺水事故、满水事故、汽水共腾事故、炉管爆炸事故、水位计损坏事故和水击事故等。

47. 锅炉爆炸的原因有哪些？

(1) 制造锅炉的原材料缺损。

(2) 锅炉设计结构有缺陷。如：开孔、焊缝布置不合理。

(3) 焊缝缺陷，特别是焊缝裂纹和未焊透。

(4) 装配成型缺陷，如错边或角变形超标。

(5) 运行中超压。

(6) 汽包较长时间缺水，机械强度急骤降低的情况下，司炉人员违反操作规程，引起爆炸。

(7) 运行中产生严重缺陷，使承压能力降低。

(8) 长期压力交变或温度交变引起疲劳裂纹及疲劳断裂等。

48. 锅炉缺水有哪些危害？

锅炉缺水事故是锅炉最常见的事故。严重缺水事故所造成的危害往往是很大的，轻者引起大面积受热面过热变形，胀口渗漏；重者引起爆管，胀管脱落，大量蒸汽喷出；最严重的缺水事故是锅炉受到极大的损坏，过热变形严重很难再修复。

49. 锅炉满水有哪些危害？

锅炉满水也是锅炉运行中的一种常见事故，严重满水事故会引起蒸汽管道水冲击，使阀门、法兰和蒸汽管受到损坏甚至震裂。锅炉发生满水事故后，蒸汽带水严重，蒸汽品质恶化，对汽轮机、用汽部门的设备和产品质量带来严重影响。

50. 什么是汽水共腾事故？有哪些危害？

所谓汽水共腾是指炉水表在泛起较严重的泡沫，负荷增加、燃烧强化、汽水分离加剧的情况下，炉水表面泡沫层发生急剧的翻腾和上下波动，水位表内出现很多气泡和泡沫，水位模糊不清的一种现象。出现汽水共腾时，如同满水事故一样，蒸汽带水急剧增加，蒸汽管道可能发生水击，过热蒸汽温度下降，蒸汽中带有很多盐浓度过高的炉水，将严重影响过热器和汽轮机的安全运行。

51. 什么是炉管爆破事故？

炉管爆破事故是指水冷壁和沸腾管束的爆破，尤以受热强度较大的水冷壁管爆破事故最为常见。炉管爆破事故是锅炉运行中比较严重的事故，处理不及时，容易引起缺水事故，炉管爆破后，被迫停炉检修，影响正常生产运行，后果严重。磨损、腐蚀、过热和焊接质量差是导致炉管爆破的主要原因。

52. 什么是水击事故？

锅炉水击事故是在锅筒、汽水管道中发生的水流剧烈撞击的一种现象。水击时，常常发生很大的响声和震动，严重的水击可使部件受到损坏，阀门、法兰渗漏、震裂，甚至造成管道破损。

10.4　作业现场安全管理

53. 生产环境管理的内容有哪些？

（1）危险固体废物应有专门存放点，存放点有防渗漏措施，且妥善处理。

（2）大门开启灵活、方便、迅速，无卡死现象。

（3）路面排水良好，路面平整，盖板齐全，坡度适当。

（4）厂区门口、危险路段需设置限速标牌、限高警示标牌，各种标志清晰可见。

（5）交叉路口若有视线盲区则应设反光镜，反光镜无破损，角度和高度应便于观察道路盲区，避免道路盲区和死角。

（6）通道路面应平整、无台阶、无坑沟。

（7）利用主干道一边堆放产品或停置车辆的应有划线标志，不得在转弯处或通道两侧堆放物品。

（8）道路土建施工应有警示牌或护栏，夜间要有便于识别的警示。

（9）各类主干道的通道线内不得存放任何物资、生产（生活）垃圾、车辆等。

（10）照明灯布局合理，灯具完好，照明有效，无照明盲区。

（11）消火栓合理配置，且有明显的漆色标志，其 1 m 范围内无障碍物。

（12）消防器材完好，且有效可靠，消防设施、重要防火部位均有明显的消防安全标志。

（13）灭火器应设置在位置明显和便于取用的地点，且不得影响安全疏散，灭火器的摆放应稳固，其铭牌应朝外。手提式灭火器宜设置在灭火器箱内或挂钩、托架上，其顶部离地面高度不应大于 1.50 m；底部离地面高度不宜小于 0.08 m。灭火器箱不得上锁。

（14）现场标志牌的设置高度，应尽量与人眼的视线高度相一致。标志牌不应设在门、窗、架等可移动的物体上，悬挂式和柱式的环境信息标志牌的下端距离地面的高度不宜小于 2 m。

（15）多个标志牌在一起设置时，应按警告、禁止、指令、提示类型（黄、红、蓝、绿）的顺序和先左后右、先上后下的顺序排列。

（16）标志牌的平面与视线的夹角应接近 90°。观察者位于最大观察距离时，最小夹角不低于 75°。

（17）工位器具、料箱摆放整齐、平稳，高度合适，沿人行通道两边不得有突出或锐边物品，工件、物料摆放不得超高，安全通道无遮挡、无积油积水、无绊脚物。

（18）坑、壕、池应设置盖板或护栏。

（19）设备设施与墙、柱间以及设备设施之间应留有足够的距离，或安全隔离。

（20）存在职业危害岗位应配置有职业危害因素防护设备设施，实施通风、除尘、净化、屏蔽、吸附、过滤等方式，消除、中和、稀释职业危害因素，使设备设施运转正常，治理有效果（以下判定未有效治理：①有防护设备，但其损坏严重、防护效果差，目测时尘毒、烟雾飞扬。②未采取对生产工艺、材料、设备、操作方法等降低职业危害因素的改进措施，或采取相应措施而无对比监测资料和鉴定报告可证明效果的作业点。③只对厂房整体换气或设置轴流风机换气，没有对职业危害因素作业点采取专门措施。④漏划点和无测试数据的点）。

54. 定置管理有哪些内容?

（1）定置摆放，按人与物在生产过程中的结合程度分类摆放，按A、B、C、D 分类摆放，经常整理 A 类，及时转运 B 类，清除 C、D 类。A 类：人与物外部紧密结合状态。如正在生产加工、装置、调试、交验的产品，以及在用的工量具、模具、设备、仪表等。B 类：待用或待加工类。如原材料、元器件、待装配的零、部、整件、模具等。此类物品可随时转化为 A 类。C 类：人与物处于待联系的状态。如交验完待转运入库的产品，暂时不用的模具、材料等。D 类：人与物已失去联系的物品。如报废的产品、废料、垃圾等，都处于待清理的状态。

（2）工位器具、料箱摆放整齐、平稳，高度合适，沿人行通道两边不得有突出或锐边物品。①根据作业方法、物品性质、特点和使用频率等情况，确定存放位置；②使用频率高，即经常使用的工具、物品放在附近；③不常用的东西应整齐地放入箱、柜内或物品架上；④很少用的东西应放进公用箱、柜内，由专人妥善保管；⑤本着安全、方便的原则确定材料和成品的放置地点；⑥危险化学物品要有专门的场所存放、保管；⑦对于推车等简易搬运工具也应明确规定放置地点（包括工作中暂放的地点）；⑧安全通道上在任何时候都不允许存放物品。

（3）物品放置要遵循以下原则：①物料堆放整齐，重物在下，轻物在上，易损物品要固定，易倒物品要挤压住，长物要放倒。②立体堆放的材料和物品要限制堆放高度，最高不得超过底边长度的 3 倍。③危险化学物品的放置、保管应符合有关法规、标准的要求。④对安全通道和堆放物品的场所要划出明显的界限或架设围栏；⑤堆放物品的场所应悬挂标牌，写明放置物品的名称和要求。⑥在放置物品时，要确认是否保证了安全。

（4）物品摆放需整齐，平稳可靠，做到：①定置定位、分类、分区摆放（如摆放在指定的划线或低护栏内），小件产品应有集装箱，加工物品与墙或与机床轴平行摆放。②钢材的摆放应做到靠通道侧放置整齐。③平稳可靠是指堆垛不得有倾斜，不得有晃动。滑动物件要有支架或稳固措施，圆筒产品或工件滚动面不得面向安全通道。

（5）工、模、夹具存放应符合安全技术要求。①工、模、夹具应放置在固定的架子或工具箱、柜中。②各种量具等不得放在车床活动面、导轨上。③钢丝绳要上架，且有明显标志。④物品的重心应向下摆放，做到安全稳妥、防止坠落和倒塌伤人。

（6）物料摆放不得妨碍操作。

（7）工件、物料摆放不得超高。①在垛底与垛高之比为 1：2 的前提下，垛高不超过 2 m。例如垛底为 1 m，垛高不超过 2 m。②大砂箱堆垛、泡沫塑料一类不超过 3.5 m。③堆垛间距要合理，便于吊装或保持消防通道畅通。

55.工业管道安全管理有哪些内容？

（1）漆色标记应明显，流向清晰。

（2）埋地管道敷层完整无破损，架空管道支架牢固合理。①管道的支撑、吊架等构件均应牢固可靠。②架空敷设管网下方为交通通道时，应有相应的跨高及悬挂醒目的警示标志。③埋地管道的敷设深度应符合标准要求，敷层完整无破损。

（3）管道完好，无严重腐蚀、无泄漏，防静电积聚措施可靠。①工业管道应能满足工艺设计参数，无泄漏。②地下或半地下敷设管道应符合有关规程要求，严防腐蚀。③易燃、易爆介质管道应连接可靠，电气不连贯处均应装设电气跨接线和按规定合理布置消除静电的接地装置。④承压管道必须有足够的强度，不允许有深度大于 2 mm以上的点状腐蚀和超过 200 mm^2 以上的面状腐蚀。⑤热力管道的保温层应完好无损，且热补偿装置应符合有关要求。

56.工业气瓶安全管理有哪些内容？

（1）仓库状况良好，安全标志完善。

（2）气瓶应储存于气瓶专用库内，库房应符合《建筑设计防火规范》的有关规定，仓库内不得有地沟、暗道，严禁明火和其他热源，库房门口应有醒目的安全标志。

（3）库房应远离热源，严禁明火，有防止阳光直射库内的措施，库内应通风良好，保持干燥等。

（4）各种瓶及空、实瓶应分开存放。

（5）空、实瓶应分开放置，有明显的标记。

（6）盛装毒性气体或相互接触后能引起燃烧、爆炸以及产生毒物的气瓶，应分库存放。

（7）气瓶放置应整齐，戴好瓶帽。立放时，要妥善固定，有可靠的防倾倒措施；卧放时，头部朝同一方向。

（8）标记明显，间距合理；空、实瓶的存放处应有明显标识，并保持间距1.5 m以上。

（9）各种护具及消防器材齐全、可靠。

（10）库内及附近应设置防毒护具或消防器材。

（11）瓶内气体不得用尽，必须按规定留有剩余压力或重量，永久气体气瓶的剩余压力应不小于0.05 MPa；液化气体气瓶应留有不少于0.5%～1.0%规定充装量的剩余气体。

（12）作业现场的气瓶，同一地点放置数量不应超过5瓶。若超过5瓶，但不超过20瓶时，应有防火防爆措施；超过20瓶以上时，必须设置二级瓶库。

（13）气瓶不得靠近热源，可燃、助燃气体气瓶与明火间距应大于10 m，气瓶壁温应小于60℃。严禁用温度超过40℃的热源对气瓶加热。

（14）气瓶状况：①在检验周期内使用；②外观无缺陷及腐蚀；③气瓶外观无缺陷，无机械性损伤和严重腐蚀；④漆色及标志正确、明显；⑤气瓶表面漆色、字样和色环标记应符合规定，且有气瓶警示标签；⑥安全附件齐全、完好，气瓶附件包括易熔合金塞、瓶阀、瓶帽、防震圈等。

57. 工业压力容器安全管理有哪些内容？

（1）压力容器的本体、接口部位，焊接接头等部件无裂纹、变形、过热、泄漏等缺陷。

（2）外表面无严重腐蚀现象。

（3）相邻管道或构件应无异常振动、声响及振动引起的相互摩擦等异常现象。

（4）支撑（支座）应完好，基础可靠，无位移、沉降、倾斜、开裂等缺陷，螺栓连接牢固。

（5）疏水器、排污（水）阀无泄漏，布局合理、排放物对周围环境无污染。

（6）运行状况良好，无超载、超压、超温现象；无异常振动声响现象；有定期巡回检查记录。

（7）运行良好，无超载、超压、超温、以及异常振动、声响等现象。

（8）定期巡回检查记录真实有效、保存完好；泄压防爆装置、指示装置、自控报警装置、联锁装置等安全附件齐全、有效。

（9）压力表：同一系统上的压力表读数应显示相同，压力表应指示灵敏、刻度清晰、铅封完整、在检验周期内使用。

（10）安全阀：安全阀铅封应完好，动作可靠，介质泄放点安全合理。

（11）爆破片：①铭牌上的工作压力及温度应能满足运行要求，安装方向合理、介质泄放必须安全；②爆破片单独作泄压装置的，爆破片与容器间的截止阀应处于工作状态，并加铅封；③爆破片与安全阀串联使用时，其间所装的压力表和截止阀二者之间不允许积存压力，截止阀打开后应无介质漏出。

（12）液位计：液位计应能正确显示液面，并且有最高和最低安全液位标记。

（13）各种安全装置应定期校验，保持完好，性能可靠，记录齐全。

58. 工业直梯、斜梯、走台安全管理有哪些内容？

（1）梯宽、梯级间隔尺寸符合标准。①梯宽的最佳尺寸为 500 mm，最小尺寸为 300 mm；②梯级间隔宜为 300 mm 等距离分布，踏棍宜采用不小于 φ20 mm 的圆钢；③钢直梯每级踏棍的中心线与建筑物或设备外表面之间的净距离不得小于 150 mm；④梯段高不宜大于 9 m。超过 9 m 时宜设梯间平台，以分段交错设梯。攀登高度在 15 m 以下时，梯间平台的间距为 5 ~ 8 m，超过 15 m 时，每 5 m 设一个梯间平台。平台应设安全防护栏杆。

（2）梯段高度超过 3 m 时应设护笼，护笼、护笼条尺寸符合标准规定。直梯距地平面 3 m 以上部分应设护笼。护笼直径应为 700 mm，其圆心距踏棍中心线为 350 mm，水平圈采用不小于 40 × 4 的扁钢，间距为 450 ~ 750 mm，在水平圈内侧均布焊接 5 根不小于 25 × 4 扁钢垂直条。

（3）直梯与平台相连的扶手高应大于 1050 mm。钢直梯上端的踏棍应与平台或屋面平齐，其间隙不得大于 300 mm，并在直梯上端设置高不低于 1050 mm 的扶手。

（4）结构件不得有松脱、裂纹、扭曲、腐蚀、凹陷或凸出等严重变形，更不得有裂纹。①结构件应保持牢固。所有的结构件不得有严重脱焊、变形、腐蚀和断开、裂纹等缺陷，构件表面应光滑无毛刺。安装后的钢直梯不应有歪斜、扭曲、变形及其他缺陷；②钢直梯安装后必须认真除锈并做防腐涂装。

（5）梯宽、扶手立柱高度、间距尺寸均符合标准规定：①扶手、立柱高于 900 mm，间距小于 1000 mm。扶手应采用外径为 30～50 mm、壁厚不小于 2.5 mm 的管材。立柱宜采用截面不小于 40×40×4 的角钢或外径为 30～50 mm 的管材；②梯宽宜为 700 mm，最大不宜大于 1100 mm，最小不得小于 600 mm。

（6）踏步高、宽适当：①除扶手外必须加一根横杆，横杆采用直径不小于 16 mm 圆钢或 30×4 的扁钢，固定在立柱中部；②应按斜梯不同倾斜角来选择踏步的高和宽。

（7）结构件不得有松脱、裂纹、扭曲、腐蚀、凹陷或凸出等严重变形，更不得有裂纹。①结构件应保持牢固。所有的结构件不得有严重脱焊、变形、腐蚀和断开、裂纹等缺陷，构件表面应光滑无毛刺。安装后的钢斜梯不应有歪斜、扭曲及其他缺陷；②斜梯高于 5 m 时，必须在梯间平台分段设梯，以供登梯者休息，调节体力，并减小登、下梯时一旦顺梯跌落的危险程度；③踏板多用 4 mm 以上凸纹钢板制成；④钢斜梯安装后，必须认真除锈并做防腐涂装。

（8）工业梯台要求：梯长应小于 8 m，不得超过 10 m，两节梯子梯长比为 1:1，搭接长度不得小于 1150 mm。梯宽不得小于 300 mm。踏板间距为 270～300 mm，顶节梯子和底节梯子最下一个踏板与梯梁底端距离均为 275 mm。工作角度为 75°±5°。

（9）梯脚防滑措施完好，无开裂、破损。

（10）轻金属直梯具备伸缩加长的直梯，其止回挡块完好无变形、开裂。

（11）人字梯的铰链完好无变形，两梯之间梁柱中部限制拉线、撑锁固定装置牢固。

结构件不得有松脱、裂纹、扭曲、腐蚀、凹陷或凸出等严重变形，更不得有裂纹。

对于木质梯，其梯柱的截面不应小于 30 mm × 80 mm，横梁截面不应小于 40 × 50 mm，同时木质中不得有死结、松软结或腐朽结，梯柱上不得有长度在 100 mm 以上和深度超过 10 mm 的裂纹。

对于竹梯，构件不得有连续裂损 2 个竹节或不连续裂损 3 个竹节。

高处走台、梯间供休息和转向用的中间平台、高处作业平台以及梯台所配套使用的护栏。

单人通道净宽至少应为 600 mm，最好为 800 mm。当通道经常有人通过或多人同时交叉通过时，宽度应增加至 1200 mm。通道如果作为撤离路线，其宽度应满足特定法规的要求。如果没有特定法规，最小宽度应为 1200 mm。

扶手的最小高度应为 1100 mm。护栏至少应包括一根中间横杆或某种其他等效防护。扶手和横杆及横杆与踢脚板之间的自由空间不应超过 500 mm。当用立杆代替横杆时，各立杆之间的水平间距最大为 180 mm。各支柱轴线间距离应限制在 1500 mm 内。如果超过这一距离，应特别注意支柱的固定强度和固定的装置。

在中断扶手的情况下，两段护栏间最大净间距不应超过 120 mm。如有 2 个大开口，应采用自关门。在离地高度小于 2 m 的平台、通道及作业场所的防护栏杆高度不得低于 1000 mm，在离地高度等于或大于 2 m 高的平台、通道及作业场所的防护栏杆不得低于 1200 mm。立柱间距应小于 1000 mm。

扶手宜采用外径 ϕ33.5 ~ 50 mm 的钢管，主柱宜采用不小于 50 × 50 × 4 角钢或 ϕ33.5 ~ 50 mm 钢管，立柱间隙宜为 1000 mm。横杆采用不小于 25 × 4 扁钢或 ϕ16 mm 的圆钢。横杆与上、下构件的净间距不得大于 380 mm。

要求平台、走台必须有足够的强度和刚度。通行平台按 200 kg/m² 等效均布荷载设计；梯间平台按 350 kg/m² 等效均布荷载设计；检修平台一般按 400 kg/m² 等效均布荷载设计。

台面板周围的踢脚挡板高度不小于 100 mm，离基面不大于

10 mm。

结构件不得有松脱、裂纹、扭曲、腐蚀、凹陷或凸出等严重变形，更不得有裂纹。

平台应安装在牢固可靠的支撑结构上，并与其刚性连接；梯间平台不得悬挂在梯段上；栏杆端部必须设置立柱或建筑物的牢固连接。

平台铺板应采用大于 4 mm 厚的花纹钢板或经防滑处理的钢板。

钢走台、平台安装后，必须认真除锈并做防腐涂装。

59. 变配电环境安全管理有哪些内容？

(1)与其他建筑物间有足够的安全消防通道。

(2)变配电站周围应有安全消防通道，且保持通畅。

(3)车间内安装的变压器，其油量 >600 kg 时应设有适当的贮油池，池内应铺放卵石。

(4)变配电间门应向外开，高压室(间)门应向低压间开，相邻配电室门应双向开。

(5)门、窗及孔洞应设置网孔小于10 mm×10 mm 的金属网。

(6)通向变电所外部的门和开启的窗，及自然通风、机械通风孔洞，也包括架空线路、电缆进出口线路的穿墙透孔和保护管都应采用金属网或建筑材料封闭，重点应放在高压侧。金属网的网孔应小于10 mm×10 mm。

(7)油标油位指示清晰，油色透明无杂质，变压器油有定期绝缘测试报告，且不漏油。

(8)现场直观检查变压器运行情况，特别应注意实际油位是否和油枕上相应的温度、油位标记相符，油的颜色是否由淡黄色加深变黑。

(9)油温指示清晰，温度低于 85℃，冷却设备完好，发电机工作温度符合要求：

① 绝缘和接地故障保护完好可靠，有定期测试资料；

② 瓷瓶、套管清洁，无裂纹、无放电痕迹；

③ 变压器、发电机运行过程中，内部无异常响声或放电声；

④ 应有符合规定的警示标志和遮栏；

⑤ 所有的瓷瓶、套管、绝缘子应清洁无裂纹；

⑥ 所有的母线应整齐、清洁，接点接触良好，电缆头处表面清

洁、无漏油，接地（接零）可靠；

⑦ 电缆排列整齐，无机械损伤，标志牌正确、清晰，安装固定可靠，间距符合规定；

⑧ 电缆终端，电缆头封闭严密不渗漏，表面清洁、绝缘良好、接地可靠；

⑨ 电缆沟内无杂物、无积水、无和外部连通的孔洞，盖板齐全，且强度符合要求；

⑩ 电缆排列整齐，无机械损伤，标志牌正确、清晰，安装固定可靠，间距符合规定；

⑪ 所有的空气开关灭弧罩应完整，触头平整；

⑫ 电力电容器外壳无膨胀；温升符合要求，无漏洞现象；

⑬ 电容器接线及布置应符合有关标准的要求，调整合理，并加装保护装置。电容器室内应保持良好的通风，电容器如有异常现象，应查清原因并及时消除隐患；

⑭ 接地故障保护可靠；

⑮ 各种安全用具应完好可靠，有定期检测资料；

⑯ 配电间内各种通道应符合安全要求，应有规定的警示标志及工作标志；a. 变电所、配电室内外要有提示要害部位带电危险的警示标志。b. 电力设备操作手柄或机构上应有操作提示标志。c. 电力设备上应有表明已送电或已带电的指示灯、指示用仪表和音响报警、信号装置。d. 变配电间内的各种通道符合安全要求。

60. 临时电气线安全管理有哪些内容？

（1）要有完备的临时接线装置审批手续，不超期使用。

（2）使用绝缘良好、并与负荷匹配的护套软线。装设临时用电线路必须采用橡套软线，而且要求截面能满足负荷要求。

（3）临时线敷设方式可沿墙、架空或敷在地面。沿墙架空敷设时，其高度在室内应大于 2.5 m，室外应大于 4.5 m，跨越道路时应大于 6 m；临时线与其他设备、门、窗、水管等的距离应大于 0.3 m；沿地面敷设应有防止线路受外力损坏的保护措施。

（4）必须装有总开关控制和漏电保护装置，必须配有与负荷匹配的熔断器。

（5）对中性点直接接地电网，临时设备必须首先可靠接零。对中性点不接地或经易击穿保险器等不直接接地电网，临时设备必须保护接地（包括接地体的接地电阻测试报告和接地连接的可靠程度）。

（6）严禁在有爆炸和火灾危险的场所架设临时线。

61.动力配电箱安全管理有哪些内容？

（1）箱（柜、板）符合作业环境要求。①触电危险性小的一般生产场所和办公室，可采用普通式的配电箱。②触电危险性大或作业环境较差的加工车间、铸造、锻造、热处理、锅炉房、木工房等场所，均应采用封闭式箱、柜。③有导电性粉尘或产生易燃易爆气体的危险作业场所，必须采用密闭式或防爆型的电气设施。

（2）箱（柜、板）内外整洁、完好、无杂物、无积水，有足够的操作空间，符合安装规程要求。①各类电器元件、仪表、开关和线路应排列整齐，安装牢固，操作方便，内外无积尘、积水和杂物。②落地安装的箱、柜底面应高出地面 50～100 mm，操作手柄中心距地面一般为 1.2～1.5 m。③箱、柜、板前方 1.2 m 的范围内无障碍物（因工艺布置、设备安装确有困难时可减至 0.8 m，但不得影响箱门开启和操作）。

（3）动力、照明箱（柜、板）的所有金属构件，必须有可靠的接地故障保护。

（4）各种电器元件及线路接触良好，连接可靠，无严重发热、烧损现象。

（5）箱（板、柜）内插座界限正确，并配有漏电保护器。

（6）交、直流或不同电压的插座在同一场所时，应有明显区别或标志。

（7）保护装置齐全，与负载匹配合理。

（8）外露带电部分屏护完好。要求箱、柜以外不得有裸带电体外露。

（9）编号、识别标记齐全、醒目。

62.电焊机有哪些安全管理要求？

（1）电源线、焊接电缆与焊机连接处有可靠屏护。电源线、焊接电缆与焊机连接处的裸露接线板均应采用安全防护罩或防护板隔离，以防人员或金属物体（如：货车、起重机吊钩等）与之相接触。

（2）焊机外壳 PE 线接线正确，连接可靠。①焊机必须以正确的方法接地（或接零）。接地（或接零）装置必须连接良好，永久性的接地（或接零）应做定期检查。②禁止使用氧气、乙炔等易燃易爆气体管道作为接地装置。③在有接地（或接零）装置的焊件上进行弧焊操作，或焊接与大地密切连接的焊件（如：管道、房屋的金属支架等）时，应特别注意避免焊机和工件的双重接地。

（3）焊机一次线必须采用三芯（四芯）铜芯橡胶电线或绝缘良好的多股软铜线，其接线长度不允许超过 3 m。如确需使用较长导线，应在焊机侧 3 m 以内增加一级电源控制，并将电源线架空敷设，焊机一次线不得在地面拖拽使用，更不得在地面跨越通道使用。

（4）焊机二次线必须连接紧固，无松动，二次线的接头不允许超过三个，应根据焊机容量正确选择焊机二次线的截面积，以避免因长期过载而造成绝缘老化。

（5）严禁利用厂房金属结构、管道、轨道等作为焊接二次回路使用。

（6）焊钳夹紧力好，绝缘可靠，隔热层完好。焊钳保证在任何斜度下均可夹紧焊条，绝缘良好，手柄隔热层完整，焊钳与导线应连接可靠。连接处应保持轻便柔软，使用方便，无过热现象，导体不外露，钳柄屏护良好。

（7）焊机使用场所清洁，无严重粉尘，周围无易燃易爆物，在特殊环境条件下（如：室外的雨雪中；温度、湿度、气压超出正常范围或具有腐蚀、爆炸危险的环境），必须对设备采取特殊的防护措施以保证其正常的工作性能。

63. 砂轮机有哪些安全管理要求？

（1）砂轮机安装的地点应保证人员和设备的安全。

（2）多台砂轮机应安装在专用的砂轮机房内，单台可安装在人员流动较少的地方。

（3）砂轮机的开口方向应尽可能朝墙，不能正对着人行通道或附近有设备及操作的人员。

（4）如果砂轮机已经安装在设备附近或通道旁，在距砂轮机开口处 1～1.5 m 处应设置高 1.8 m 金属网加以屏障隔离。

（5）砂轮机不得安装在有腐蚀性气体或易燃易爆场所。

（6）砂轮机的防护罩要有足够的强度（一般钢板厚度为 1.5～3.0 mm）和有效的遮盖面。悬挂式或切割砂轮机最大开口角度 ≤180°；台式和落地式砂轮机，最大开口角度 ≤125°，在砂轮主轴中心线水平面以上开口角度 ≤65°。

（7）防护罩安装要牢固，防止因砂轮高速旋转松动、脱落。

（8）防护罩与砂轮之间的间隙要匹配。新砂轮与罩壳板正面间隙应为 0～30 mm，罩壳板的侧面与砂轮间隙为 10～15 mm。

（9）挡屑板应有足够的强度且可调。①挡屑板应牢固地安装在防护罩壳上，调节螺栓齐全、紧固。②挡屑板应有一定强度，能有效地挡住砂轮碎片或飞溅的火星。③挡屑板的宽度应大于防护罩外圆部分宽度。④挡屑板应能够随砂轮的磨损而调节与砂轮圆周表面的间隙，两者之间间隙 ≤6 mm。⑤砂轮机防护罩在砂轮主轴中心水平面以上的开口角度 ≤30°时，可不设挡屑板。

（10）砂轮必须完好无裂纹、无损伤。安装前应目测检查，发现裂损，严禁使用。

（11）不准使用存放超过安全期的砂轮。此类砂轮会变质，树脂结合剂的砂轮存放期为 1 年，橡胶结合剂砂轮为 2 年，以制造厂说明书为准。

（12）托架安装牢固可调。①托架要有足够的面积和强度。②托架靠近砂轮一侧的边棱应无凹陷、缺角。③托架位置应能随砂轮磨损及时调整间隙，间隙应 ≤3 mm。④托架台面的高度比砂轮主轴中心线应等高或略高于砂轮中心水平面 10 mm。⑤砂轮直径 ≤150 mm 时，砂轮机可不装设托架。

（13）法兰盘与软垫应符合安全要求。①切割砂轮机的法兰盘直径不得小于砂轮直径的 1/4，其他砂轮机法兰盘的直径应大于砂轮直径的 1/3，以增加法兰盘与砂轮的接触面。②砂轮左右的法兰盘直径和压紧宽度的尺寸必须相等。③法兰盘应有足够的刚性，压紧面上紧固后必须保持平整和均匀接触。④法兰盘应无磨损、变曲、不平、裂纹，不准使用铸铁法兰盘。⑤砂轮与法兰盘之间必须衬有柔性材料软垫（如石棉、橡胶板、纸板、毛毡、皮革等），其厚度为 1～2 mm，直径应比法兰盘外径大 2～3 mm，以消除砂轮表面的不平度，增加法兰盘与砂轮的接触面。

（14）砂轮机运行必须平稳可靠，砂轮磨损量不超标，且在有效期内使用。

（15）砂轮机运行时，应无明显的径向跳动，砂轮磨损到一定程度后必须更换。

64. 油库油罐有哪些安全管理要求？

（1）须装设专用排气阻火器。①油槽车必须结构合理，安全装置齐全，配有灭火器材。②排气管应设进入库区内的专用排气阻火器，车尾架下设有放静电链条。

（2）罐体、胶质输油管等应有可靠的防雷接地和防静电接地。

（3）输送管道上的阀门要有连接跨线。跨线采用铜片、薄铁片或铜丝带均可。跨线端处的连接紧固，接触良好。

（4）储存甲、乙、丙 A 类油品的钢油罐和非金属油罐，均应作防静电接地。钢油罐的防雷接地装置，可兼作防静电接地装置。非金属油罐，应在罐内设置防静电导体引至罐外接地，并应与油罐的金属管线连接。

（5）地上或管沟敷设的输油管线的始端、末端、分支处以及直线段每隔 200～300 m 处，应设置防静电和防感应雷的接地装置，接地点宜设在固定管墩（架）处。

（6）防静电接地装置的接地电阻，不宜大于 100 Ω。

（7）罐体与罐体之间或其他建筑物、管网、干道应留有足够的间距。

（8）库房门朝外开，在库内的墙及屋顶均密封时，值班室内的电气设施可以不防爆。

（9）库房外有值班室，两者之间若为实体隔墙，墙上无孔、无洞、无门窗相连时，值班室内的电气设施可采用不防爆的。

（10）油库内应按贮存物品的种类和数量，配置足够的消防器材和灭火设施，必要时应有砂、铲、钩等工具，消防器材不许锁在库内。

（11）消防通道畅通，消防车能及时调头，无堵塞现象。

（12）油库应在 150 m 范围内设置专用消火栓。地下消防水源充足，水量达到有关要求。水枪、水带、扳手齐全、完好，能随时启用。

（13）贮量较大的地面油罐，其周围应有高度不低于 1 m 的实体围墙作防火堤，保证在意外情况下油品不致流失而造成重大损失。防火堤上应无孔、无洞，排水处设有水封井。

（14）油库内外应有齐全醒目的安全指示标识和警示标识。

（15）库内物品还应有明确的标牌，注明油品的名称、特性、数量及灭火方法。

65. 仓库有哪些安全管理要求？

（1）车行道、人行道宽度符合标准。车行道宽度不小于 3.5 m，人行道宽度不小于 1 m。

（2）路面平坦，无积油积水，无绊脚物。

（3）仓库采光照明灯具完好率达 100%，凡有易燃物的地方应采取防爆措施。

（4）储存丙类固体物品的库房，不准使用碘钨灯和超过 60 W 以上的白炽灯等高温照明灯具。

（5）易燃易爆库房内不准设置移动式照明灯具，库房内敷设的配电线路，需穿金属管或用非燃硬塑料管保护，每个库房应当在库房外单独安装开关箱。

（6）消防设施标识及防火标识准确、齐全。

（7）物品应分类储存，定置区域线清晰，数量和区域不超限。

（8）物品存放平稳，便于移动，不超高垛放。①库存物品应当分类、分垛储存，每垛占地面积不宜大于 100 m²，垛与垛间距不小于 1 m，垛与墙间距不小于 0.5 m，垛与梁、柱的间距不小于 0.3 m，主要通道的宽度不小于 2 m。②物品入库前应当有专人负责检查，确定无火种等隐患后方准入库。③甲、乙类物品的包装容器应当牢固、密封，发现破损、残缺、变形和物品变质、分解等情况时，应当及时进行安全处理，严防跑、冒、滴、漏的现象发生。

66. 吊车吊具有哪些安全管理要求？

（1）起重机械不得使用铸造吊钩；吊钩宜设有防止吊物意外脱钩的保险装置；吊钩表面应光洁、无剥裂、锐角、毛刺、裂纹等；吊钩材料应采用优质低碳镇静钢或低碳合金钢。

（2）吊钩上的缺陷不得补焊。

（3）指挥信号应明确，并符合规定。

（4）吊挂时，吊挂绳之间的夹角应小于 120°以免挂绳受力过大。

（5）绳、链所经过的棱角处应加衬垫。

（6）指挥物体翻转时，应使其重心平稳变化，不应产生指挥意图之外的动作。

（7）多人绑挂时，应由一人负责指挥。

（8）司机接班时，应对制动器、吊钩、钢丝绳和安全装置进行检查。发现性能不正常时，应在操作前排除。

（9）开车前，必须鸣铃或报警。操作中接近人时，亦应给以断续铃声或报警。

（10）操作应按指挥信号进行。对紧急停车信号，不论何人发出，都应立即执行。

（11）当起重机上或其周围确认无人时，才可以闭合主电源。当电源电路装置上加锁或有标牌时，应由有关人员除掉后才可闭合主电源。

（12）闭合主电源前，应使所有的控制器手柄置于零位。

（13）工作中突然断电时，应将所有的控制器手柄扳回零位。在重新工作前，应检查起重机工作是否都正常。

（14）司机进行维护保养时，应切断主电源并挂上标识牌或加锁，如存在未消除的故障，应通知接班司机。

（15）吊车司机需持证上岗。

（16）钢丝绳报废标准如下：①钢丝绳在一个捻节距内断丝数达钢丝绳总丝数的10%。如绳 $6 \times 19 = 114$ 丝，当断丝数达 12 丝时即应报废更新，如绳 $6 \times 37 = 222$ 丝，当断丝数达 22 丝时即应报废更新。对于由粗细丝组成的钢丝绳，断丝数的计算是细丝一根算一根，粗丝一根算1.7根。②钢丝径向磨损或腐蚀量超过原直径的40%则应报废，当不到40%时，可按规定折减断丝数报废。③吊运炽热金属或危险品的钢丝绳的报废丝数，取一般起重机用钢丝绳报废标准的一半数。④整条绳股断裂应报废。⑤当钢丝绳直径相对于公称直径减小7%或更多时，即使未发现断丝，该钢丝绳也应报废。⑥麻芯外露应报废。⑦钢丝绳有明显的腐蚀应报废。⑧局部外层钢丝伸长呈笼型状态应报废。

（17）有以下情况之一不准吊装：①超过额定负荷不吊；②指挥信号不明，重量不明，光线暗淡不吊；③吊绳和附件捆缚不牢，不符合安全要求不吊；④行车吊挂重物直接进行加工的不吊；⑤歪拉斜挂不吊；⑥工件上站人或工件上浮放有活动物的不吊；⑦带棱角块口未垫好不吊；⑧埋在地下的物件不吊；⑨违障指挥不吊。⑩钢丝绳不合格，重物紧固不牢不吊。

67.人的不安全行为主要有哪些？

（1）未穿戴劳保用品上岗（如穿拖鞋、高跟鞋、化纤衣服等上班），携带火种进入易燃易爆的生产区域、施工场所。

（2）交接班不到位，有生产、设备异常未明确交接班就进行操作。

（3）为了完成任务赶工、赶时生产。

（4）材料或物品随意堆放而堵塞消防逃生通道。

（5）巡检过程中发现异常情况时不及时处理或汇报。

（6）易燃易爆场所未使用防爆灯具。

（7）使用无合格证的产品或有质量问题的产品。

（8）使用易燃易爆物品剩余品未及时入库。

（9）登高作业未采取防护措施。

（10）上下楼梯不扶扶手。

（11）检修电器设备，未执行监护制度。

（12）重大设备设施检修无施工技术方案和未填写作业票就进行作业。

（13）随意性大，不严格按照审定的方案施工作业（如现场人员与方案中涉及人员不相符，安全防范措施未按方案具体落实等）。

（14）重大检修、更换设备项目方案技术交底不充分，辨识危险源不充分，交底不完整。

（15）有火灾可能性的施工现场未配备或未按规定摆放足量的消防器材。

（16）施工作业过程中未明确现场安全监督人员或由于其他原因在施工现场监督缺位情况下作业。

（17）不按规定摆放施工机具、车辆、物资。

（18）无关人员进入警戒区域。

（19）扳手当锤头使用，扳手反打，使用扳手和管钳时不注意开口大小就进行加力。

（20）焊口间隙过大，用焊条或铁丝等填口后焊接。

（21）特种作业无操作资格证或证已经过期情况下进行操作。

（22）不具备施工资质的施工单位对有严格要求的部位进行焊接。

（23）焊机运行时，焊接排气孔正对着设备、管线。

（24）动火时氧气瓶、乙炔瓶安全距离不足，或瓶在车上就引气施工。

（25）氧焊时不戴墨镜、手套等劳保用品，焊接时接地线缠绕在阀门的丝杆上。

（26）焊口内壁未打磨干净就进行焊接。

（27）安全阀未按周期调校。

（28）螺栓螺丝部分未清洗干净就进行组装。

（29）密封面与密封垫光洁度不符合要求就进行安装。

（30）紧固法兰时未对称紧固。

（31）高空作业时，不系安全带。

（32）用断路开关作负荷开关。

（33）强行闭合起跳的电源开关。

（34）未严格执行"三相五线制"。

（35）用身体验电。

（36）带负荷插（拔）电源插头，拔插头时直接拉导线。

（37）高压线检修不进行放电就直接进行作业。

（38）不按时巡回检查线路或巡检时不佩戴检测仪等防护用品。

（39）对外来人员在站内的违法违章行为不及时制止。

（40）在整改漏气点时带压操作。

（41）操作人员站位不正确面对着阀门丝杆，由于管道内压力过大、密封损坏，导致有害液体、阀门附件飞溅出造成人员伤害。

（42）使用扳手、管钳时，不注意开口大小进行加力。

（43）生产区域逃生通道未进行标识。

（44）材料或物品随意堆放而堵塞消防逃生通道。

（45）安全门向内开，并上锁。

（46）工艺安装、组装未注意阀门、设备安装的方向性。

（47）活动扳手反方向使用，或当成锤子敲打使用。

（48）在配合施工作业时，实施安全监督不够严格。

（49）私拉乱接电线。

（50）未定时使用排污阀进行放空。

（51）吊装作业过程中的歪拉斜拽。

（52）锁具使用不规范，钢丝绳断丝、断股仍在使用。

（53）吊物吊运摆放不平就起吊。

（54）吊物在吊运过程中不鸣铃，且在地面人员上方通过。

（55）地面操作人员违章指挥或强令冒险作业。

（56）吊物上站人或有活动物。

（57）直接用吊钩吊运重物。

（58）吊物捆扎不牢仍继续吊运。

（59）明知重物超负荷或视线不清仍起吊。

（60）作业过程中站位不正确受伤害。

参考文献

[1] 徐鑫, 魏旭. 锌冶金学. 昆明: 云南科技出版社, 1994

[2] 徐采栋, 汪大成, 林蓉. 冶金物理化学. 上海: 上海科技大学出版社, 1997

[3] 莫鼎成. 冶金动力学. 长沙: 中南大学出版社, 1987

[4] 有色金属提取冶金手册(锌镉铅铋卷). 北京: 冶金工业出版社, 2000

[5] 彭容秋. 锌冶金. 长沙: 中南大学出版社, 2005

[6] 梅光贵. 湿法炼锌学. 长沙: 中南大学出版社, 2001

[7] 株洲冶炼厂. 锌的湿法冶炼. 长沙: 湖南人民出版社, 1973

[8] 曾桂生. 硫酸锌溶液中锌粉置换除钴的机理研究[博士学位论文]. 昆明: 昆明理工大学, 2006

[9] 宁模功, 郭媛, 马进. 硫酸锌溶液的净化. 有色冶炼, 1999, 28 (4)

[10] 罗永光, 李国江, 谢庭芳. 高钴硫酸锌溶液锑盐四段净化研究. 全国"十二五"铅锌冶金技术发展论坛暨驰宏公司六十周年大庆学术交流会论文集, 2010

[11] 孙成余, 罗永光. 锌电积过程中有机物的危害现状及处理途径分析. 企业技术开发, 2010(12)

[12] 侯晓波, 李国江. 电锌冶炼贫镉液除钴研究进展. 云南冶金, 2011(4)

[13] 唐朝. 锑盐净化除钴工艺的研究[硕士学位论文]. 长沙: 中南大学, 1999

[14] IO. B. 巴伊马科夫. 冶金中的电解. 北京: 高等教育出版社. 1956

[15] 陈国发. 重金属冶金学. 北京: 冶金工业出版社, 1992

[16] 赵天从. 有色金属提取冶金手册. 北京: 冶金工业出版社, 1990

[17] 梅光贵. 湿法冶金学. 长沙: 中南大学出版社, 2001

[18] 东北工学院有色重金属冶炼教研室. 锌冶金. 北京: 冶金工业出版社, 1978

[19] 王吉坤, 周廷熙. 硫化锌精矿加压酸浸技术及产业化. 北京: 冶金工业出版

社, 2005

［20］铅锌冶金学编委会. 铅锌冶金学. 北京: 科学出版社, 2003

［21］徐帮学. 铅锌冶炼技术工艺流程与检验标准实用手册. 长春: 银声音像出版
　　　社, 2004

［22］胡新. 铅锌密闭鼓风炉熔炼技术十年来的进展. 有色冶炼, 1994(4)